电子信息科学与工程类专业规划教材

单片机原理、接口及应用系统设计

谢维成　杨加国　主　编

电子工业出版社

Publishing House of Electronics Industry

北京·BEIJING

内 容 简 介

MCS-51 单片机是学习单片机技术较好的平台，同时也是开发单片机应用系统的 MCU 的一个重要系列。本书以实用为宗旨，用丰富的实例讲解 MCS-51 单片机原理和软硬件开发技术，并采用对比的方法，同一功能分别用单片机汇编语言和单片机 C 语言来实现，特别突出应用系统设计方法，并提供单片机应用系统设计实训参考方案。

全书共分 11 章，第 1～4 章介绍单片微机系统的原理，包括计算机基础知识及微处理器、MCS-51 单片机原理与结构、MCS-51 单片机指令系统和 MCS-51 单片机程序设计；第 5～7 章，用实例介绍 MCS-51 单片机接口技术及应用，包括 MCS-51 单片机常用接口、MCS-51 单片机与 D/A、A/D 转换器的接口、MCS-51 单片机的其他接口；第 8～11 章介绍单片机应用系统设计，包括单片机应用系统设计及举例、Keil μVision IDE 集成环境的使用、Proteus 软件的使用、单片机应用系统设计实训方案；附录提供了 MCS-51 系列单片机指令表、C51 库函数及单片机技术相关的网络资源。

本书适合各类本科和专科院校及培训机构作为"单片机原理与应用"等课程的教材，特别适合学习单片机应用系统开发的读者，也可供信息、测控、电气、自动化、计算机、机电等各类技术人员和计算机爱好者学习参考。

图书在版编目(CIP)数据

单片机原理、接口及应用系统设计/ 谢维成，杨加国主编. —北京：电子工业出版社，2011.11
电子信息科学与工程类专业规划教材
ISBN 978-7-121-14970-2

Ⅰ. ①单… Ⅱ. ①谢… ②杨… Ⅲ. ①单片微型计算机－基础理论－高等学校－教材②单片微型计算机－接口－高等学校－教材③单片微型计算机－系统设计－高等学校－教材 Ⅳ. ①TP368.1

中国版本图书馆 CIP 数据核字(2011)第 223925 号

责任编辑：凌　毅　　　特约编辑：张　莉
印　　刷：北京市海淀区四季青印刷厂
装　　订：三河市鹏成印业有限公司
出版发行：电子工业出版社
　　　　　北京市海淀区万寿路 173 信箱　邮编 100036
开　　本：787×1 092　1/16　印张：19.5　字数：530 千字
印　　次：2011 年 11 月第 1 次印刷
印　　数：3000 册　定价：36.00 元

凡所购买电子工业出版社图书有缺损问题，请向购买书店调换。若书店售缺，请与本社发行部联系，联系及邮购电话：(010) 88254888。

质量投诉请发邮件至 zlts@phei.com.cn，盗版侵权举报请发邮件至 dbqq@phei.com.cn。

服务热线：(010) 88258888。

前 言

MCS-51 系列单片机的应用很广泛，是学习单片机技术较好的系统平台，同时也是开发单片机应用系统的一个重要 CPU 系列。目前，单片机原理与应用教材大都采用汇编语言讲解和设计程序实例，但汇编语言学习起来会比较困难。在实际的应用系统开发调试中，特别是开发比较复杂的应用系统时，为了提高开发效率和使程序便于移植，现在多用 C 语言。C 语言不仅学习方便，而且同汇编语言一样也能够对单片机的资源进行访问，因而目前大多数院校在开设单片机课程时都引入了 C 语言。但引入 C 语言后，在选用教材时发现存在几个方面的问题：

第一，单片机原理与应用（含单片机 C 语言程序设计）的教材很多，而兼顾汇编语言和 C 语言的教材很少，所以可选择的余地较小。

第二，单片机 C 语言方面的教材一般面向开发，不讲原理，属于高级教程，不适合初学者。

第三，在减少学分的大背景下，有的学校在未开设"微型计算机原理"课程的情况下直接开设"单片机原理及应用"课程，目前的大部分单片机技术教材显得入门困难。

而我们需要一本在不开设"微型计算机原理"课程的情况下，直接学习单片机技术的教材。可以在讲单片机基本原理的同时能兼顾汇编语言和 C 语言两个方面，以避免学生在学习"单片机原理与应用"课程时还要另外参考一本单片机 C 语言方面的教材。基于此，我们在 2005 年承担了四川省高等教育教学改革工程人才培养质量和教学改革项目"微机、单片机、接口技术系列实验及实践教学改革"，并于 2008 年获得四川省高等教育教学成果奖三等奖。我们提出的实验及实践教学改革的目标是培养应用型人才。根据理论教学和实践教学的经验，我们发现学生要想熟练掌握 MCS-51 单片机应用系统软件设计，就必须完全理解单片机汇编语言，只有这样才能理解并掌握 C51 程序设计。因此我们在课堂上讲解单片机原理的同时兼顾汇编语言和 C 语言两个方面，对比讲解，效果明显，避免直到进入实验室或开发实践阶段时才讲授单片机 C 语言程序设计及开发环境，为开设综合实验和创新性实验及单片机应用系统设计奠定一定的基础。

2006 年我们在清华大学出版社出版了《单片机原理与应用及 C51 程序设计》一书，以其新的编写思路、鲜明的应用性特色，受到了广大教师与学生的欢迎，已经重印 9 次。2009 年对第 1 版进行了修订和补充，出版了《单片机原理与应用及 C51 程序设计（第 2 版）》，更加适合各院校使用，已经重印 8 次。编者认真听取了广大师生的意见，为解决未开设"微型计算机原理"课程直接开设"单片机原理及应用"课程的需求，均衡内容与篇幅，我们保留了《单片机原理与应用及 C51 程序设计》的核心思路，增加了"微型计算机原理"的基础知识，并重新组织了内容，分成单片机原理、接口及应用系统设计三部分讲解，更加突出应用系统设计方法，适当加入了 Proteus ISIS 仿真的内容，特别增加了单片机应用系统设计实训参考方案的内容。

在本书的实例中，相同的功能分别用汇编语言和 C 语言来实现，通过用汇编语言和 C 语言两个方面的编程对比，使学生能够有选择地掌握一种语言并认识另一种语言。同时，为了提高学生应用设计的能力，还介绍了目前单片机接口常用的接口芯片，列举了几个简单的单片机应用系统开发实例。

1. 本书特点

本书以实用为宗旨，用众多的实例讲解了 MCS-51 单片机原理和软硬件开发技术，针对同一功能，同时提供单片机汇编源程序和单片机 C 语言源程序，读者可以此作为进入单片机应用系统开发领域的首次尝试。

本书与传统的单片机基本原理书籍相比较，更面向实际开发，与单片机 C 语言程序设计书籍相比，兼顾了单片机原理和汇编语言的讲解，有利于初学者迅速掌握单片机技术，并且可以在未学"微型计算机原理"的情况下直接学习"单片机原理及应用"。

本书图文并茂，实用性强，为便于读者自学和练习，各章均配有少量习题。本书可作为大专院校单片机原理与应用类课程的教材，也可作为单片机原理与应用技术培训班的教材，特别适合于打算学习单片机应用系统开发技术的读者，同时可供信息、测控、计算机、机电、自动化等各类技术人员和计算机爱好者学习参考。

2. 本书内容

本书共分 11 章，从内容上可分 4 部分，具体内容如下。

第一部分：单片微机系统原理

第 1 章，计算机基础知识及微处理器，主要介绍单片微机系统必备的基础知识、微处理器和单片机。

第 2 章，MCS-51 单片机原理与结构，详细介绍 MCS-51 单片机的工作原理。

第 3 章，MCS-51 单片机指令系统，介绍包括寻址方式、MCS-51 单片机指令系统等汇编源程序设计的相关技术细节。

第 4 章，MCS-51 单片机程序设计，主要介绍 MCS-51 单片机汇编程序设计和 C 语言程序设计，并列举了大量实例及详细代码，在应用的时候可以直接修改使用。

第二部分：单片机接口技术及应用

第 5 章，MCS-51 单片机常用接口。

第 6 章，MCS-51 单片机与 D/A、A/D 转换器的接口。

第 7 章，MCS-51 单片机的其他接口。

第三部分：单片机应用系统设计

第 8 章，单片机应用系统设计及举例，用 3 个简单的单片机应用系统设计为例来讲解单片机应用系统的设计技术。

第 9 章，Keil μVision IDE 集成环境的使用。

第 10 章，Proteus 软件的使用。

第 11 章，单片机应用系统设计实训。

第四部分：与单片机技术相关的附录

附录中提供了 MCS-51 系列单片机指令表和 C51 的库函数，以及与单片机相关的资源网站列表，以使读者找到更广阔的学习园地。

3. 如何使用本书

对于未学习"微型计算机原理"课程的读者或者 MCS-51 单片机的初学者来说，应该从本书的第 1 章开始进行学习，以了解微机的工作原理和 MCS-51 单片机技术的基本知识，掌握 MCS-51 单片机结构和相应接口芯片的具体使用方法，以及与 MCS-51 单片机汇编语言编程和单片机 C 语言编程相关的具体技术，学完第 1～11 章，即可达到从事单片机应用系统开发的基本要求。

对于已经具有一定 MCS-51 单片机技术基础，比较了解 MCS-51 单片机的读者来说，可以直接从第 4 章开始学习，重点理解和掌握使用 MCS-51 单片机开发应用系统的相关技术，通过对比来掌握单片机汇编语言编程和单片机 C 语言编程的方法，着重掌握单片机应用系统的开发过程。

建议本书的理论课安排 50~60 学时，实验 16 学时，如果只学习汇编程序设计或 C 语言程序设计，理论学习课时可适当减少。课程学完后，可安排相应的应用系统设计实训或课程设计，以便对学习内容进行巩固和加深理解。

另外，本书在描述中把 MCS-51 单片机简称为"单片机"，书中采用了 Keil C51 和 Proteus ISIS 软件界面，读者在学习过程中也可以采用 Keil C51 和 Proteus ISIS 的最新版本，或者从本书提供的资源网站中搜索下载其对应的软件包，以供学习和使用。若需要单片机应用系统设计实训母板的读者，可联系 scxweicheng@yahoo.com.cn。

4．我们的经验

根据我们的教学和开发经验，学习单片机技术，特别是学习单片机应用系统开发技术，关键是让读者迅速找到适合自己的学习方法，在第一时间使读者看到自己的学习成绩，排除"对硬件设计没有信心，畏惧编程"的心理因素。因此有必要走"依葫芦画瓢"的道路，在实验中模拟开发出简单的应用系统，然后由浅入深，逐步进入单片机应用系统开发领域。

为此本书给出了大量实例，包括硬件电路设计和应用系统开发，我们希望读者通过大量的实例来加深对相关内容的认识和理解，尽快地把理论知识转换为解决实际问题的能力。另一方面，为方便读者快速阅读本书，**书中各实例中的所有源代码和电路图均可从华信教育资源网 www.hxedu.com.cn 免费下载**，读者可以根据自己的实际情况进行选择和使用，建议读者详细阅读第 5～11 章，并分析电路和程序源代码，最好能够自己在实验室中选择一个单片机应用系统实训项目进行开发练习，以此作为真正的单片机应用系统开发的起步。

5．致谢

本书由西华大学的谢维成、蒋文波和成都大学的杨加国、杨显富共同编写，谢维成和杨加国担任主编，蒋文波、杨显富担任副主编。

本书第 1、9 章由蒋文波编写，第 2、3、5、6 章由杨加国编写，第 4、7、8、11 章由谢维成编写，第 10 章和附录由杨显富编写，最后由谢维成和杨加国统稿完成。另外，王胜、郑海春、王孝平、陈永强、赵华颖参与了本书部分章节图形的绘制以及程序的调试工作，在此一并表示感谢。同时感谢参考文献中提到的作者，本书借鉴了他们的部分成果，他们的工作给了我们很大的帮助和启发。

尽管我们全体参编人员已尽心尽力，但限于自身水平，书中难免出现遗漏和错误之处，恳请广大读者不吝指正。

编　者

目　录

第1章 计算机基础知识及微处理器

主要内容：

作为本书的第 1 章，主要对后面单片机学习中所需要的基本知识进行介绍。通过本章学习，使读者了解信息在计算机内部的表示；微型计算机的基础知识、基本结构和工作原理；单片机的基本概念、特点和发展过程。

学习重点：

◆ 有符号数在计算机中的补码表示及运算方法
◆ 微型计算机的基本结构和工作过程
◆ 单片机的概念与特点

1.1 计算机中的信息及表示

计算机是能够对输入的信息进行加工处理、存储并能按要求输出结果的电子设备，又称电脑或信息处理机。计算机中处理的信息，主要有数值信息和非数值信息两大类。数值信息是指日常生活中接触到的数字类数据，主要用来表示数量的多少，可以比较大小；非数值信息有多种，有用来表示文字信息的字符数据，也有用来表示图形、图像和声音等其他信息的数据。不同的信息在计算机中的表示形式不一样。从计算机内部角度来说，由于计算机内部只能识别二进制数，因此所有信息在计算机内都通过二进制编码表示。

1.1.1 数在计算机内的表示

计算机中的数通常有两种：无符号数和有符号数。两种数在计算机中的表示是不一样的。

1. 无符号数在计算机内的表示

无符号数不带符号，表示时比较简单，在计算机中一般直接用二进制数的形式表示，位数不足时前面加 0 补充。对一个 n 位二进制数，它能表示的无符号数的范围是 $0\sim2^n-1$。例如，假设机器字长 8 位，无符号数 156 在计算机中表示是 10011100B，45 在计算机中表示是 00101101B。

2. 有符号数在计算机内的表示

有符号数带有正负号。数学上用正负号来表示数的正负。由于计算机只能识别二进制符号，不能识别正负号，因此计算机中只能将正、负号数字化，用二进制符号表示。在计算机中表示有符号数时，一般用二进制数的最高位来表示符号，正数表示为 0，负数表示为 1，称为符号位；其余位用来表示有符号数的数值大小，称为数值位。通常，把一个数及其符号位在计算机中的二进制数的表示形式称为"机器数"。机器数所表示的值称为该机器数的"真值"。机器数的表示如图 1.1 所示。

机器数通常有 3 种表示方法：原码表示法、反码表示法和补码表示法。为了运算方便，计算机中通常用补码表示。为了研究补码表示法，首先了解原码表示法和反码表示法。

（1）原码

原码表示方法如下：最高位为符号位，用 0 表示正数，用 1 表示负数，数值位用数的绝对值表示，数值位如位数不足前面加 0 填充。由于正数的符号位为 0，因而正数的原码表示与相应的无符号数的表示相同。原码的表示如图 1.2 所示。

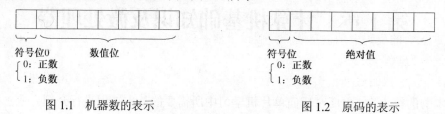

图 1.1 机器数的表示 图 1.2 原码的表示

【例 1-1】 求+78、−23 的原码（设机器字长 8 位）。

因为

$$|+78|=78= 1001110B$$
$$|-23|=23=10111B$$

所以

$$[+78]_\text{原}=01001110B$$
$$[-23]_\text{原}=10010111B$$

原码表示时，如果机器字长为 n 位二进制数，其原码表示的有符号数范围为 $-(2^{n-1}-1)\sim +(2^{n-1}-1)$。例如，如果机器字长为 8 位二进制数，则表示的有符号数范围为 $-127\sim+127$。

另外，"0" 的原码表示有两个，−0 和+0 的编码不一样。假设机器字长为 8 位，−0 的编码为 10000000B，+0 的编码为 00000000B。

原码表示简单直观，且与真值的转换很方便，但不便于在计算机中进行加减运算，运算时符号位与数值位必须分开处理。两数相加时，必须先判断两个数的符号是否相同。如果相同，则符号位不变，对数值位相加得结果数值位；如果符号位不同，则应将数值位相减，数值位相减时，必须比较两数的数值位大小，再由大数减小数得结果的数值位，而结果的符号位要和数值位大的数的符号位一致。两数相减时情况类似。按上述运算方法设计的运算电路很复杂。为运算方便，后来计算机中引入了反码表示和补码表示。

（2）反码

反码是在原码的基础上发展而来的，反码表示方法如下：最高位为符号位，用 0 表示正数，用 1 表示负数，对于数值位，正数的反码数值位与原码相同，而负数的反码数值位由原码的数值位取反得到。反码的表示如图 1.3 所示。

符号位0　　　　绝对值　　　　　　　　符号位1　　　　绝对值取反
（a）正数　　　　　　　　　　　　　（b）负数

图 1.3 反码的表示

【例 1-2】 求+78、−23 的反码（设机器字长 8 位）。

因为

$$[+78]_\text{原}=01001110B$$
$$[-23]_\text{原}=10010111B$$

所以

$$[+78]_\text{反}=01001110B$$

$$[-23]_反=11101000B$$

反码的表示范围与原码相同，如果机器字长为 n 位二进制数，则反码表示的有符号数范围为 $-(2^{n-1}-1)\sim+(2^{n-1}-1)$。例如，如果机器字长为 8 位二进制数，则表示的有符号数范围为 $-127\sim+127$。

另外，"0"的反码表示也有两个。假设机器字长为 8 位，-0 的反码编码为 11111111B，$+0$ 的反码编码为 00000000B。

反码表示时，数的运算也不方便，也存在与原码相同的问题，因而，反码在计算机中用得很少，很快就被补码表示方法所替代。

（3）补码

补码表示时，数的加减运算非常简单、方便，因而现在的计算机有符号数都用补码表示。补码表示如下：最高位为符号位，正数用 0 表示，负数用 1 表示。正数的补码与原码、反码相同，而负数的补码可在反码的基础之上，末位加 1 得到。对于一个负数 X，其补码也可用 $2^n-|X|$ 得到，其中 n 为计算机字长。补码的表示如图 1.4 所示。

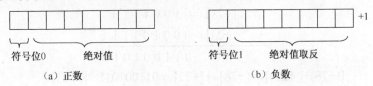

图 1.4 补码的表示

【例 1-3】 求 +78、-23 的补码（设机器字长 8 位）。

因为

$$[+78]_反=01001110B$$
$$[-23]_反=11101000B$$

所以

$$[+78]_补=01001110B$$
$$[-23]_补=11101000B+1=11101001B$$

补码表示时，这里再介绍一种比较重要的运算：求补运算。

求补运算：一个二进制数，符号位和数值位一起取反，末位加 1。加 1 时可能向前面依次产生进位，最高位产生的进位自然丢失。

求补运算具有以下特点：对于一个任意的数 X

$$[X]_补 \xrightarrow{求补} [-X]_补$$

那么，在计算机中，如果已知一个正数的补码，则可通过求补运算求得对应负数的补码；如果已知一个负数的补码，相应也可通过求补运算求得对应正数的补码。也就是说，在用补码表示时，求补运算可得到数的相反数。由于正数的补码简单，很容易计算，因而它给我们提供了另外一种计算负数补码的方法，先计算出正数的补码，再用求补运算。另外，负数的补码转换成真值不方便，我们也可以通过先计算出相应的正数来得到。

【例 1-4】 用求补运算计算 -25 的补码（设机器字长 8 位）。

因为 $[+23]_补=00010111$

所以 $[-23]_补 =[[+23]_补]_{求补}=11101000+1=11101001B$

补码表示时，如果机器字长为 n 位二进制数，则补码表示的有符号数范围为 $-(2^{n-1}-1)\sim+(2^{n-1}-1)$。例如，如果机器字长为 8 位二进制数，则表示的有符号数范围为 $-128\sim+127$。-0 和

+0 的补码是相同的，假设机器字长为 8 位，则 0 的补码为 00000000B。

（4）补码的加减运算

在现在的计算机中，有符号数的表示都用补码表示，用补码表示时运算简单。

补码的加、减法运算规则如下：

$$[X+Y]_{补}=[X]_{补}+[Y]_{补}$$

$$[X-Y]_{补}=[X]_{补}+[-Y]_{补}=[X]_{补}+[[Y]_{补}]_{求补}$$

即：求两个数之和的补码，直接用两个数的补码相加；求两个数之差的补码，用被减数的补码加减数的相反数的补码（$[-Y]_{补}$），对于 $[-Y]_{补}$ 用 $[Y]_{补}$ 求补运算就可以得到，也就是说，减法运算可通过加法和求补运算来处理，下面通过例子来看看补码的加减运算。

【例 1-5】 假设计算机字长为 8 位，完成下列补码运算。

（1）(+78)+(+23)

因为　　　　　　　　　　$[+78]_{补}=01001110B$，　$[+23]_{补}=00010111B$

$$
\begin{array}{r}
[+78]_{补}=0\,1\,0\,0\,1\,1\,1\,0 \\
+\quad [+23]_{补}=0\,0\,0\,1\,0\,1\,1\,1 \\
\hline
0\,1\,1\,0\,0\,1\,0\,1
\end{array}
$$

所以　　　　　　　$[(+78)+(+23)]_{补}=[+78]_{补}+[+23]_{补}=01100101B=[+101]_{补}$

（2）(+78)+(-23)

因为　　　　　　　　　　$[+78]_{补}=01001110B$，　$[-23]_{补}=11101001B$

$$
\begin{array}{r}
[+78]_{补}=0\,1\,0\,0\,1\,1\,1\,0 \\
+\quad [-23]_{补}=1\,1\,1\,0\,1\,0\,0\,1 \\
\hline
\text{进位 1 自动丢失}\longrightarrow 1\,0\,0\,1\,1\,0\,1\,1\,1
\end{array}
$$

所以　　　　　　　$[(+78)+(-23)]_{补}=[+78]_{补}+[-23]_{补}=00110111B=[+55]_{补}$

（3）(+78)−(+23)

因为　　　　　　　　　　$[+78]_{补}=01001110B$，　$[+23]_{补}=00010111B$

$$[[+23]_{补}]_{求补}==11101000+1=11101001B$$

$$
\begin{array}{r}
[+78]_{补}=0\,1\,0\,0\,1\,1\,1\,0 \\
+\quad [[+23]_{补}]_{求补}=1\,1\,1\,0\,1\,0\,0\,1 \\
\hline
\text{进位 1 自动丢失}\longrightarrow 1\,0\,0\,1\,1\,0\,1\,1\,1
\end{array}
$$

所以　　　　$[(+78)-(+23)]_{补}=[+78]_{补}+[[+23]_{补}]_{求补}=00110111B=[+55]_{补}$

（4）(+78)−(-23)

因为　　　　　　　　　　$[+78]_{补}=01001110B$，　$[-23]_{补}=11101001B$

$$[[-23]_{补}]_{求补}=00010110+1=00010111B$$

$$
\begin{array}{r}
[+78]_{补}=0\,1\,0\,0\,1\,1\,1\,0 \\
+\quad [[-23]_{补}]_{求补}=0\,0\,0\,1\,0\,1\,1\,1 \\
\hline
0\,1\,1\,0\,0\,1\,0\,1
\end{array}
$$

所以　　　　　$[(+78)-(-23)]_{补}=[+78]_{补}+[[-23]_{补}]_{求补}=01100101B=[+101]_{补}$

从以上可以看出，通过补码进行加减运算非常方便，减法可转换成加法和求补运算，得到正确的结果。

3．十进制数在计算机内的表示

人们在日常生活中习惯使用十进制数，但计算机内部只能处理二进制数，为了处理方便，在计算机中，对于十进制数也提供了相应的二进制编码形式。

在计算机中，十进制数的二进制编码称为 BCD 码。BCD 码有两种：压缩 BCD 码和非压缩 BCD 码。压缩 BCD 码又称 8421 码，用 4 位二进制编码来表示一位十进制符号。十进制数符号有 0～9 共 10 个，它们的压缩 BCD 码如表 1.1 所示。

表 1.1　压缩 BCD 编码表

十进制符号	压缩 BCD 编码	十进制符号	压缩 BCD 编码
0	0000	5	0101
1	0001	6	0110
2	0010	7	0111
3	0011	8	1000
4	0100	9	1001

用压缩 BCD 码表示十进制数，只要把每个十进制符号用对应的 4 位二进制编码代替即可。例如，十进制数 54 的压缩 BCD 码为 0101 0100。

非压缩 BCD 码是用 8 位二进制编码来表示一位十进制符号，其中低 4 位二进制编码与压缩 BCD 码相同，高 4 位任取。下面介绍的数字符号的 ASCII 码就是一种非压缩的 BCD 码。例如，十进制数 24 的非压缩 BCD 码为 0011 0010 0011 0100。

当运算的两个数是十进制 BCD 码表示形式时，我们希望运算的结果也是十进制 BCD 码表示形式。但在计算机内部并不能直接按十进制关系进行运算，只能按二进制关系进行运算，这样计算机运算时有时候结果正确，有时候结果又不正确。例如，0100(4)＋0011(3)=0111(7)，结果正确，而 0100(4)＋1000(8)=1100，结果显然不对，在压缩的 BCD 码中根本没有 1100 的编码，而正确的结果应该是 0001 0010。怎样解决这个问题呢？在计算机中，通常通过对运算结果进行调整的方法来处理，通过对运算结果进行调整使之符合十进制数的运算和进位规律。这种调整称为十进制调整，不同的运算调整方法不同，对于两位十进制压缩 BCD 码加法调整过程如下：

① 若加得结果的低 4 位为十六进制数 A～F 或低 4 位向前有进位，则低 4 位的内容做加 0110(6)调整；

② 若加得结果的高 4 位为十六进制数 A～F 或高 4 位向前有进位，则高 4 位的内容做加 0110(6)调整。

【例 1-6】　用压缩 BCD 码完成 58+69 的运算。

解：

58 的压缩 BCD 码为 0101 1000

69 的压缩 BCD 码为 0110 1001

运算结果做了两次调整，低 4 位加时向前面产生了进位，所以先对低 4 位做加 0110(6)调整，高 4 位的结果为十六进制数 C，所以再对高 4 位做加 0110(6)调整。两次调整后得到正确的结果 0001 0010 0111(127)。

1.1.2　字符在计算机内的表示

计算机中处理的非数值信息，最重要的就是西文字符，西文字符包括字母、数字、专用字符及一些控制字符等，它们在计算机中也通过二进制编码表示，现在计算机中西文字符的编码通常采用的是美国信息交换标准代码 ASCII 码（American Standard Code for Information Interchange）。标准 ASCII 码定义了 128 个字符，用 7 位二进制数来编码，包括 26 个英文大写字母 A～Z, 26 个英文小写字母 a～z、10 个数字符号 0～9, 还有一些专用符号(如":"、"!"、"%")及控制符号（如换行、换页、回车等）。计算机中一般以字节为单位，而 8 位二进制数为 1 字节，西文字符 ASCII 码通常放在低 7 位，高位一般补 0，在通信时，最高位常用作奇偶校验位。常用西文字符的 ASCII 码如表 1.2 所示。

表 1.2　常用字符的 ASCII 码(用十六进制数表示)

字　符	ASCII	字　符	ASCII	字　符	ASCII	字　符	ASCII	字　符	ASCII
NUL	00	.	2F	C	43	W	57	k	6B
BEL	07	0	30	D	44	X	58	l	6C
LF	0A	1	31	E	45	Y	59	m	6D
FF	0C	2	32	F	46	Z	5A	n	6E
CR	0D	3	33	G	47	[	5B	o	6F
SP	20	4	34	H	48	\	5C	p	70
!	21	5	35	I	49	]	5D	q	71
"	22	6	36	J	4A	↑	5E	r	72
#	23	7	37	K	4B	'	5F	s	73
$	24	8	38	L	4C	←	60	t	74
%	25	9	39	M	4D	a	61	u	75
&	26	:	3A	N	4E	b	62	v	76
'	27	;	3B	O	4F	c	63	w	77
(	28	<	3C	P	50	d	64	x	78
)	29	=	3D	Q	51	e	65	y	79
*	2A	>	3E	R	52	f	66	z	7A
+	2B	?	3F	S	53	g	67	{	7B
,	2C	@	40	T	54	h	68	|	7C
-1	2D	A	41	U	55	i	69	}	7D
/	2E	B	42	V	56	j	6A	~	7E

表 1.2 中，数字 0～9 的 ASCII 码为 30H～39H，大写字母 A～Z 的 ASCII 码为 41H～5AH，小写字母 a～z 的 ASCII 码为 61H～7AH。常用的控制符如回车键的 ASCII 码为 0DH（表中用 CR 表示），换行键的 ASCII 码为 0AH（表中用 LF 表示），空格键的 ASCII 码为 20H（表中用 SP 表示）等。

1.2　微型计算机的基本结构和工作原理

现在的计算机采用冯·诺依曼结构，由运算器、控制器、存储器、输入设备和输出设备五大部分组成。微型计算机是计算机发展到一定阶段的产物，由于大规模集成电路技术的发展，使得能够把运算器和控制器集成在一块集成电路芯片内，我们把集成运算器和控制器的这一块集成电路称为中央处理器或微处理器，简称 CPU。微型计算机（Micro Computer）是指以中央处理器为核心，配上存储器、输入/输出接口电路等所组成的计算机。微型计算机系统（Micro Computer System）是指以微型计算机为中心，配以相应的外围设备、电源和辅助电路以及指挥计算机工作的系统软件所构成的系统。

1.2.1　微型计算机的发展

微型计算机的出现，是计算机技术发展史上的一个新的里程碑，为计算机技术的发展和普及开辟了崭新的途径。我们日常生活中使用的大部分都是微型计算机。

说到微型计算机，必须要提到 Intel 公司。Intel 公司是一个生产微处理器 CPU 的公司，1971 年诞生的第一台微型计算机就是用 Intel 公司生产的 Intel 4004 为处理器的。Intel 公司在整个微型计算机的发展中都起着非常重要的主导作用，正是 Intel 公司不断开发的新型、功能强大的微处理器，推动微型计算机不断的向前发展。微型计算机按 CPU 字长和功能一般分为以下几代。

第一代（1971—1973 年）：4 位和低档 8 位微处理器，代表产品：4004→4040→8008。

第二代（1974—1977 年）：中高档 8 位微处理器，代表产品：Z80、I8085、MC6800，Apple-Ⅱ微机。

第三代（1978—1984 年）：16 位微处理器，代表产品：8086→8088→80286，IBM PC 系列机。1981 年 8 月 12 日，IBM 正式推出 IBM 5150，它的 CPU 是 Intel 8088，IBM 将 5150 称为 Personal Computer（个人计算机），不久，"个人计算机"的缩写"PC"成为所有个人计算机的代名词。另外，Intel 公司后来生产的微处理器都以 8086 为基础，包含 8086 指令，所以统一称为 80x86 系列。

第四代（1985—1992 年）：32 位微处理器，代表产品：80386→80486。

第五代（1993—1999 年）：超级 32 位 Pentium（奔腾）微处理器，代表产品：Pentium→Pentium Ⅱ →Pentium III →Pentium 4，32 位 PC、Macintosh 机、PS/2 机。

第六代（2000 年以后）：64 位高档微处理器，代表产品：Itanium、64 位 RISC 微处理器芯片、微机服务器、工程工作站、图形工作站。

目前，Intel 生产的 CPU 一直占据市场的统治地位，也确立了 80x86 架构的行业标准。AMD 是 CPU 厂商中的后起之秀，生产的 CPU 兼容 x86 指令，与 Intel 的竞争一直没有停歇，始终都是此起彼伏。近年来尤其在桌面和笔记本电脑的市场，AMD 仍在继续提高自己的份额。微型计算机的发展趋势就是速度越来越快、容量越来越大、功能越来越强。

1.2.2　微型计算机的基本结构

微型计算机由中央处理器、存储器、输入/输出设备和系统总线等组成，典型的微型计算机基本结构如图 1.5 所示。

1. 中央处理器

微型计算机中的运算器和控制器合起来称为中央处理器（Central Processing Unit，CPU），又因为 CPU 已经能集成在一块集成电路芯片上，这就是微处理器（microprocessor），又称微处理机。CPU 是微型计算机的心脏，它的性能决定了整个微型机的各项关键指标。

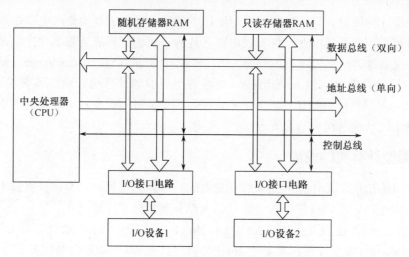

图 1.5 微型计算机基本结构图

2．存储器

存储器是用来存放程序和数据的记忆装置。存储器包括随机存储器（RAM）和只读存储器（ROM）。在微型计算机工作过程中，CPU 从存储器中取出程序执行或取出数据进行加工处理。这种由存储器取出的过程称为读出数据，而将数据或程序存放于存储器的过程称为写入数据。

3．输入/输出设备及 I/O 接口电路

输入设备是向计算机输入原始数据和程序的装置。它的功能是，将数据、程序按人们熟悉的形式送入计算机并经过计算机转换为可识别的二进制数的形式存入存储器中。常用的输入设备有键盘、鼠标、光笔、模数转换器、扫描仪、话筒和数码相机等。

输出设备是计算机向外界输出信息的装置。计算机通过输出设备将它处理过的信息以人们熟悉、方便的形式输送出来。常用的输出设备有显示器、打印机、绘图仪、数模转换器及音箱等。输入设备和输出设备一起称为计算机的外部设备，有的设备既是输入设备又是输出设备。

I/O 接口电路是外部设备和微型机之间传送信息的部件。微型计算机广泛地应用于各个部门和领域，所连接的外部设备是各式各样的，它们不仅要求不同的电平、电流，而且要求不同的速率，有时还要考虑是模拟信号还是数字信号。同时，计算机与外部设备之间还需要询问和应答信号，用来通知外设做什么或告诉计算机外设的状况。就需要在计算机和外部设备之间接上一个中间部件来进行连接和控制信息交换过程，这就是接口电路。接口电路主要实现数据缓冲、信号变换、速度匹配、设备选择等功能。

4．总线

总线是连接多个设备或功能部件的一簇公共信号线，它是计算机各组成部件之间信息交换的通道。微型计算机硬件组织上采用总线（Bus）结构，微型计算机的各大功能部件通过总线相连。

1.2.3 微处理器

微型计算机的核心是微处理器，主要由运算器、控制器、寄存器组和片内总线组成。不同的微处理器内部结构也有所区别，典型的微处理器 8086 结构如图 1.6 所示。

8086 微处理器的内部分为两个部分：执行单元（EU）和总线接口单元（BIU）。

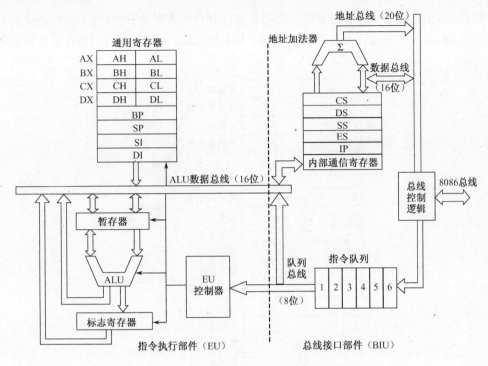

图 1.6　8086 微处理器的内部结构框图

1．执行单元 EU

执行部件由运算器（ALU）、通用寄存器、标志寄存器和 EU 控制系统等组成。EU 从 BIU 的指令队列中获得指令，然后执行该指令，完成指令所规定的操作。EU 用来对寄存器内容和指令操作数进行算术和逻辑运算，以及进行内存有效地址的计算。EU 负责全部指令的执行，向 BIU 提供数据和内存单元或 I/O 端口的地址，并对通用寄存器、标志寄存器和指令操作数进行管理。

2．总线接口单元 BIU

总线接口部件 BIU 由段寄存器、指令指针寄存器、地址形成逻辑、总线控制逻辑和指令队列等组成。总线接口部件负责从内部存储器的指定区域中取出指令送到指令队列中去排队；执行指令时所需要的操作数（内部存储器操作数和 I/O 端口操作数）也由总线接口部件从相应的内存区域或 I/O 端口中取出，传送给执行部件 EU。如果指令执行的结果需要存入内部存储器，也是由 BIU 写入相应的内存区域的。总之，总线接口部件 BIU 同外部总线连接，为执行部件 EU 完成全部的总线操作，并且计算、形成 20 位的内部存储器的物理地址，达到寻址 1MB 内存地址空间的目的。

3．内部寄存器

8086 CPU 有 14 个 16 位寄存器，如图 1.7 所示，这 14 个寄存器分为 5 个组，其中有 3 个组各包含有 4 个寄存器，即由 AX、BX、CX 和 DX 组成的通用寄存器组，由 SP、BP、SI 和 DI 组成的指针和变址寄存器组，以及由 CS、DS、SS 和 ES 组成的段寄存器组，指令指针寄存器和标志寄存器自成一组。这些寄存器中，除指令指针寄存器外，其他寄存器均可直接访问。

（1）通用寄存器组

通用寄存器可以暂存操作数和中间结果，是一些可以快速访问的单元。8086 有 4 个 16 位的通用寄存器 AX，BX，CX 和 DX，可用来存放 16 位的数据或地址。也可把它们当作 8 个 8

位寄存器来使用,也就是把每个通用寄存器的高半部分和低半部分分开:低半部分被命名为 AL、BL、CL 和 DL;高半部分被命名为 AH、BH、CH 和 DH。8 位寄存器只能存放数据而不能存放地址。

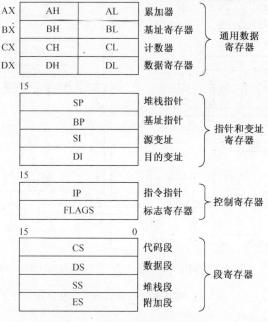

图 1.7　8086 的内部寄存器

AX 称为累加器,是算术运算时使用的主要寄存器,所有外部设备的输入/输出指令只能使用 AL 或 AX 作为数据寄存器。

BX 称为基址寄存器,可以用作数据寄存器,在访问存储器时,可以存放被读/写的存储单元的地址,是具有双重功能的寄存器。

CX 称为计数寄存器,可以用作数据寄存器,在字符串操作、循环操作和移位操作时用作计数器。

DX 称为数据寄存器,它可以用作数据寄存器,在乘、除法中作为辅助累加器,在输入/输出操作中存放接口的地址。

（2）指针和变址寄存器组

指针和变址寄存器组主要用来存放操作数的偏移地址（即操作数的段内地址）。

SP 称为堆栈指针寄存器,在堆栈操作中存放栈顶的偏移地址。

BP 称为基址指针寄存器,常用作堆栈区的基地址寄存器。

SI 称为源变址寄存器,主要用于在字符串操作中存放源操作数的偏移地址。

DI 称为目的变址寄存器,主要用于在字符串操作中存放目的操作数的偏移地址。

在字符串操作时,变址寄存器内存放的地址在当前数据传送完成后,具有自动修改的功能,传送 1 字节数据自动加 1（或减 1）,传送 2 字节数据自动加 2（或减 2）,为下次传送做好准备,变址寄存器因此得名。

（3）段寄存器组

段寄存器用来存放段的基址（即段的起始地址的高 16 位）。

CS 称为代码段段寄存器,代码段用来存放程序代码。程序代码超过 64KB 时,需要分成几个代码段存放。CS 中存放当前正在执行的代码段的段基址。

　　DS 称为数据段段寄存器，数据段用于存放当前使用的数据。DS 中存放当前数据段的段基址。

　　SS 称为堆栈段段寄存器，堆栈段是内存中一段特殊的存储区，通过专门的方法使用，当中的数据按"先入后出"的方法管理。SS 中存放堆栈段的段基址。

　　ES 称为附加数据段段寄存器，程序需要第二个数据段时，可以使用 ES 存放该数据段的段基址。

　　（4）指令指针寄存器

　　指令指针寄存器 IP(Instruction Pointer)是一个 16 位的寄存器，IP 存放下一条要执行的指令的偏移地址。在 8086 中，由 CS 和 IP 控制程序的执行顺序。在程序执行时，由 EU 控制器控制，通过 BIU 部件从 CS 和 IP 指向的内部存储器中取出当前执行的指令送执行部件执行，在取出的同时，指令指针寄存器 IP 会自动调整（加上当前指令的字节数）以指向下一条指令，以便程序能自动往后执行。当程序发生转移时，就必须把新的指令地址（目标地址）装入 CS 和 IP，这通常由转移指令来实现。

　　（5）标志寄存器

　　标志寄存器 FLAGS 共有 9 个标志位，其中 6 个为状态标志位，3 个为控制标志位。如图 1.8 所示，这些标志位的含义如下：

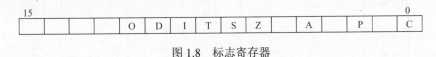

图 1.8　标志寄存器

　　C—进位标志位。当做加法时出现进位或做减法时出现借位，则该标志位置 1；否则清 0。移位和循环指令也影响该标志位。

　　P—奇偶标志位。当结果的低 8 位中 1 的个数为偶数，则该标志位置 1；否则清 0。

　　A—半加标志位。在做加法时，当低 4 位向高 4 位进位，或在做减法时低 4 位向高 4 位借位时，该标志位置 1；否则清 0。该标志位通常用于对 BCD 算术运算结果进行调整。

　　Z—零标志位。运算结果的所有位均为 0 时，该标志位置 1；否则清 0。

　　S—符号标志位。当运算结果的最高位为 1 时，该标志位置 1；否则清 0。

　　T—陷阱标志位（单步标志位）。当该位置 1 时，将使 8086 进入单步执行工作方式。在每条指令执行结束时，CPU 总是去测试 T 标志位是否为 1。如果为 1，那么在本指令执行后将产生陷阱中断，从而执行陷阱中断处理程序。该标志通常用于程序的调试。例如，在系统调试软件 DEBUG 中的 T 命令，就是利用该标志位来进行程序的单步跟踪的。

　　I—中断允许标志位。如果该位置 1，则处理器可以响应可屏蔽中断请求；否则就不能响应可屏蔽中断请求。

　　D—方向标志位。当该位置 1 时，串操作指令为自动减量指令，即从高地址到低地址处理字符串；否则串操作指令为自动增量指令。

　　O—溢出标志位。在算术运算中，当带符号数的运算结果超出了 8 位或 16 位带符号数所能表达的范围时，该位置 1。即字节运算大于+127 或小于-128，字运算大于+32767 或小于-32768。

1.2.4　存储器

　　这里介绍的存储器是指内部存储器（又称主存或内存）。它是微型计算机的存储和记忆装置，用来存放微型计算机执行的程序和数据。在计算机内部，程序和数据都以二进制数形式表示，8 位二进制代码为 1 字节。为了便于对存储器进行访问，存储器通常被划分为许多单元，每个存储单元存放 1 字节的二进制信息，每个存储单元分别赋予一个编号，称为地址。如图 1.9 所示，地址为 3003H 的存储单元中存放了一个 8 位二进制信息 00111011B。

1. 存储器的基本结构

在微型计算机中，为了保证计算机的运行速度，内部存储器通常由半导体存储器组成。半导体存储器的基本结构如图 1.10 所示，它主要由地址译码器、存储矩阵、控制逻辑和三态双向缓冲器等部分组成。存储器的主体就是存储矩阵，它是由一个个的存储单元组成的。每个存储单元可以存放 8 位（1 字节）二进制信息。为了区分不同的存储单元，给每个存储单元提供了一个编号，这就是它们的地址，存储器是按字节编址的。

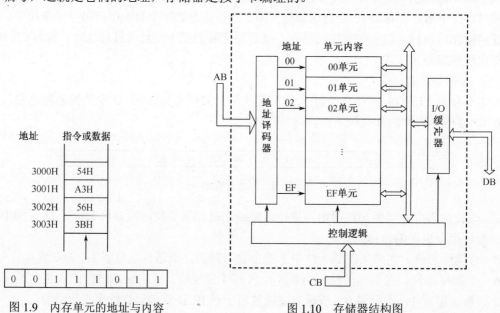

图 1.9　内存单元的地址与内容　　　　　图 1.10　存储器结构图

假定地址总线是 8 位的，则经过地址译码器译码之后可寻址 $2^8=256$ 个存储单元。即给定任何一个 8 位的地址数据，就可以从 256 个存储单元中找到与之对应的某一个存储单元，对这个存储单元的内容进行操作。对内存单元的操作有两种：读和写。

（1）读操作

若要将地址为 05H 存储单元的内容读出，首先要求 CPU 给出地址号 05H，然后通过地址总线送至存储器，存储器中的地址译码器对它进行译码，找到 05H 号存储单元；再要求 CPU 发出读的控制命令，于是 05H 号存储单元中的内容 2BH 就出现在数据总线上，如图 1.11 所示。信息从存储单元读出后，存储单元的内容并不改变，只有把新的内容写入该单元时，才由新的内容代替旧的内容。

（2）写操作

若要将数据寄存器中的内容 1AH 写入到地址为 06H 的存储单元中，首先也要求 CPU 给出地址号 06H，然后通过地址总线送至存储器，经地址译码器译码后，找到 06H 号存储单元；然后把数据寄存器中的内容 1AH 经数据总线送给存储器，且 CPU 发出写的控制命令，于是数据总线上的信息 1AH 就可以写入到 06H 号存储单元中，如图 1.12 所示。

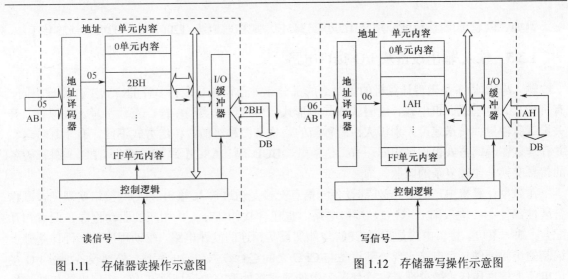

图 1.11　存储器读操作示意图　　　　　图 1.12　存储器写操作示意图

2．存储器的分类

按数据的读/写工作方式，存储器可分为两大类：随机存储器 RAM(Random Access Memory) 和只读存储器 ROM(Read Only Memory)。

随机存储器，CPU 既可读取里面的信息，也可向里面写入信息，它用于存放将要被 CPU 执行的用户程序、数据及部分系统程序。断电后，其中存放的所有信息将丢失。

只读存储器中的信息只能被 CPU 读取，而不能由 CPU 任意地写入。断电后，其中的信息不会丢失。它用于存放永久性的程序和数据，如系统引导程序、监控程序及操作系统中的基本输入/输出管理程序（BIOS）等。

3．8086 中的存储器

8086 的存储器可由随机存储器 RAM 和只读存储器 ROM 组成，总存储空间为 1MB，需要 20 位地址。它们的访问方法相同，只是 ROM 中的数据只能读出不能改写，而 RAM 中的数据既能读出也能改写。

由于 8086 的寄存器都是 16 位的，不能直接提供 20 位地址，因此，为了管理方便，8086 把 1MB 空间分成若干块（称为"逻辑段"），各个逻辑段之间可在实际存储空间中完全分开，也可以部分重叠，甚至可以完全重叠。每个逻辑段容量不超过 64KB，这样就可用 16 位寄存器提供地址访问。

在 8086 系统中，把 16 字节的存储空间称作一节（paragraph）。规定每个逻辑段必须从节的整数边界开始，也就是说，每个逻辑段段首地址的高 16 位可能不同，而低 4 位肯定都为 0000。一般将段首地址的高 16 位地址码称作"段基址"，存放在相应的段寄存器中；而段内单元相对于段首的地址则称作"偏移地址"。

一个存储单元的地址可由段基址和偏移地址组成，这个地址称为逻辑地址，一般表示为"段基址:偏移地址"。而 1MB 存储空间中的 20 位地址称为物理地址。逻辑地址是程序中使用的地址，物理地址是访问存储器的实际地址。

逻辑地址向物理地址的转换可由下面公式实现

　　　　物理地址=段基址×16 +段内偏移地址

8086 中是通过 BIU 部件中的地址加法器完成该运算的，过程如图 1.13 所示。

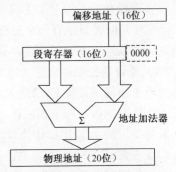

图 1.13　逻辑地址向物理地址的转换图

例如，段基址:偏移地址分别是 1200H:0345H，则物理地址=1200H×16+0345H=12345H。

1.2.5　输入/输出设备及 I/O 接口电路

输入/输出设备是微型计算机的重要组成部分。外部设备是多种多样的，其工作原理不同，有机械式、电子式、机电式、电磁式或其他形式；传送信息类型多样，有数字量、模拟量、开关量或脉冲量；传送速度差别极大，有秒级的，也有微秒级的；传送方式不同，有串行传送、并行传送；编码方式也不尽相同，有二进制数、BCD 码、ASCII 码等，因此 CPU 与外部设备的信息交换是比较复杂的问题。

在微型计算机中，CPU 与外部设备的信息交换是通过输入/输出（I/O）接口实现的，既包含硬件部件——输入/输出（I/O）接口电路，也包含软件部分——相应的驱动程序，两者相互配合，缺一不可。接口电路是实现 CPU 与外部设备相连的硬件电路，驱动程序是在硬件基础上编制的访问硬件接口电路实现外部设备与 CPU 之间进行数据传送的程序。外部设备通过 I/O 接口电路把信息传送给微处理器进行处理，微处理器将处理完的信息通过 I/O 接口电路传送给外部设备。

1．I/O 接口的功能

由于计算机的外围设备品种繁多，CPU 在与 I/O 设备进行数据交换时存在速度不匹配、时序不匹配、信息格式不匹配、信息类型不匹配等问题，因此，CPU 与外设之间的数据交换必须通过接口来完成，接口通常实现以下功能。

（1）数据的寄存和缓冲功能

外部设备的工作速度都比 CPU 要慢，为了适应 CPU 与外设之间的速度差异，接口通常包含一些缓冲器和锁存器，使之成为数据交换的中转站。在输入时，输入设备先将输入数据送缓冲器暂存，当 CPU 选通该输入接口时，CPU 再从缓冲器中读取输入的数据。在输出时，CPU 先将输出数据送接口的锁存器锁存，再通过接口的锁存器送输出设备进行处理。这样解决了 CPU 与外部设备的速度匹配问题，同时，在外部设备与接口进行数据传送时，又不妨碍 CPU 和总线去处理其他事务。

（2）信号转换功能

由于外设所需的控制信号和它所能提供的状态信号往往同微机的总线信号不兼容，计算机只能识别"0"、"1" TTL 电平（0～0.4V 为"0"，2.4～5.0V 为"1"）或 CMOS 电平（0～1.7V 为"0"，3.3～5.0V 为"1"），常需要接口电路来完成信号的电平转换。信号转换包括逻辑关系、时序配合及电平匹配上的转换，另外还包含串/并转换、模数（A/D）转换和数模（D/A）转换等。

（3）设备选择功能

设备选择功能是指对 I/O 设备进行寻址的功能。在一个微机系统中，通常会有多个 I/O 设备，而在任何时候只能有一个外部设备与 CPU 进行数据交换。这就需要 I/O 接口中有相应的译码电路译码以选定不同的外设，只有被选定的外部设备才能与 CPU 进行数据交换或通信。

（4）外设的控制和监测功能

接口电路能够接收 CPU 送来的命令字或控制信号，实施对外部设备的控制与管理。外部设备的工作状况则以状态字或应答信号通过接口电路返回给 CPU，通过"握手联络"的过程来保证主机与外设输入/输出操作的同步。

（5）中断或 DMA 管理功能

在一些实时性要求较高的微机应用系统中，为了满足实时性以及主机与外设并行工作的要求，需要采用中断传送的方式；而在一些高速的数据采集或传输系统中，为了提高数据的传输速率，有时还必须采用 DMA 传送方式，这就要求相应的接口电路有产生中断请求和 DMA 请求的能力以及中断和 DMA 管理的能力，如中断请求信号的发送与响应、中断源的屏蔽、中断优先级的管理等。

（6）可编程功能

现在的接口芯片大多数都是可编程的，均有多种工作方式供用户选择，在不改变硬件的情况下，只需修改程序就可以改变接口的工作方式，大大增加了接口的灵活性和可扩充性，使接口向智能化方向发展。

2．外部设备与 CPU 之间的数据传送方式

外部设备与微机之间的信息传送方式一般有无条件传送方式、查询传送方式、中断控制方式等。

（1）无条件传送方式

无条件传送方式是指 CPU 直接和外部设备之间进行数据传送。在这种方式下，在数据传送之前 CPU 不对外设的工作状态进行任何检测，默认外设始终处于"就绪"状态，只要 CPU 需要，随时进行输入或输出操作。无条件传送方式是一种最简单的程序控制传送方式。它适用于外部控制过程的各种动作时间是固定的且已知的场合。

（2）查询传送方式

查询传送方式又称条件传送方式，是指 CPU 通过查询 I/O 设备的状态决定是否进行数据传输的方式。在这种方式中，CPU 在数据传送之前对外部设备的状态进行查询，当输入外设处于已准备好状态或输出外设为空闲状态时，CPU 才与外设进行数据交换，否则，一直处于查询等待状态。

（3）中断控制方式

中断是一种使 CPU 暂停正在执行的程序而转去处理特殊事件的操作。即当外设的输入数据准备好，或输出设备可以接收数据时，便主动向 CPU 发出中断请求，CPU 可中断正在执行的程序，转去执行为外设服务的操作，服务完毕，CPU 再继续执行原来的程序。被中断的原程序称为主程序；为外设服务的输入/输出程序称为中断服务程序，中断服务程序事先存放在内存中的某个区域，其起始地址称为中断服务程序的入口地址；主程序的返回地址称为断点。因此，采用中断传送时，CPU 和外设可以并行工作，只有外设请求数据传输，CPU 才可能与外设进行数据传输，从而大大提高了 CPU 的效率。另外，对于系统可能遇到的一些随机事件，如突然断电、机器出现某种故障、运算错误等无法预测的情况，也要求 CPU 能具有实时响应和处理随机事件的能力，这也需要采用中断传送方式。

3．8086 中的常用接口电路简介

8086 微型计算机系统中，外部设备与 CPU 之间的常见接口电路有 8255A、8253、8251A、8259A 等。

8255A 是 Intel 公司生产的可编程并行 I/O 接口芯片，有 3 个 8 位并行 I/O 口；具有无条件输入/输出、选通输入/输出和双向选通输入/输出 3 种方式；每个口都有一个数据输入寄存器和一个数据输出寄存器，输入时有缓冲功能，输出时有锁存功能；各口功能可由软件选择，使用灵活，通用性强。在 8086 系统中采用 8255A 作为键盘、扬声器、打印机等外设的接口电路芯片。

8253 是 Intel 公司生产的可编程计数/定时器接口芯片，有 3 个独立的 16 位定时/计数器通道；每个定时/计数器通道有 6 种工作方式，可在程序运行过程中根据当时的需要随时修改；每个定时/计数器都能按二进制或十进制计数或定时操作，计数范围为 0000H～FFFFH 或 0～9999；每个定时/计数器的最高计数时钟频率为 2.6MHz；所有的输入/输出都与 TTL 电平兼容；由单一

的+5V 电源供电。在 8086 系统中，8253 为系统电子钟提供时间基准，为动态 RAM 刷新提供定时信号以及作为扬声器的声源等。

8251A 是 Intel 公司生产的可编程串行通信接口芯片。内部采用全双工、双缓冲器的接收/发送器；可工作在同步或异步工作方式，同步方式工作时波特率在 0~64kbps 范围内，异步方式时波特率在 0~9.2kbps 范围内；具有奇偶、溢出和帧出错等功能。在 8086 系统中通过 8251A 与其他设备实现串行通信。

8259A 是 Intel 公司生产的可编程中断控制器芯片。单个的 8259A 能管理 8 级向量优先级中断；在不增加其他电路的情况下，最多可以级联成 64 级的向量优级中断系统；具有中断判优逻辑功能，且对每级中断都可以屏蔽或允许；中断响应后，可以给每个中断源提供中断类型号，并及时清除中断标志，以供别的中断源申请中断；8259A 有多种工作方式，通过编程可以随意选择，从而能方便地满足多种类型微机中断系统的需要。在 8086 系统中通过 8259A 芯片管理 8 个可屏蔽中断源。

1.2.6　总线

在微机系统中，有各式各样的总线。这些总线可以从不同的层次和角度进行分类。

按总线在微机结构中所处的位置不同，可把总线分为以下 4 类。

① 片内总线：CPU 芯片内部的寄存器、算术逻辑单元（ALU）与控制部件等功能单元电路之间传输数据所用的总线。

② 片级总线：也称为芯片总线、内部总线，是微机内部 CPU 与各外围芯片之间的总线，用于芯片一级的互连。例如 I^2C(Inter-IC)总线、SPI(Serial Peripheral Interface)总线、SCI(Serial Communication Interface)总线等。

③ 系统总线：也称为板级总线，是微机中各插件板与系统板之间进行连接和传输信息的一组信号线，用于插件板一级的互连。例如 ISA(Industrial Standard Architecture)总线、EISA(Extended ISA)总线、MCA(Micro Channel Architecture)总线、VESA(Video Electronics Standard Association)总线、PCI(Peripheral Component Interconnect)总线、Compact PCI 总线、AGP(Accelerated Graphics port)总线等。

④ 外部总线：也称为通信总线，是系统之间或微机系统与电子仪器和其他设备之间进行通信的一组信号线，用于设备一级的互连。例如 RS-232-C 总线、RS-485 总线、IEEE-488 总线、USB(Universal Serial Bus)总线等。

按总线功能来划分又可分为地址总线（Address Bus）、数据总线（Date Bus）和控制总线（Control Bus）三类。我们通常所说的总线都包括这 3 个组成部分。

① 地址总线（AB）：输出将要访问的内存单元或 I/O 端口的地址，地址线的多少决定了系统直接寻址存储器的范围。如 8086 的地址总线有 20 条（A_{19}~A_0），它可以寻找从 00000H~FFFFFH 共 2^{20}＝1M 个存储单元，可以寻址 64K 个外设端口。地址总线是单向的。

② 数据总线（DB）：用于在 CPU 与存储器和 I/O 端口之间的数据传输，数据线的多少决定了一次能够传送数据的位数。16 位机的数据总线是 16 条，32 位机的数据总线是 32 条，8086 的数据总线是 16 条。数据总线是双向的。

③ 控制总线（CB）：用于传送各种状态控制信号，协调系统中各部件的操作，有 CPU 发出的控制信号，也有向 CPU 输入的状态信号。有的信号线为输出有效，有的输入有效；有的信号线为单向的，有的是双向的；有的信号线为高电平有效，有的低电平有效；有的信号线为上升沿有效，有的下降沿有效。控制总线决定了系统总线的特点，如功能、适应性等。

1.2.7　微型计算机工作过程

冯·诺依曼型计算机工作原理的核心是"存储程序"和"程序控制"，即事先把程序装载到计算机的存储器中，当启动运行后，计算机便会按照程序的要求自动进行工作。

介绍微机的工作原理前，先了解一下计算机的指令和指令系统。指令是指计算机完成一个基本操作的命令。指令系统是一个计算机所能够处理的全部指令的集合。不同的计算机内部结构不同，指令系统也不一样。指令系统指明了一个计算机能够接收哪些命令，运行什么样的程序。

一条指令一般包括两个部分：操作码和操作数。操作码用于指明指令的功能，告诉计算机需要执行的是哪一条指令，具体的是什么操作；操作数用于指明操作的数据或数据的地址，主要包括源操作数和目的操作数，在某些指令中，操作数可以部分或全部省略，比如一条空指令就只有操作码而没有操作数。在计算机内部只能识别用二进制编码形式表示的机器语言指令，所有采用汇编语言或高级语言编出的程序，都需要汇编或翻译（编译或解释）成为机器语言后才能被计算机运行。

为了说明微型计算机的工作过程，下面以模型机上运行一个简单的例子来介绍。例如，计算 3+5=？虽然这是一个相当简单的加法运算，但是，计算机却无法理解。用计算机来处理时，人们必须要先编写一段程序，以计算机能够理解的语言告诉它如何一步一步地去做，直到每个细节都详尽无误，计算机才能正确地理解与执行，如用汇编语言或高级语言编写的程序还需要汇编或翻译（编译或解释）成为机器语言程序。程序编写好后送入存储器中，执行程序才能实现。为此，在执行程序之前需要做好如下几项工作：

① 用助记符号指令（汇编语言）编写程序（源程序）；

② 用汇编软件（汇编程序）将源程序汇编成计算机能识别的机器语言程序；

③ 将数据和程序通过输入设备送入存储器中存放。

假设上面例子的汇编语言源程序和机器语言程序如下：

汇编语言	机器语言	功能
MOV AL,03H	1011 0000 0000 0011B	;把 01 送入累加器 A
ADD AL,05H	0000 0100 0000 0101B	;02 与 A 中内容相加,结果存入 A
HLT	11110100B	;停止操作

编译好的机器语言程序有 5 字节，存放于存储器地址为 00H 开始的单元处。

1.　执行第一条指令的过程

给程序计数器 PC（或 IP）赋以第一条指令的地址 00H，就进入第一条指令执行过程。指令执行分两步：取指令和执行指令，具体操作过程如下。

（1）取第一条指令

如图 1.14 所示。

①当前程序计数器 PC 或 IP 内容（00H）送地址寄存器 AR。

② PC 自动加 1，等于 01H，指向下一个存储器单元。这里指向第一条指令的操作数。

③ 地址寄存器 AR 的内容 00H 通过地址总线 AB 送至存储器,经地址译码器译码选中相应的 00H 单元。

④ CPU 发出存储器"读"命令。

⑤ 在读命令的控制下，所选中的 00H 单元的内容读至数据总线 DB 上。

⑥ 读出的内容经数据总线 DB 送至数据寄存器 DR。

⑦ 指令译码。因为取出来的是指令的操作码，所以数据寄存器 DR 的内容被送至指令寄存

器 IR 中，然后再送至指令译码器 ID，译码后由控制器发出执行这条指令的各种控制命令。

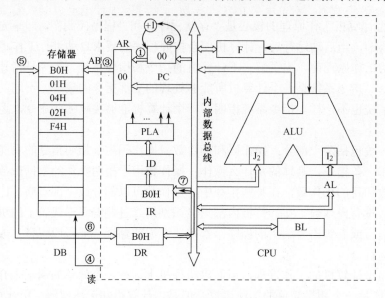

图 1.14　取第一条指令的操作示意图

（2）执行第一条指令

当指令译码器 ID 对操作码 B0H 译码后，CPU 就知道这是一条把下一个存储单元的数据（操作数）送至累加器 AL 的指令，所以，执行该指令就把下一个存储器单元中的数据取出来送累加器 AL。如图 1.15 所示，操作过程如下。

① 将当前程序计数器 PC 或 IP 的内容 01H 送至地址寄存器 AR。

② PC 自动加 1，等于 02H，这里指向下一条指令，为取下一条指令做准备。

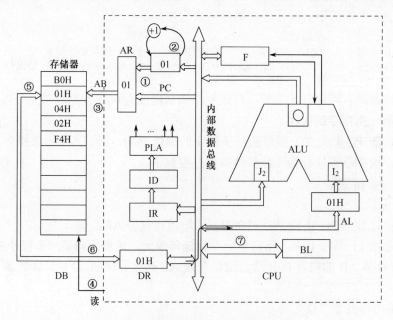

图 1.15　执行第一条指令的操作示意图

③ 地址寄存器 AR 的内容 01H 通过地址总线 AB 送至存储器，经地址译码器译码后选中存储器 01H 单元。

④ CPU 发出存储器"读"命令。

⑤ 在读命令的控制下，所选中的 01H 存储单元的内容 01H 读至数据总线 DB 上。

⑥ 读出的内容经数据总线 DB 送至数据寄存器 DR。

⑦ 因为经过译码已经知道读出送到累加器 AL，所以数据寄存器 DR 的内容 01H 通过内部数据总线送至累加器 AL。于是第一条指令执行完毕，操作数 01H 被送到累加器 AL 中。

2．执行第二条指令的过程

第一条指令执行完毕以后，程序计数器 PC 的值为 02H，指向第二条指令在存储器中的首地址，计算机再次重复取指令和执行指令，就进入第二条指令的执行过程。

（1）取第二条指令

这个过程与取第一条指令的过程相似，这里不再重复，取第二条指令后程序计数器 PC 的内容为 03H。

（2）执行第二条指令

当第二条指令的操作码 04H 取出送指令译码器 ID 译码后，CPU 就知道这是一条加法指令，用于把下一个存储单元的内容与累加器 AL 中的内容相加，加得的结果送累加器 AL。所以，执行该指令就把下一个存储单元中的数据取出来送 ALU 的一端，累加器 AL 的内容送 ALU 的另一端，相加后经 ALU 送回累加器 AL 中。如图 1.16 所示，操作过程如下。

① 将当前程序计数器 PC 或 IP 的内容 03H 送至地址寄存器 AR。

② PC 自动加 1，等于 04H，这里指向下一条指令，为取下一条指令做准备。

③ AR 通过地址总线把地址 03H 送至存储器，经过译码，选中相应的单元，

④ CPU 发出存储器"读"命令。

⑤ 在读命令的控制下，所选中的 03H 存储单元的内容 02H 读至数据总线 DB 上。

⑥ 读出的内容经数据总线 DB 送至数据寄存器 DR。

⑦ 数据寄存器 DR 的内容通过内部数据总线送至 ALU 的一个输入端。

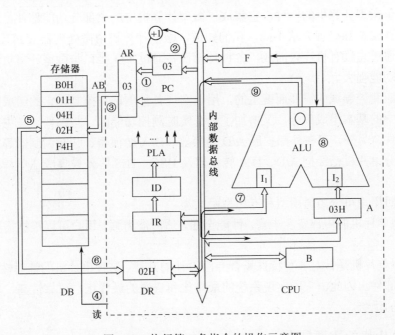

图 1.16 执行第二条指令的操作示意图

⑧ 累加器 AL 中的内容 01H 送 ALU 的另一个输入端，在 ALU 中执行加法操作。

⑨ 相加的结果 03H 由 ALU 输出至累加器 AL 中。

3. 执行第三条指令的过程

第二条指令执行结束后，程序计数器 PC 的值为 04H，指向第三条指令在存储器中的首地址，进入第三条指令的执行过程。第三条指令的处理与前面完全相同，第三条指令的操作码 F4H（HLT）取出经译码器译码后就停机。整个程序执行完毕。

综上所述，计算机的工作过程就是执行程序、执行指令的过程，用计算机解决问题，应先根据问题用计算机语言编写出相应的程序，程序再通过输入设备输入存储器，最后在存储器和中央处理器 CPU 之间运行程序从而达到目的。计算机执行指令的过程可看成是控制信息（包括数据信息与指令信息）在计算机各组成部件之间的有序流动过程。信息在流动过程中得到相关部件的加工和处理。

1.3　单片机、51 单片机及其系列

单片机作为微型计算机的一个分支，产生于 20 世纪 70 年代，经过二三十年的发展，在各行各业中已经广泛应用。单片机因为具有体积小、质量轻、抗干扰能力强、对环境要求不高、价格低廉、可靠性高、灵活性好等优点，所以被广泛应用于工业控制、智能仪器仪表、机电一体化产品、家用电器等领域。

1.3.1　单片机的基本概念

单片机是把微型计算机中的微处理器、存储器、I/O 接口、定时/计数器、串行接口、中断系统等电路集成到一个集成电路芯片上形成的微型计算机，因而被称为单片微型计算机，简称为单片机。

单片机属于微型计算机的一种，它集成了微型计算机中的大部分功能部件，工作的基本原理一样，但具体结构和处理方法不同。我们知道，微型计算机由微处理器 CPU、存储器、I/O 接口三大部分通过总线有机连接而成，各种外部设备通过 I/O 接口与微型计算机连接。各个功能部件分开，功能强大。

单片机是应测控领域的需要而诞生的，用以实现各种测试和控制。它的组成结构既包含通用微型计算机中的基本组成部分，又增加了具有实时测控功能的一些部件。在主芯片上集成了大部分功能部件，另外，可在外部扩展 A/D 转换器、D/A 转换器、脉冲调制器等用于测控的部件，现在一部分单片机已经把 A/D、D/A 转换器及 HSO、HIS 等外设集成在单片机中以增强处理能力。

单片机按照用途可分为通用型和专用型两大类。

① 通用型单片机的内部资源丰富，性能全面，适应能力强。用户可以根据需要设计各种不同的应用系统。

② 专用型单片机是针对各种特殊场合专门设计的芯片。这种单片机的针对性强，设计时根据需要来设计部件。因此，它能实现系统的最简化和资源的最优化，可靠性高、成本低，在应用中有很明显的优势。

1.3.2　单片机的主要特点

51 单片机的基本组成和基本工作原理与一般的微型计算机相同，但在具体结构和处理过程

上又有自己的特点，其主要特点如下。

（1）在存储器结构上，单片机的存储器通常采用哈佛（Harvard）结构

存储器结构一般有两种：普林斯顿（Princeton）结构和哈佛结构（Harvard）结构。通用微型计算机一般采用普林斯顿结构，将程序和数据合用一个存储器空间，在使用时才分开；单片机一般采用哈佛结构，将程序和数据分别用不同的存储器存放，各有自己的存储空间，分别用不同的寻址方式。存放程序的存储器称为程序存储器，存放数据的存储器称为数据存储器。单片机系统处理的程序基本不变，所以程序存储器一般由只读存储器芯片构成，又可简称为 ROM；数据是随时变化的，所以数据存储器一般用随机存储器构成，又可简称为 RAM。考虑单片机用于控制系统的特点，程序存储器的存储空间一般比较大，数据存储器的存储空间较小。另外，程序存储器和数据存储器又有片内和片外之分，而且访问方式也不相同。所以，单片机的存储器在操作时可分为片内程序存储器、片外程序存储器、片内数据存储器和片外数据存储器。

（2）在芯片引脚上，大部分采用分时复用技术

单片机芯片内集成了较多的功能部件，需要的引脚信号较多。但由于工艺和应用场合的限制，芯片上引脚数目又不能太多。为解决实际的引脚数和需要的引脚数之间的矛盾，一根引脚往往设计了两个或多个功能。每条引脚在当前起什么作用，由指令和当前机器的状态来决定。

（3）在内部资源访问上，采用特殊功能寄存器（SFR）的形式

单片机中集成了微型计算机的微处理器、存储器、I/O 接口、定时/计数器、串行接口、中断系统等电路。用户对这些资源的访问是通过对对应的特殊功能寄存器进行访问来实现的，访问方法与 CPU 内的寄存器访问类似。

（4）在指令系统上，采用面向控制的指令系统

为了满足控制系统的要求，单片机有很强的逻辑控制能力。在单片机内部一般都设置有一个独立的位处理器，又称布尔处理器，专门用于位运算。

（5）内部一般都集成一个全双工的串行接口

通过这个串行接口，可以很方便地和其他外设进行通信，也可以与另外的单片机或微型计算机通信，组成计算机分布式控制系统。

（6）单片机有很强的外部扩展能力

在内部的各功能部件不能满足应用系统要求时，单片机可以很方便地在外部扩展各种电路，它能与许多通用的微机接口芯片兼容。

1.3.3　单片机的发展及其主要品种

自 1971 年 Intel 公司制造出世界上第一块微处理器芯片 4004 不久，就出现了单片微型计算机，经过之后的二三十年，单片机得到了飞速的发展，在发展过程中，单片机先后经过了 4 位机、8 位机、16 位机、32 位机几个有代表性的发展阶段。

1．4 位单片机

自 1975 年美国得克萨斯仪器公司首次推出 4 位单片机 TMS-1000 后，各个计算机生产公司相继推出 4 位单片机，4 位单片机的主要生产国是日本，如 Sharp 公司的 SM 系列、东芝公司的 TLCS 系列、NEC 公司的 Ucom75XX 系列等。国内已能生产 COP400 系列单片机。

4 位单片机的特点是价格便宜，主要用于控制洗衣机、微波炉等家用电器及高档电子玩具。

2．8 位单片机

1976 年 9 月，美国 Intel 公司首先推出 MCS-48 系列 8 位单片机，使单片机的发展进入了一

个新的阶段。随后各个计算机公司先后推出各自的 8 位单片机。例如，仙童公司（Fairchild）的 F8 系列，Motorola 公司的 6801 系列，Zilog 公司的 Z8 系列，NEC 公司的 uPD78XX 系列。

1978 年以前各厂家生产的 8 位单片机，由于集成度的限制，一般都没有串行接口，只提供小范围的寻址空间（小于 8KB），性能相对较低，称为低档 8 位单片机，如 Intel 公司的 MCS-48 系列和仙童公司（Fairchild）的 F8 系列。

1978 年以后，集成电路水平有所提高，出现了一些高性能的 8 位单片机，它们的寻址能力达到了 64KB，片内集成了 4～8KB 的 ROM，片内除了带并行 I/O 接口外，还有串行 I/O 接口，甚至有些还集成 A/D 转换器。这类单片机称为高档 8 位单片机，如 Intel 公司的 MCS-51 系列，Motorola 公司的 6801 系列，Zilog 公司的 Z8 系列，NEC 公司的 uPD78XX 系列。

8 位单片机由于功能强、价格低廉、品种齐全，被广泛用于工业控制、智能接口、仪器仪表等各个领域，特别是高档 8 位单片机，是现在使用的主要机型。

3．16 位单片机

1983 年以后，集成电路的集成度可达到十几万只管/片，出现了 16 位单片机。16 位单片机把单片机性能又推向了一个新的阶段。它内部集成多个 CPU、8KB 以上的存储器、多个并行接口、多个串行接口等，有的还集成高速输入/输出接口、脉冲宽度调制输出、特殊用途的监视定时器等电路，如 Intel 公司的 MCS-96 系列，美国国家半导体公司的 HPC16040 系列和 NEC 公司的 783XX 系列。

16 位单片机往往用于高速复杂的控制系统。

4．32 位单片机

近年来，各个计算机厂家已经推出更高性能的 32 位单片机，但在测控领域对 32 位单片机的应用很少，因而，32 位单片机使用的并不多。

5．单片机的主要品种

单片机种类繁多，不同种类单片机的内部结构不同，集成的功能部件不一样，指令系统和使用方法各不相同，主要有以下几种。

（1）MCS-51 单片机

51 单片机最早由 Intel 公司推出，由于 Intel 公司将重点放在通用微型计算机及其产品开发上，因此后来 Intel 公司将 51 内核使用权以专利互换或出让给世界许多著名 IC 制造厂商，如 Philips、NEC、Atmel、AMD、Dallas、Siemens、Fujutsu、OKI、华邦、LG 等。在保持与 51 单片机兼容的基础上，这些公司融入了自身的优势，扩展了针对满足不同测控对象要求的外围电路，如满足模拟量输入的 A/D、满足伺服驱动的 PWM、满足高速输入/输出控制的 HSL/HSO、满足串行扩展总线 I²C、保证程序可靠运行的 WDT、引入使用方便且价廉的 Flash ROM 等，开发出上百种功能各异的新品种。

（2）Atmel 单片机

Atmel 公司是世界上著名的高性能低功耗非易失性存储器和数字集成电路的一流半导体制造公司，Atmel 公司最令人注目的是它的闪速存储器技术和质量可靠的生产技术。在 CMOS 器件生产领域中 Atmel 的先进设计水平、优秀的生产工艺及封装技术一直处于世界的领先地位，这些技术用于单片机生产使单片机也具有优秀的品质，在结构性能和功能等方面都有明显的优势。Atmel 公司的单片机是目前世界上一种独具特色而性能卓越的单片机，它在计算机外部设备、通信设备、自动化工业控制、宇航设备、仪器仪表和各种消费类产品中都有着广泛的应用前景。其生产的 AT90 系列是增强型 RISC 内载 Flash 单片机，通常称为 AVR 系列。AT91M 系列是基于 ARM7TDMI 嵌入式处理器的 Atmel 16/32 微处理器系列中的一个新成员，该处理器用高密度的 16 位指令集实现了高效的 32 位 RISC 结构，且功耗很低。另外，基于 51 内核的增强型 AT89 系列单片机目前在市场上仍然十分流行。

（3）Microchip 单片机

Microchip 单片机是市场份额增长最快的单片机。它的主要产品是 16C 系列 8 位单片机，CPU 采用 RISC 结构，仅 33 条指令，运行速度快，且以低价位著称，一般单片机价格都在 1 美元以下。Microchip 单片机没有掩模产品，全部都是 OTP 器件（现已推出 Flash 型单片机），Microchip 强调节约成本的最优化设计，是使用量大、档次低、价格敏感的产品。

（4）TI 公司的 MSP430 系列单片机

MSP430 系列单片机是由美国德州仪器（TI）公司开发的 16 位单片机。其突出特点是超低功耗，非常适合于各种功率要求低的场合。有多个系列和型号，分别由一些基本功能模块按不同的应用目标组合而成。典型应用是流量计、智能仪表、医疗设备和保安系统等方面。由于其较高的性能价格比，应用已日趋广泛。

（5）凌阳单片机

中国台湾凌阳科技股份有限公司（Sunplus Technology CO. LTD）致力于 8 位和 16 位机的开发。SPMC65 系列单片机是凌阳主推产品，采用 8 位 SPMC65 CPU 内核，并围绕这个通用的 CPU 内核，形成了不同的片内资源的一系列产品。SPMC75 系列单片机内核采用凌阳科技自主知识产权的 μ' nSP（Microcontroller and Signal Processor）16 位微处理器，SPMC75 系列单片机集成了多种功能模块：多功能 I/O 口、串行口、ADC、定时/计数器等常用硬件模块，以及能产生电机驱动波形的 PWM 发生器、多功能的捕获比较模块、BLDC 电机驱动专用位置侦测接口、两相增量编码器接口等特殊硬件设备，主要用于变频电机驱动控制。凌阳单片机最大的特点是超强抗干扰，广泛应用于家用电器、工业控制、仪器仪表、安防报警、计算机外围等领域。

（6）Motorola 单片机

Motorola 是世界上最大的单片机厂商，品种全，选择余地大，新产品多，在 8 位机方面有 68HC05 和升级产品 68HC08，68HC05 有 30 多个系列 200 多个品种，年产量超过 20 亿片。8 位增强型单片机 68HC11 也有 30 多个品种，年产量 1 亿片以上，升级产品有 68HC12。16 位单片机 68HC16 也有 10 多个品种，32 位单片机 683XX 系列也有几十个品种。近年来以 PowerPC，Codfire，M.CORE 等作为 CPU，用 DSP 作为辅助模块集成的单片机也纷纷推出，目前仍是单片机的首选品牌。Motorola 单片机特点之一是在同样的速度下所用的时钟较 Intel 类单片机低得多，因而使得高频噪声低，抗干扰能力强，更适合用于工控领域以及恶劣环境。在 32 位机上，M.CORE 在性能和功耗上都胜过 ARM7。

（7）Zilog 单片机

Z8 单片机是 Zilog 公司的主要产品，采用多累加器结构，有较强中断处理能力。产品为 OTP 型，Z8 单片机的开发工具可以说是物美价廉。Z8 单片机以低价位的优势面向低端应用。最近 Zilog 公司又推出了 Z86 系列单片机，该系列内部集成廉价的 DSP 单元。

（8）Scenix 单片机

Scenix 单片机（Ubicom 公司）的 I/O 模块最有创意，Scenix 单片机采用了 RISC 结构的 CPU，使 CPU 最高工作频率达 50MHz，运算速度接近 50MIPS。Scenix 单片机在 I/O 模块的处理上引入了虚拟 I/O 的概念，各种 I/O 功能可以用软件的办法模拟，公司提供各种 I/O 的库函数，用于实现各种 I/O 模块的功能。

（9）NEC 单片机

NEC 单片机自成体系，以 8 位机 78K 系列产量最高，也有 16 位、32 位单片机。16 位单片机采用内部倍频技术，以降低外时钟频率。有的单片机采用内置操作系统，NEC 的销售策略注重服务大客户，并投入相当大的技术力量帮助大客户开发新产品。

（10）东芝单片机

东芝单片机从 4 位到 64 位，门类齐全。4 位机在家电领域仍有较大市场，8 位机主要有 870 系列、90 系列等。该类单片机允许使用慢模式，采用 32kHz 时钟，功耗低至 10μW。CPU 内部使用多组寄存器，使得中断响应与处理更加快捷。东芝公司的 32 位机采用 MIPS3000 ARISC 的 CPU 结构，面向 VCD、数字相机、图像处理市场。

（11）富士通单片机

富士通也有 8 位、16 位和 32 位单片机，但是 8 位机使用的是 16 位的 CPU 内核，也就是说 8 位机与 16 位机指令相同，使得开发比较容易。8 位机有 MB8900 系列，16 位机有 MB90 系列。富士通注重服务大公司、大客户，帮助大客户开发产品。

（12）Epson 单片机

Epson（日本爱普生）公司以擅长制造液晶显示器著称，故 Epson 单片机主要为该公司生产的 LCD 配套，其单片机的 LCD 驱动做得特别好，在低电压、低功耗方面也很有特色。目前 0.9V 供电的单片机已经上市，不久 LCD 显示手表将使用 0.5V 供电。

（13）STC 单片机

STC 单片机完全兼容 51 单片机，并有其独到之处，其抗干扰性强，加密性强，超低功耗，可以远程升级，内部有 MAX810 专用复位电路，价格也较便宜，由于这些特点使得 STC 系列单片机的应用日趋广泛。

（14）三星单片机

三星单片机有 KS51 和 KS57 系列 4 位单片机，KS86 和 KS88 系列 8 位单片机，KS17 系列 16 位单片机和 KS32 系列 32 位单片机，三星还为 ARM 公司生产 ARM 单片机，常见的 S344b0 等。三星单片机为 OTP 型 ISP 在线编程功能。

（15）SST 单片机

美国 SST 公司推出的 SST89 系列单片机为标准的 51 系列单片机，包括 SST89E/V52RD2、SST89E/V54RD2、SST89E/V58RD2、SST89E/V554RC、SST89E/V564RD 等。它与 8052 系列单片机兼容，提供系统在线编程（ISP 功能），内部 Flash 擦写次数 1 万次以上，程序保存时间可达 100 年。

（16）华邦单片机

华邦单片机属于 8051 类单片机，其 W78 系列与标准的 8051 兼容，W77 系列为增强型 51，对 8051 的时序做了改进，同样时钟下速度快了不少。在 4 位机上华邦有 921 系列，带 LCD 驱动的 741 系列。在 32 位机方面，华邦使用了惠普公司 PA-RISC 单片机技术，生产低 32 位 RISC 单片机。

（17）Silicon Labs 公司单片机

Silicon Labs 公司推出了 C8051F 系列单片机，基于增强的 CIP-51 内核，其指令集与 MCS-51 完全兼容，具有标准 8051 的组织架构，可以使用标准的 803x/805x 汇编器和编译器进行软件开发。CIP-51 采用流水线结构，70% 的指令执行时间为 1 个或 2 个系统时钟周期，是标准 8051 指令执行速度的 12 倍；其峰值执行速度可达 100MIPS（C8051F120 等），是目前世界上速度较快的 8 位单片机。

在上面介绍的单片机产品中，其中 Intel 公司的 MCS-51 系列及其兼容产品是目前最常用的一种单片机类型，其引进历史较长，学习资料齐全，影响面较广、应用成熟，已被单片机控制装置的开发设计人员广泛接受。本书将以这种单片机产品为主介绍单片机的结构原理、指令系统、编程应用及接口电路等内容。

1.3.4　单片机的应用

单片机由于具有体积小，功耗低，易于产品化，面向控制，抗干扰能力强，适用温度范围宽，可以方便地实现多机和分布式控制等优点，因而被广泛地应用于各种控制系统和分布式系统中。

1．单机应用

单机应用是指在一个系统中只用到一块单片机，这是目前单片机应用最多的方式。主要在以下领域采用单机应用。

（1）工业自动化控制

在自动化技术中，单片机广泛应用在各种过程控制、数据采集系统、测控技术等方面。如数控机床、自动生产线控制、电机控制和温度控制。新一代机电一体化处处都离不开单片机。

（2）智能仪器仪表

单片机技术运用到仪器仪表中，使得原有的测量仪器向数字化、智能化、多功能化和综合化的方向发展，大大地提高了仪器仪表的精度和准确度，减小了体积，使其易于携带，并且能够集测量、处理、控制功能于一体，从而使测量技术发生了根本的变化。

（3）计算机外部设备和智能接口

在计算机系统中，很多外部设备都用到单片机，如打印机、键盘、磁盘、绘图仪等。通过单片机来对这些外部设备进行管理，既减小了主机的负担，也提高了计算机整体的工作效率。

（4）家用电器

目前家用电器的一个重要发展趋势是不断提高其智能化程度，如电视机、录像机、电冰箱、洗衣机、电风扇和空调机等家用电器中都用到单片机或专用的单片机集成电路控制器。单片机的使用，提高了家用电器的功能，使其操作起来更加方便，故障率更低，而且成本更低廉。

2．多机应用

多机应用是指在一个系统中用到多块单片机。它是单片机在高科技领域的主要应用，主要用于一些大型的自动化控制系统。这时整个系统分成多个子系统，每个子系统是一个单片机系统，用于完成本子系统的工作，即从上级主机接收信息后，并发送信息给上级主机。上级主机则根据接收的下级子系统的信息，进行判断，产生相应的处理命令传送给下级子系统。多机应用可分为功能弥散系统、并行多机处理系统和局部网络系统。

3．单片机的等级

单片机芯片本身是按工业测控环境要求设计的，能够适应于各种恶劣的环境，有很强的温度适应能力。按对温度的适应能力，可以把单片机分成以下 3 个等级。

（1）民用级或商用级

温度适应能力在 0℃～70℃ 之间，适用于机房和一般的办公环境。

（2）工业级

温度适应能力在-40℃～85℃ 之间，适用于工厂和工业控制中，对环境的适应能力较强。

（3）军用级

温度适应能力在-65℃～125℃ 之间，适用于环境条件苛刻，温度变化很大的野外，主要用在军事上。

习　　题

1．给出下列有符号数的原码、反码和补码（假设计算机字长为 8 位）。

+35　　　－109　　　－15　　　+122

2．指明下列字符在计算机内部的表示形式。

AsENdfJFmdsv120

3．何谓微型计算机硬件？它由哪几部分组成？并简述各部分的作用。

4．简述 8086CPU 的内部结构。

5．何谓总线？总线按功能可分为哪几种？

6．试比较存储器读和存储器写这两种操作的区别。

7．简述 8086 中的存储器管理。

8．外部设备与 CPU 之间的数据传送方式常见有几种？各有什么特点？

9．在 8086 中段寄存器 CS 和指令指针寄存器 IP 的内容有什么意义？

10．什么是单片机？和一般微型计算机相比，单片机有何特点？

11．你对单片机的应用知道多少？试举例说明。

第2章　MCS-51 单片机原理与结构

主要内容：

这一章是本书的重点之一，主要通过 MCS-51 系列单片机介绍单片机的原理与结构。通过本章学习，使读者了解 MCS-51 单片机的基本组成；认识 MCS-51 单片机的中央处理器结构，存储器的组织，外部引脚及片外总线，芯片内部集成的接口电路等；掌握并行接口、定时/计数器、串行接口、中断系统等接口电路的原理与结构。

学习重点：

◆ MCS-51 单片机的中央处理器结构

◆ MCS-51 单片机的存储器组织

◆ 并行接口、定时/计数器、串行接口、中断系统等接口电路

2.1　MCS-51 单片机概述

2.1.1　MCS-51 单片机简介

MCS-51 系列单片机是 Intel 公司在 1980 年推出的高性能 8 位单片机，它包含 51 和 52 两个子系列。

对于 51 子系列，主要有 8031、8051、8751 三种机型，它们的指令系统与芯片引脚完全兼容，仅片内程序存储器有所不同，8031 芯片不带 ROM，8051 芯片带 4KB 的 ROM，8751 芯片带 4KB 的 EPROM。51 子系列单片机的主要特点如下：

- 8 位 CPU；
- 片内带振荡器，频率范围 1.2～12MHz；
- 片内带 128B 的数据存储器；
- 片内可带 4KB 的程序存储器；
- 程序存储器的寻址空间为 64KB；
- 片外数据存储器的寻址空间为 64KB；
- 128 个用户位寻址空间；
- 21 个字节特殊功能寄存器；
- 4 个 8 位的并行 I/O 接口：P0、P1、P2、P3；
- 两个 16 位定时/计数器；
- 两个优先级别的 5 个中断源；
- 一个全双工的串行 I/O 接口，可多机通信；
- 111 条指令，含乘法指令和除法指令；
- 片内采用单总线结构；
- 有较强的位处理能力；
- 采用单一+5V 电源。

对于 52 子系列，有 8032、8052、8752 三种机型。52 子系列与 51 子系列相比大部分相同，不同之处在于：片内数据存储器增至 256B；8032 芯片不带 ROM，8052 芯片带 8KB 的 ROM，8752 芯片带 8KB 的 EPROM；有 3 个 16 位定时器/计数；6 个中断源。

前面所述的器件是基于 HMOS 工艺的，此外还有采用 CMOS 工艺制造的 80C31、80C51 和 87C51 等，它们分别与上述器件兼容，只是功耗比 HMOS 工艺的低，如 8051 功耗约为 620 mW，而 80C51 的功耗只有 120mW。

后来，Intel 公司将 MCS-51 的核心技术授权给了很多公司，从而产生了许多以 MCS-51 为核心的单片机。所以，现在 51 单片机已经不仅仅是一种单片机系列的名称，而是一种典型的单片机结构的名称。这些单片机的具体功能会有很多不同，但它们的基本组成和基本性能都是相同的。本书以 Intel 公司的 8051 为例来介绍 MCS-51 单片机的基本原理。

2.1.2 MCS-51 单片机的基本组成

虽然 MCS-51 系列单片机的芯片有多种类型，但它们的基本组成相同。主要包含微处理器、存储器、I/O 接口、定时/计数器、串行接口、中断系统等，其基本结构如图 2.1 所示。可以看出，它的基本结构与微型计算机相同，通过总线把各个部分连接在一起。

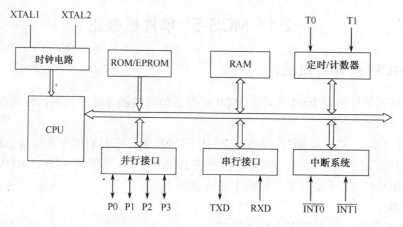

图 2.1 MCS-51 单片机的基本结构

2.2 MCS-51 单片机的内部结构

MCS-51 单片机的内部结构框图如图 2.2 所示。由图 2.2 可以看出：MCS-51 单片机集成了中央处理器（CPU）、存储器系统（RAM 和 ROM）、定时/计数器、并行接口、串行接口、中断系统及一些特殊功能寄存器（SFR）。它们通过内部总线紧密地联系在一起。MCS-51 单片机的总体结构仍是通用 CPU 加上外围芯片的总线结构。只是在功能部件的控制上与一般微机的通用寄存器加接口寄存器控制不同，CPU 与外设的控制不再分开，采用了特殊功能寄存器集中控制，使用更方便。内部还集成了时钟电路，只需外接石英晶体就可形成时钟。另外注意，8031 和 8032 内部没有集成 ROM。

2.2.1 MCS–51 单片机的中央处理器

MCS-51 单片机的中央处理器包含运算部件和控制部件。

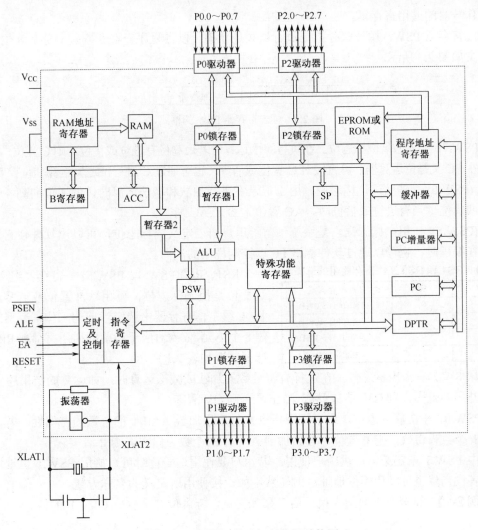

图 2.2　MCS-51 单片机的内部结构图

1. 运算部件

运算部件由算术逻辑运算单元 ALU（Arithmetic Logic Unit）、8 位累加器 ACC（Accumulator）、8 位 B 寄存器、8 位的标志寄存器 PSW、暂存器等许多部件组成，能实现算术运算、逻辑运算、位运算、数据传输等处理。

算术逻辑运算单元 ALU：是一个 8 位的运算器，它不仅可以完成 8 位二进制数据加、减、乘、除等基本的算术运算，还可以完成 8 位二进制数据逻辑"与"、"或"、"异或"、循环移位、求补、清零等逻辑运算，并且具有数据传输、程序转移等功能。ALU 还有一个一般微型计算机没有的位运算器，可以对一位二进制数据进行置位、清零、求反、测试转移及位逻辑"与"、"或"等处理。这对于控制方面很有用。

累加器 ACC：简称为 A，是 CPU 中使用最频繁的寄存器。ALU 进行运算时，数据绝大多数都来自于累加器 ACC，运算结果也通常送回累加器 ACC。在 MCS-51 指令系统中，绝大多数指令中都要求累加器 A 参与处理。

寄存器 B：称为辅助寄存器，它是为乘法和除法指令而设置的。在进行乘法运算时，累加器 A 和寄存器 B 在乘法运算前存放乘数和被乘数，运算完，通过寄存器 B 和累加器 A 存放结果。在除法运算前，累加器 A 和寄存器 B 存入被除数和除数，运算完用于存放商和余数。另外它也可作一般的通用寄存器。

标志寄存器 PSW：用于保存指令执行结果的状态，以供程序查询和判别。总共 8 位，其各位的定义如图 2.3 所示。

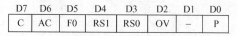

图 2.3　标志寄存器 PSW 的格式

C(PSW.7)—进位/借位标志位。在执行算术运算时若最高位有进位或借位，则 C 置位，否则清零。另外，C 又是位运算器，可直接对 C 置位或清零，也可通过 C 进行位逻辑运算和位控制转移。

AC(PSW.6)—辅助进位标志位。用于记录在进行加法和减法运算时，低 4 位向高 4 位是否有进位或借位。当有进位或借位时，AC 置位，否则 AC 清零。

F0(PSW.5)—用户标志位。是系统预留给用户自己定义的标志位，可以用软件使它置位或清零。在编程时，也可以通过软件测试 F0 以控制程序的流向。

表 2.1　RS1 和 RS0 工作寄存器组的选择

RS1	RS0	工作寄存器组
0	0	0 组(00H～07H)
0	1	1 组(08H～0FH)
1	0	2 组(10H～17H)
1	1	3 组(18H～1FH)

RS1、RS0(PSW.4、PSW.3)—寄存器组选择位。这两位是控制标志位，可用软件置位或清零，用于从 4 组工作寄存器中选定当前的工作寄存器组，每组 8 个单元，依次对应于当前的通用寄存器 R0～R7，选择情况如表 2.1 所示。

OV(PSW.2)—溢出标志位。在进行有符号数的加法或减法运算时，如运算的结果超出 8 位有符号补码的范围，则 OV 置 1，标志溢出，否则 OV 清零。

P(PSW.0)—奇偶标志位。用于记录指令执行后累加器 A 中 1 的个数的奇偶性。若累加器 A 中 1 的个数为奇数，则 P 置位，若累加器 A 中 1 的个数为偶数，则 P 清零。

其中 PSW.1 未定义，可供用户使用。若用户要使用这一位时可直接用 PSW.1 位地址。对于其他各位当然也可以使用位地址，但显然不如直接使用所定义的名称方便。

【例 2-1】 试分析下面指令执行后，累加器 A，标志位 C、AC、OV、P 的值。

```
MOV   A,#79H
ADD   A,#46H
```

分析：第一条指令把立即数 79H 送入累加器 A，第二条指令是把累加器 A 中的立即数 79H 与立即数 46H 相加，结果回送到累加器 A 中。加法运算过程如下：

79H=0111 1001B　　46H=0100 0110B

$$
\begin{array}{r}
0111\ 1001B \\
+\quad 0100\ 0110B \\
\hline
1011\ 1111\ =\ 0BFH
\end{array}
$$

则执行后累加器 A 中的值为 0BFH，由相加过程得 C=0、AC=0、OV=1、P=1。

2. 控制部件

控制部件是单片机的控制中心，它包括程序计数器 PC、堆栈指针 SP、数据指针 DPTR、指令寄存器、指令译码器、定时和控制电路以及信息传送控制部件等。

程序计数器 PC 是一个 16 位的专用寄存器，用于控制程序的执行。执行程序时，控制器以程序计数器 PC 中的值为地址从程序存储器取出当前指令送指令寄存器，随后自动改变，为取下一条指令做准备。

指令寄存器存放 CPU 当前执行的指令，通过它再把指令送指令译码器，在指令译码器中对指令进行译码，通过定时和控制电路产生执行指令所需的各种控制信号，送到单片机内部的各功能部件中，指挥各功能部件产生相应的操作，完成指令的功能。

堆栈指针 SP 是一个 8 位的指针寄存器，用于访问堆栈空间，堆栈是按"先入后出，后入先出"的原则访问的特殊存储空间，主要用于保存子程序或中断服务程序的断点地址以便返回，MCS-51 单片机的堆栈空间在片内数据存储器中，它的具体情况后面介绍。

数据指针 DPTR 是 51 单片机中另外一个 16 位的专用寄存器，通常用它来间接方式访问片外数据存储器。数据指针 DPTR 又可分为高 8 位(DPH)和低 8 位(DPL)，既可以用 DPTR 按 16 位方式使用，也可以用 DPH 和 DPL 按 8 位方式使用。

2.2.2　MCS-51 单片机的存储器

MCS-51 单片机的存储器采用哈佛结构（Harvard）结构，分程序存储器 ROM 和数据存储器 RAM。程序存储器和数据存储器从物理结构上可分为片内和片外两种。片内存储器是指集成在芯片内部的存储器，片外存储器是指通过外部的存储芯片扩展得到的。

1. 程序存储器

程序存储器用于存放单片机工作时的程序，单片机工作时先把用户编制好的程序下载到程序存储器中，然后在控制器的控制下，CPU 通过程序计数器 PC 依次从程序存储器中取出指令并执行，实现相应的功能。由于 MCS-51 单片机的程序计数器 PC 宽度为 16 位，因此，程序存储器地址空间为 64KB。另外，程序存储器有时也用于存放程序执行中固定不变的数据，如有些表格类数据，它们往往与程序一起下载到程序存储器中，对于它们 51 单片机采用专门的指令——查表指令 MOVC　A,@A+DPTR 或 MOVC　A,@A+PC 访问。

程序存储器从物理结构上分为片内程序存储器和片外程序存储器。对于片内程序存储器，在 MCS-51 系列中，不同的芯片各不相同，8031 和 8032 内部没有 ROM，8051 内部有 4KB 的 ROM，8751 内部有 4KB 的 EPROM，地址空间为 0000H~0FFFH，8052 内部有 8KB 的 ROM，8752 内部有 8KB 的 EPROM，地址空间为 0000H~1FFFH。片外程序存储器是外部用只读存储芯片扩展而来的，存储空间大小随存储芯片容量而定。片内程序存储器和片外程序存储器的总空间大小不能超过 64KB。

对于内部没有程序存储器的 8031 和 8032 芯片，使用时只能扩展外部程序存储器，最多可扩展 64KB，地址范围为 0000H~FFFFH。对于内部有程序存储器的 8051、8751、8052 和 8752 芯片，如果片内程序存储器够用，则不用扩展片外程序存储器，如内部不够用，也需外部扩展程序存储器，但内部 ROM 和外部 ROM 公用 64KB 的存储空间。具体情况如图 2.4 所示。

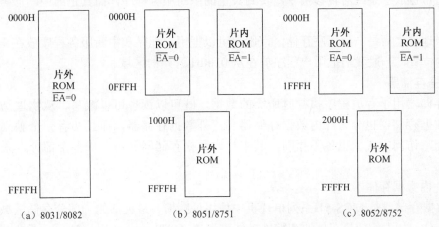

图 2.4　程序存储器编址

其中，在图 2.4(b)、(c)中，片内程序存储器地址空间和片外程序存储器的低地址空间重叠。51 子系列重叠区域为 0000H～0FFFH，52 子系列重叠区域为 0000H～1FFFH。单片机在执行指令时，对于低地址部分，从片内程序存储器取指令还是从片外程序存储器取指令，是根据单片机芯片上的片外程序存储器选用引脚 $\overline{EA}$ 电平的高低来决定的。$\overline{EA}$ 接低电平，则从片外程序存储器取指令；$\overline{EA}$ 接高电平，则从片内程序存储器取指令。在这种情况下，为了处理方便，程序一般都下载到片外程序存储器中，在使用时 $\overline{EA}$ 接低电平，从片外程序存储器取指令；对于 8031 和 8032 芯片，$\overline{EA}$ 只能保持低电平，指令只能从片外程序存储器取得。另外，如果集成在片内的程序存储器已足够程序下载，则不用再扩展片外程序存储器，这时 $\overline{EA}$ 应接高电平，从片内程序存储器取指令。实际上，51 单片机使用时这种情况最常见，因为此时硬件线路最简单。

在 64KB 程序存储器中，有 7 个单元比较特殊，使用时必须注意。第一个是 0000H 单元，是 51 单片机的系统复位地址，另外 6 个是从 0003H 单元开始，两者间隔 8 字节，是 6 个中断源（51 子系列为 5 个）的中断服务程序的入口地址，如表 2.2 所示。

表 2.2　程序存储器的特殊地址

名　　称	地　　址
系统复位地址	0000H
外部中断 0 中断服务程序入口地址	0003H
定时/计数器 0 中断服务程序入口地址	000BH
外部中断 1 中断服务程序入口地址	0013H
定时/计数器 1 中断服务程序入口地址	001BH
串行口中断服务程序入口地址	0023H
定时/计数器 2 中断服务程序入口地址（仅 52 子系列有）	002BH

MCS-51 系列单片机复位后程序计数器 PC 的内容为 0000H，复位后将从 0000H 单元开始执行程序。但由于 0003H 开始是中断服务的入口地址，用户程序就不能直接从 0000H 单元开始存放，如何处理呢？这里用户一般放一条绝对转移指令，真正的用户程序放在程序存储空间的后面位置，系统复位后通过执行绝对转移指令转到后面的用户程序去。

表 2.2 中所示的 6 个中断入口地址之间仅隔 8 个单元，用于存放中断服务程序往往也不够用。这里通常也放一条绝对转移指令，转到真正的中断服务程序，而真正的中断服务程序也放到后面。

这 6 个地址之后是一般程序存储区，用户可以把用户程序和中断服务程序放在一般程序存储区的任一位置，一般我们把用户程序放在从 0100H 开始的区域。

2．数据存储器

数据存储器用于存放程序执行时所需的数据，既可以读也可以改写。从物理结构上，51 单片机的数据存储器也分为片内数据存储器和片外数据存储器，而且两者完全独立，有不同的存储空间，访问方式上也各不相同，其中片内数据存储器又可分成多个部分，采用多种方式访问。

（1）片内数据存储器

片内数据存储器是 MCS-51 系列单片机中使用最频繁、最灵活的一部分存储区域。它总体上分为两部分：片内的随机存储块和特殊功能寄存器（SFR）块。对于 51 子系列，前者有 128

字节，编址为 00H～7FH；后者也占 128 字节，编址为 80H～FFH；二者连续不重叠。对于 52
子系列，片内的随机存储块有 256 字节，编址为 00H～FFH；特殊功能寄存器（SFR）块也有
128 字节，编址为 80H～FFH；后者与前者的高端 128 字节编址重叠，访问时通过不同的指令
相区分，片内的随机存储块的高端 128 字节只能用
间接寻址方式访问，而特殊功能寄存器（SFR）块
只能用直接寻址访问。

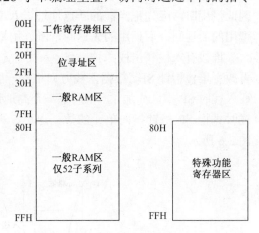

图 2.5　片内数据存储器分配情况

片内的随机存储块按功能可以分成以下几个
部分：工作寄存器组区、位寻址区和一般 RAM 区，
其中还包含堆栈区。具体分配情况如图 2.5 所示。

① 工作寄存器组区。工作寄存器组区位于
00H～1FH 单元，共 32 字节。工作寄存器也称为
通用寄存器，用于临时寄存 8 位信息。工作寄存器
共有 4 组，称为 0 组、1 组、2 组和 3 组。每组 8
个寄存器，依次用 R0～R7 表示。也就是说，R0
可能表示 0 组的第一个寄存器（地址为 00H），也
可能表示 1 组的第一个寄存器（地址为 08H），还
可能表示 2 组、3 组的第一个寄存器（地址分别为 10H 和 18H）。使用哪一组当中的寄存器由
程序状态寄存器 PSW 中的 RS0 和 RS1 两位来选择，对应关系如前面的表 2.1 所示。

② 位寻址区。位寻址区位于 20H～2FH 单元，共 16 字节，128 位。这 128 位每位都可以
按位方式使用，每位都有一个位地址，位地址范围为 00H～7FH，它的具体情况如表 2.3 所示。

表 2.3　位寻址区地址表(地址为十六进制数)

字节单元地址	D7	D6	D5	D4	D3	D2	D1	D0
20H	07	06	05	04	03	02	01	00
21H	0F	0E	0D	0C	0B	0A	09	08
22H	17	16	15	14	13	12	11	10
23H	1F	1E	1D	1C	1B	1A	19	18
24H	27	26	25	24	23	22	21	20
25H	2F	2E	2D	2C	2B	2A	29	28
26H	37	36	35	34	33	32	31	30
27H	3F	3E	3D	3C	3B	3A	39	38
28H	47	46	45	44	43	42	41	40
29H	4F	4E	4D	4C	4B	4A	49	48
2AH	57	56	55	54	53	52	51	50
2BH	5F	5E	5D	5C	5B	5A	59	58
2CH	67	66	65	64	63	62	61	60
2DH	6F	6E	6D	6C	6B	6A	69	68
2EH	77	76	75	74	73	72	71	70
2FH	7F	7E	7D	7C	7B	7A	79	78

③ 一般 RAM 区。从 30H～7FH 单元是一般 RAM 区，也称为用户 RAM 区，共 80 字节，
对于 52 子系列，一般 RAM 区从 30H～FFH 单元。另外，对于前两区中未用的单元也可作为用
户 RAM 单元使用。

④ 堆栈区与堆栈指针。堆栈是在存储器中按"先入后出、后入先出"的原则进行管理的一段存储区域，通过堆栈指针 SP 管理。堆栈主要是为子程序调用和中断调用而设立的，用于保护断点地址和保护现场状态。无论是子程序调用还是中断调用，调用完后都要返回调用位置，因此调用时，应先把当前的断点地址送入堆栈保存，以便以后返回时使用。对于嵌套调用，先调用的后返回，后调用的先返回，刚好用堆栈就可实现。

堆栈有入栈和出栈两种操作，入栈时先改变堆栈指针 SP，再送入数据，出栈时先送出数据，再改变堆栈指针 SP。根据入栈方向堆栈一般分两种：向上生长型和向下生长型。向上生长型堆栈入栈时 SP 指针先加 1，指向下一个高地址单元，再把数据送入当前 SP 指针指向的单元，出栈时先把 SP 指针指向单元的数据送出，再把 SP 指针减 1，数据是向高地址单元存储的，如图 2.6 所示。

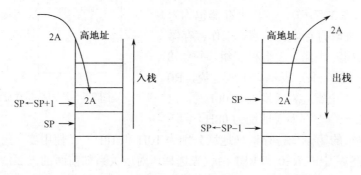

图 2.6　向上生长型堆栈

向下生长型堆栈入栈时 SP 指针先减 1，指向下一个低地址单元，再把数据送入当前 SP 指针指向的单元，出栈时先把 SP 指针指向单元的数据送出，再把 SP 指针加 1，数据是向低地址单元存储的，如图 2.7 所示。

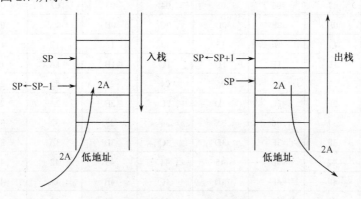

图 2.7　向下生长型堆栈

MCS-51 单片机堆栈是向上生长型的，位于片内数据存储器中，堆栈指针 SP 为 8 位，入栈和出栈数据都以字节为单位。复位时，SP 的初值为 07H，因此复位时堆栈实际上是从 08H 开始的。当然在实际使用时，堆栈最好避开使用的工作寄存器、位寻址区等，在 MCS-51 单片机中可以通过给堆栈指针 SP 赋值的方式来改变堆栈的初始位置。

⑤ 特殊功能寄存器。特殊功能寄存器（SFR）也称为专用寄存器，专门用于控制、管理片内算术逻辑部件、并行 I/O 接口、串行口、定时/计数器、中断系统等功能模块的工作。用户在编程时可以给其设定值，但不能移作他用。SFR 分布在地址空间 80H～FFH 位置处，通过直接

寻址方式访问。除 PC 外，51 子系列有 18 个特殊功能寄存器，其中 3 个为双字节，共占用 21 字节；52 子系列有 21 个特殊寄存器，其中 5 个为双字节，共占用 26 字节。它们的分配情况如下。

CPU 专用寄存器：累加器 A(E0H)，寄存器 B(F0H)，程序状态寄存器 PSW(D0H)，堆栈指针 SP(81H)，数据指针 DPTR(82H、83H)。

并行接口：P0～P3(80H、90H、A0H、B0H)。

串行接口：串口控制寄存器 SCON(98H)，串口数据缓冲器 SBUF(99H)，电源控制寄存器 PCON(87H)。

定时/计数器：方式寄存器 TMOD(89H)，控制寄存器 TCON(88H)，初值寄存器 TH0、TL0(8CH、8AH)/TH1、TL1(8DH、8BH)。

中断系统：中断允许寄存器 IE(A8H)，中断优先级寄存器 IP(B8H)。

定时/计数器 2 相关寄存器：定时/计数器 2 控制寄存器 T2CON(CBH)，定时/计数器 2 自动重装寄存器 RLDL、RLDH(CAH、CBH)，定时/计数器 2 初值寄存器 TH2、TL2(CDH、CCH)（仅 52 子系列有）。

特殊功能寄存器的名称、表示符及地址如表 2.4 所示。

表 2.4　特殊功能寄存器表

特殊功能寄存器名称	符　号	地　址	位地址与位名称（位地址为十六进制数）							
			D7	D6	D5	D4	D3	D2	D1	D0
P0 口	P0	80H	87	86	85	84	83	82	81	80
堆栈指针	SP	81H								
数据指针低字节	DPL	82H								
数据指针高字节	DPH	83H								
定时/计数器控制	TCON	88H	TF1	TR1	TF0	TR0	IE1	IT1	IE0	IT0
			8F	8E	8D	8C	8B	8A	89	88
定时/计数器方式	TMOD	89H	GATE	C/T	M1	M0	GAME	C/T	M1	M0
定时/计数器 0 低字节	TL0	8AH								
定时/计数器 0 高字节	TH0	8BH								
定时/计数器 1 低字节	TL1	8CH								
定时/计数器 1 高字节	TH1	8DH								
P1 口	P1	90H	97	96	95	94	93	92	91	90
电源控制	PCON	97H	SMOD				GF1	GF0	PD	IDL
串行口控制	SCON	98H	SM0	SM1	SM0	REN	TB8	RB8	TI	RI
			9F	9E	9D	9C	9B	9A	99	98
串行口数据	SBUF	99H								
P2 口	P2	A0H	A7	A6	A5	A4	A3	A2	A1	A0
中断允许控制	IE	A8H	EA		ET2	ES	ET1	EX1	ET0	EX0
			AF		AD	AC	AB	AA	A9	A9
P3 口	P3	B0H	B7	B6	B5	B4	B3	B2	B1	B0
中断优先级控制	IP	B8H			PT2	PS	PT1	PX1	PT0	PX0
					BD	BC	BB	BA	B9	B8
定时/计数器 2 控制	T2CON	C8H	TF2	EXF2	RCLK	TCLK	EXEN2	TR2	C/T2	CP/RL2
			CF	CE	CD	CC	CB	CA	C9	C8
定时/计数器 2 重装低字节	RLDL	CAH								
定时/计数器 2 重装高字节	RLDH	CBH								
定时/计数器 2 低字节	TL2	CCH								

（续表）

特殊功能寄存器名称	符号	地址	位地址与位名称（位地址为十六进制数）							
			D7	D6	D5	D4	D3	D2	D1	D0
定时/计数器 2 高字节	TH2	CDH								
程序状态寄存器	PSW	D0H	C	AC	F0	RS1	RS0	OV		P
			D7	D6	D5	D4	D3	D2	D1	D0
累加器	A	E0H	E7	E6	E5	E4	E3	E2	E1	E0
寄存器 B	B	F0H	F7	F6	F5	F4	F3	F2	F1	F0

在表 2.4 中，其中字节地址能被 8 整除的特殊功能寄存器，既能按字节方式处理，也能按位方式处理。

💡 **注意**：在 80H～FFH 的地址范围，仅有 21 个(51 子系列)或 26 个(52 子系列)字节作为特殊功能寄存器，即是有定义的。其余字节无定义，用户不能访问这些字节，如访问这些字节，将得到一个不确定的值。

对于片内数据存储器的各个部分，它们在编址时是统一编址的。因此在访问它们时，可按它们各自特有的方法访问，也可按统一的方法访问。

（2）片外数据存储器

MCS-51 单片机有 128 字节或 256 字节的片内数据存储器。当片内数据存储器不够时，可扩展外部数据存储器，扩展的外部数据存储器最多为 64KB，地址范围为 0000H～0FFFFH，片外数据存储器只能通过间接寻址方式访问，对于 64KB 空间，通过 DPTR 进行指针间接方式访问。对于低端的 256 字节，也可用两位十六进制地址编址，地址范围为 00H～0FFH，由 R0 和 R1 间接方式访问。另外，扩展的外部设备占用片外数据存储器的空间，通过用访问片外数据存储器的方法访问。

对于 MCS-51 单片机的存储器结构，必须注意以下两个方面。①64KB 的程序存储器和 64KB 的片外数据存储器地址空间都为 0000H～0FFFFH，地址空间是重叠的，使用的地址线相同，它们如何区分呢？MCS-51 单片机是通过不同的信号来对片外数据存储器和程序存储器进行读、写的，片外数据存储器的读、写通过 $\overline{RD}$ 和 $\overline{WR}$ 信号来控制，而程序存储器的读通过 $\overline{PSEN}$ 信号控制。同时两者通过用不同的指令来实现访问，片外数据存储器用 MOVX 指令访问，程序存储器用 MOVC 指令访问。②片内数据存储器、片外数据存储器的低 256 字节和位地址空间都是用两位十六进制数表示，它们如何区分呢？通过不同的指令区分，片内数据存储器用 MOV 指令访问，片外数据存储器用 MOVX 指令访问，而位地址空间只能用位指令访问。因此在访问时不会产生混乱。

2.3 MCS-51 单片机的输入/输出接口

MCS-51 系列单片机集成 4 个 8 位的并行 I/O 接口：P0、P1、P2 和 P3。它们又是特殊功能寄存器中的 4 个。这 4 个接口，既可以作输入，也可以作输出，既可按 8 位处理，也可按位方式使用。输出时具有锁存能力，输入时具有缓冲功能。每个接口的具体功能有所不同，下面分别介绍。

2.3.1 P0 口

P0 口是一个三态双向口，可作为地址/数据分时复用接口，也可作为通用的 I/O 接口。P0 由一个输出锁存器、两个三态缓冲器、输出驱动电路和输出控制电路组成，它的一位结构如图 2.8 所示。

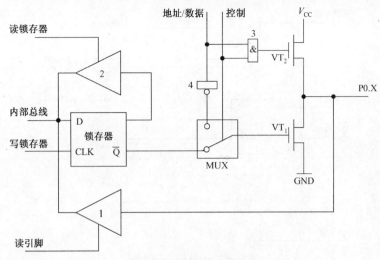

图 2.8　P0 口的一位结构

当控制信号为高电平"1"，P0 口作为地址/数据分时复用总线用时，可分为两种情况：一种是从 P0 口输出地址或数据，另一种是从 P0 口输入数据。控制信号为高电平"1"，使转换开关 MUX 把反相器 4 的输出端与 VT_1 接通，同时把与门 3 打开。如果从 P0 口输出地址或数据信号，当地址或数据为"1"时，经反相器 4 使 VT_1 截止，而经与门 3 使 VT_2 导通，P0.X 引脚上出现相应的高电平"1"；当地址或数据为"0"时，经反相器 4 使 VT_1 导通而 VT_2 截止，引脚上出现相应的低电平"0"，这样就将地址/数据的信号输出。如果从 P0 口输入数据，输入数据从引脚下方的三态输入缓冲器进入内部总线。

当控制信号为低电平"0"，P0 口作为通用 I/O 接口使用时，控制信号为"0"，转换开关 MUX 把输出级与锁存器 $\overline{Q}$ 端接通，在 CPU 向端口输出数据时，因与门 3 输出为"0"，使 VT_2 截止，此时，输出级是漏极开路电路。当写入脉冲加在锁存器时钟端 CLK 上时，与内部总线相连的 D 端数据取反后出现在 $\overline{Q}$ 端，又经输出 VT_1 反相，在 P0 引脚上出现的数据正好是内部总线的数据。当要从 P0 口输入数据时，引脚信号仍经输入缓冲器进入内部总线。

但当 P0 口作通用 I/O 接口时，应注意以下两点。

① 在输出数据时，由于 VT_2 截止，输出级是漏极开路电路，要使"1"信号正常输出，必须外接上拉电阻。

② P0 口作为通用 I/O 接口输入使用时，在输入数据前，应先向 P0 口写"1"，此时锁存器的 $\overline{Q}$ 端为"0"，使输出级的两个场效应管 VT_1、VT_2 均截止，引脚处于悬浮状态，才可作高阻输入。因为从 P0 口引脚输入数据时，VT_2 一直处于截止状态，引脚上的外部信号既加在三态缓冲器 1 的输入端，又加在 VT_1 的漏极。假定在此之前曾经输出数据"0"，则 VT_1 是导通的，这样引脚上的电位就始终被钳位在低电平，使输入高电平无法读入。因此，在输入数据时，应人为地先向 P0 口写"1"，使 VT_1、VT_2 均截止，方可高阻输入。

另外，P0 口的输出级具有驱动 8 个 LSTTL 负载的能力，输出电流不大于 800μA。

2.3.2　P1 口

P1 口是准双向口，它只能作为通用 I/O 接口使用。P1 口的结构与 P0 口不同，它的输出只由一个场效应管 VT_1 与内部上拉电阻组成，如图 2.9 所示。其输入输出原理特性与 P0 口作为通用 I/O 接口使用时一样，当其输出时，可以提供电流负载，不必像 P0 口那样需要外接上拉电阻。P1 口具有驱动 4 个 LSTTL 负载的能力。

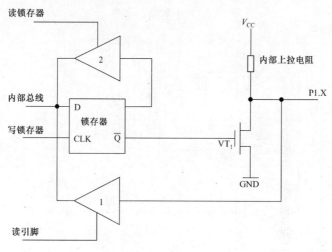

图 2.9　P1 口的一位结构

2.3.3　P2 口

P2 口也是准双向口，它有两种用途：通用 I/O 接口和高 8 位地址线。它的一位结构如图 2.10 所示，与 P1 口相比，它只在输出驱动电路上比 P1 口多了一个模拟转换开关 MUX 和反相器 3。

当控制信号为高电平"1"，P2 口作为地址线用，内部的高 8 位地址总路线通过 P2 口输出，用于实现对片外存储器访问。当控制信号为高电平"0"，P2 口作通用 I/O 接口，其工作原理与 P1 口相同，只是 P1 口输出端由锁存器 $\overline{Q}$ 端接 VT_1，而 P2 口是由锁存器 Q 端经反相器 3 接 VT_1。P2 口的负载能力也与 P1 口相同。

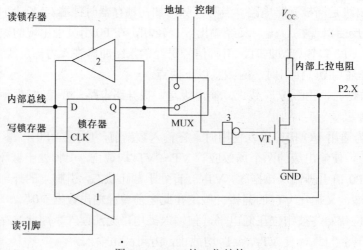

图 2.10　P2 口的一位结构

2.3.4　P3 口

P3 口的一位结构如图 2.11 所示。它的输出驱动由与非门 3、VT_1 组成，输入比 P0、P1、P2 口多了一个缓冲器 4。

P3 口除了作为准双向通用 I/O 接口使用外，它的每根线还具有第二种功能，如表 2.5 所示。

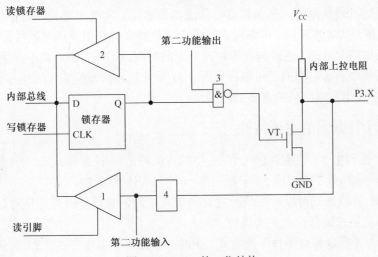

图 2.11　P3 口的一位结构

表 2.5　P3 口的第二功能

P3 口的引脚	第 二 功 能
P3.0	RXD，串行口输入端
P3.1	TXD，串行口输出端
P3.2	$\overline{INT0}$，外部中断 0 请求信号输入端，低电平有效
P3.3	$\overline{INT1}$，外部中断 1 请求信号输入端，低电平有效
P3.4	T0，定时/计数器 0 外部计数脉冲输入端
P3.5	T1，定时/计数器 1 外部计数脉冲输入端
P3.6	$\overline{WR}$，外部数据存储器写信号，低电平有效
P3.7	$\overline{RD}$，外部数据存储器读信号，低电平有效

　　当 P3 口作为通用 I/O 接口时，第二功能输出线为高电平，与非门 3 的输出取决于锁存器的状态。这时，P3 是一个准双向口，它的工作原理、负载能力与 P1、P2 口相同。

　　当 P3 口作为第二功能使用时，锁存器的 Q 输出端必须为高电平，否则 VT_1 导通，引脚将被钳位在低电平，无法实现第二功能。当锁存器 Q 端为高电平，P3 口的状态取决于第二功能输出线的状态。单片机复位时，锁存器的输出端为高电平。P3 口第二功能中输入信号 RXD、$\overline{INT0}$、$\overline{INT1}$、T0、T1 经缓冲器 4 输入，可直接进入芯片内部。

2.4　MCS-51 单片机定时/计数器

　　定时/计数技术在计算机系统中具有极其重要的作用。计算机系统都需要为 CPU 和外部设备提供定时控制或对外部事件进行计数。例如，分时系统的程序切换，向外部设备输出周期性定时控制信号，对外部事件个数统计等。另外，在检测、控制和智能仪器等设备中也经常会涉及定时。因此，计算机系统必须有定时和计数技术。

　　定时/计数的本质是计数，对周期性信号计数就实现定时。通常，实现定时的方法有 3 种：软件定时、硬件定时、可编程定时。软件定时是利用 CPU 执行指令需要若干指令周期的原理，运用软件编程，然后循环执行一段程序而产生延时，再配合简单输出接口可以向外送出定时控制信号。这种方法的优点是不需要增加硬件或硬件很简单，只需要编制相应的延时程序以备调用。缺点是执行延时程序占用了 CPU 时间，所以定时的时间不宜太长，且在某些情况下不宜使用。硬件定时是通过硬件电路（多谐振荡器件或单稳器件）实现定时的，故定时参数的调整不灵活，使用不方便，其成本较低。可编程定时结合了软件定时使用灵活和硬件定时独立的特点，它以大规模集成电路为基础，通过编程即可改变定时时间或工作方式，又不占用 CPU 的执行时间。在计算机系统中通常用到的是可编程定时，51 单片机内部就集成了可编程的定时/计数器，它是 51 单片机中使用非常频繁的重要功能模块。

2.4.1　定时/计数器的主要特性

① MCS-51 系列中 51 子系列有两个 16 位的可编程定时/计数器：定时/计数器 T0 和定时/计数器 T1；52 子系列有 3 个，比 51 子系列多一个定时/计数器 T2。

② 每个定时/计数器既可以对系统时钟计数实现定时，也可以对外部信号计数实现计数功能，这些功能都是通过编程设定来实现的。

③ 每个定时/计数器都有多种工作方式，其中 T0 有 4 种工作方式，T1 有 3 种工作方式，T2 有 3 种工作方式。通过编程可设定工作于某种方式。

④ 每个定时/计数器定时计数时间到时产生溢出，使相应的溢出位置位，溢出可通过查询或中断方式来处理。

2.4.2　定时/计数器 T0、T1 的结构及工作原理

定时/计数器 T0、T1 的结构如图 2.12 所示，它由计数器、方式寄存器 TMOD、控制寄存器 TCON 等组成。

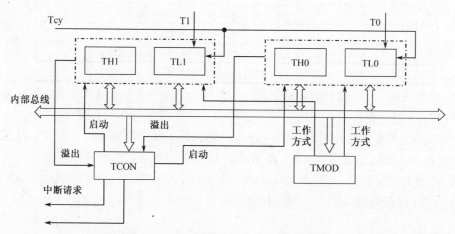

图 2.12　定时/计数器 T0、T1 的结构框图

其中，定时/计数器 T0 的计数器由 TH0（高 8 位）和 TL0（低 8 位）组成，定时/计数器 T1 的计数器由 TH1（高 8 位）和 TL1（低 8 位）组成，每个 16 位，具体使用由工作方式而定。两个定时/计数器公用方式寄存器 TMOD 设定工作方式，公用控制寄存器 TCON 进行启动、停止控制。

计数器是二进制加 1 计数器，每来一个计数脉冲，计数器中的内容加 1，当计数器中内容由全 1 再加 1 时溢出，使控制寄存器 TCON 中相应的溢出位 TF0 或 TF1 置 1，标志定时/计数时间到，因而，如果只计 N 个单位，则首先应向计数器置初值为 X，且有：

$$初值 X = 最大计数值(满值)M - 计数值 N$$

不同的计数方式下，最大计数值（满值）不一样。一般来说，当定时/计数器工作于 R 位二进制计数方式时，它的最大计数值（满值）为 2^R。溢出位置位后，如果中断允许，则向 CPU 提出定时/计数器中断，进入中断处理；如果中断不允许，则只有通过查询方式对溢出位进行处理。

计数脉冲信号的来源有两种：机器周期 Tcy 和外部计数脉冲 T0（T1），通过用方式寄存器中的相应位选择。当对机器周期信号计数时用于定时，每来一个机器周期计数器中的内容加 1。如 Tcy=1μs，计数 100，定时 100μs。当计数信号是单片机芯片外部引脚 T0(P3.4)或 T1(P3.5)上的输入脉冲时，工作于计数方式。此时，如果 CPU 在上一个机器周期的 S5P2 时刻采样到芯片引脚 T0(P3.4)或 T1(P3.5)上的信号为高电平，下一个机器周期的 S5P2 时刻采样到低电平，则计数器在下一个机器周期的 S3P2 时刻加 1 计数一次，需要两个机器周期才能识别一个计数脉冲，由于 51 单片机一个机器周期等于 12 个振荡周期，所以外部计数脉冲的频率应小于振荡频率的 1/24。

2.4.3　定时/计数器的方式和控制寄存器

1．定时/计数器的方式寄存器 TMOD

方式寄存器 TMOD 用于设定定时/计数器 T0 和 T1 的工作方式。它的字节地址为 89H，格式如图 2.13 所示。

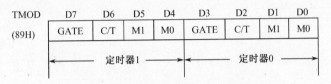

TMOD	D7	D6	D5	D4	D3	D2	D1	D0
(89H)	GATE	C/T	M1	M0	GATE	C/T	M1	M0
	←――――　定时器1　――――→				←――――　定时器0　――――→			

图 2.13　定时/计数器的方式寄存器 TMOD

其中：

M1、M0—工作方式选择位，用于对 T0 的 4 种方式、T1 的 3 种方式进行选择，选择情况如表 2.6 所示。

表 2.6　定时/计数器的工作方式

M1	M0	工 作 方 式	方 式 说 明
0	0	0	13 位定时/计数器
0	1	1	16 位定时/计数器
1	0	2	8 位自动重置定时/计数器
1	1	3	两个 8 位定时/计数器(只有 T0 有)

C/T—定时或计数方式选择位。当 C/T=1 时为计数方式；当 C/T=0 时为定时方式。

GATE—门控位。用于控制定时/计数器的启动是否受外部中断请求信号的影响。GATE=0，定时/计数器 T0(T1)的启动只受控制寄存器 TCON 中的启动位 TR0(TR1)控制；GATE=1，定时/计数器 T0(T1)的启动还受芯片外部中断请求信号引脚 $\overline{INT0}$ (P3.2)的控制，只有当外部中断请求信号引脚 $\overline{INT0}$ (P3.2)或 $\overline{INT1}$ (P3.3)为高电平时且启动位 TR0(TR1)置 1 时才开始计数，控制情况如图 2.15 所示。在一般情况下，GATE=0。

2．定时/计数器的控制寄存器 TCON

控制寄存器 TCON 用于控制定时/计数器的启动与溢出，它的字节地址为 88H，可以进行位寻址。各位的格式如图 2.14 所示。

TCON	D7	D6	D5	D4	D3	D2	D1	D0
(88H)	TF1	TR1	TF0	TR0	IE1	IT1	IE0	IT0

图 2.14　定时/计数器的控制寄存器 TCON

其中：

TF1—定时/计数器 T1 的溢出标志位。当定时/计数器 T1 计满时，由硬件使它置位，如中断允许则触发定时/计数器 T1 中断。进入中断处理后由内部硬件电路自动清除。

TR1—为定时/计数器 T1 的启动位。可由软件置位或清零，当 TR1=1 时启动；TR1=0 时停止。

TF0—定时/计数器 T0 的溢出标志位，其功能与操作与定时/计数器 T1 相同。

TR0—定时/计数器 T0 的启动位。其功能与操作与定时/计数器 T1 相同。

TCON 的低 4 位是用于外中断控制的，有关内容将会在 2.6 节介绍。

2.4.4　定时/计数器的工作方式

1. 方式 0——13 位定时/计数器方式

方式 0 的结构如图 2.15 所示。

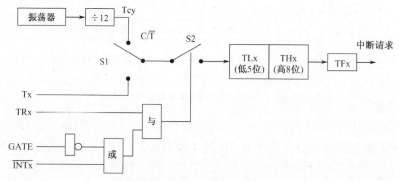

图 2.15　T0、T1 方式 0 的结构

在方式 0 下，16 位的加法计数器只用了 13 位，TH0（或 TH1）的 8 位为高 8 位，TL0（或 TL1）的低 5 位为低 5 位，而 TL0（或 TL1）的高 3 位未用。在计数通道接通情况下，每来一个计数脉冲，计数器加 1 计数一次，当 13 位计满时溢出，使 TF0（或 TF1）置位，向 CPU 申请定时/计数器 0（或 1）中断。由于是 13 位定时/计数器方式，因而最大计数值（满值）为 2^{13}，等于 8192。如果计数值为 N，则置入的初值 X 为：$X=8192-N$。计数范围 1～8192，当初值为 0 时计得最大值 8192，当初值为全 1 时计得最小值 1。

如定时/计数器 T0 的计数值为 1000，则初值为 7192，转换成 13 位二进制数为 11100000 11000B，则 TH0=11100000B，TL0=00011000B。

在方式 0 计数的过程中，当计数器计满溢出时，计数器的内容回到全 0，计数并没有停止，因而这时是从 0 开始按最大值计数，如果要重新实现 N 个单位的计数，则这时应重新置入初值。

2. 方式 1——16 位定时/计数器方式

方式 1 的结构与方式 0 的结构相同，只是把 13 位变成 16 位。TH0（或 TH1）为高 8 位，TL0（或 TL1）为低 8 位。当 16 位计满时溢出，使 TF0（或 TF1）置位。当 TL0（或 TL1）计满时向 TH0（或 TH1）进位，当 TH0（或 TH1）也计满时则溢出，使 TF0（或 TF1）置位，向 CPU 申请定时/计数器 0（或 1）中断。由于是 16 位的定时/计数器方式，因而最大计数值（满值）为 2^{16}，等于 65536。如果计数值为 N，则置入的初值 X 为：$X=65536-N$。计数范围 1～65536，当初值为 0 时计得最大值 65536，当初值为全 1 时计得最小值 1。

如定时/计数器 T0 的计数值为 1000，则初值为 65536-1000=64536，转换成二进制数为 1111110000011000B，则 TH0=11111100B，TL0=00011000B。

对于方式 1 计满后的情况与方式 0 相同。

3．方式 2——8 位自动重置定时/计数器方式

方式 2 的结构如图 2.16 所示。

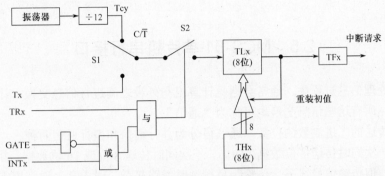

图 2.16　T0、T1 方式 2 的结构

在方式 2 下，用 TL0（或 TL1）的 8 位作计数器，而 TH0（或 TH1）用于保存初值。当 TL0（或 TL1）计满时则溢出，溢出信号一方面使 TF0（或 TF1）置位，向 CPU 申请定时/计数器 0（或 1）中断；另一方面触发三态门，使三态门导通，TH0（或 TH1）的值自动装入 TL0（或 TL1）。由于只用 TL0（或 TL1）的 8 位作为计数器，因而最大计数值（满值）为 2^8，等于 256。如计数值为 N，则置入的初值 X 为 $X=256-N$。计数范围 1～256。

如定时/计数器 T0 的计数值为 100，则初值为 256-100=156，转换成二进制数为 10011100B，则 TH0= TL0=10011100B。

由于方式 2 计满后，溢出信号会触发三态门自动地把 TH0（或 TH1）的值装入 TL0（或 TL1）中，因而如果要重新实现 N 个单位的计数，不用重新置入初值。

4．方式 3

方式 3 只有定时/计数器 T0 才有。方式 3 的结构如图 2.17 所示。

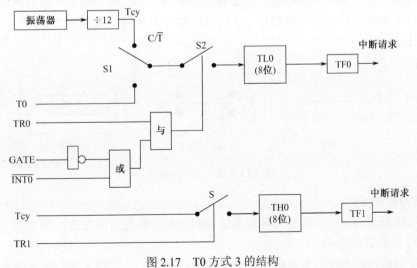

图 2.17　T0 方式 3 的结构

在方式 3 下，定时/计数器 T0 分成两个部分：TL0 和 TH0，每个 8 位。其中，TL0 可作为定时/计数器使用，占用 T0 的全部控制位：GATE、C/$\overline{\text{T}}$、TR0 和 TF0；而 TH0 只能作为定时器使用，对机器周期计数，这时它占用定时/计数器 T1 的 TR1 位、TF1 位和 T1 的中断资源。因此这时定时/计数器 T1 不能使用启动控制位、溢出标志位和定时/计数器 1 中断。实际上，在这

种情况下，定时/计数器 T1 通常作为串行口的波特率发生器，选择方式 2，定时，设置好初值，启动后就不对定时/计数器 T1 做任何操作，也不再用启动控制位和溢出标志位。

方式 3 的初值计算、计数范围与方式 2 相同，计满的处理过程与方式 0 和方式 1 相同，这里不再重复。

2.5　MCS-51 单片机串行接口

在计算机处理信息过程中，通常会遇见计算机与外设之间进行信息交换，计算机与计算机之间信息交换。所有这些信息交换均可称为"通信"。

根据一次传送的二进制数的位数，通信可分为并行通信和串行通信两种。

并行通信一次同时传送多位数据，例如，一次同时传送 8 位或 16 位数据。并行通信的特点是通信速度快，但传输信号线多，传输距离较远时线路复杂，成本高，通常用于近距离传输。

串行通信一次只能传送一位，多位数据只能一位接一位按顺序传送。串行通信的特点是传输线少，通信线路简单，通信速度慢，成本低，适合长距离通信。现在我们一般所说的通信都指串行通信。

2.5.1　通信的基本概念

1. 通信的传输方式

根据信息传送的方向，串行通信的传输方式有 3 种：单工、半双工和全双工，如图 2.18 所示。单工方式如图 2.18(a)所示，设备 A 只有发送器，设备 B 只有接收器，两者通过一根数据线相连，信息只能从 A 传送给 B，单向传送；半双工方式如图 2.18(b)所示，设备 A 既有发送器又有接收器，设备 B 也既有发送器又有接收器，但是两者也只有一根数据线相连，信息能从 A 传送给 B，也能从 B 传送给 A，但在任一时刻只能实现一个方向传送；全双工方式如图 2.18(c)所示，设备 A 既有发送器又有接收器，设备 B 也既有发送器又有接收器，而且两者通过两根数据相连，A 的发送器与 B 的接收器相连，B 的发送器与 A 的接收器相连，在同一个时刻能够实现数据双向传送。

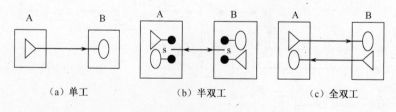

（a）单工　　　　　　　　（b）半双工　　　　　　　　（c）全双工

图 2.18　通信的传输方式

2. 通信的通信方式

串行通信按信息的格式又可分为异步通信和同步通信两种通信方式。

（1）串行异步通信方式

串行异步通信方式的特点是数据在线路上传送时是以一个字符（字节）为单位的，未传送时线路处于空闲状态，空闲线路约定为高电平"1"。传送一个字符又称为一帧信息。传送时每个字符前加一个低电平的起始位，然后是数据位，数据位可以是 5～8 位，低位在前，高位在后，数据位后可以带一个奇偶校验位，最后是停止位，停止位用高电平表示，它可以是 1 位、1 位半或 2 位。格式如图 2.19 所示。

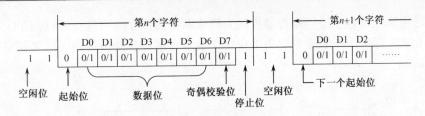

图 2.19　异步通信数据格式

异步传送时，字符间可以间隔，间隔的位数不固定。由于一次只传送一个字符，因而一次传送的位数比较少，对发送时钟和接收时钟的要求相对不高，线路简单，但传送速度较慢。

（2）串行同步通信方式

串行同步通信方式的特点是，数据在线路上传送时以字符块为单位，一次传送多个字符，传送时须在前面加上一个或两个同步字符，后面加上校验字符，格式如图 2.20 所示。

同步字符1	同步字符2	数据块	校验字符1	校验字符2

图 2.20　同步通信数据格式

同步方式时一次连续传送多个字符，传送的位数多，对发送时钟和接收时钟要求较高，往往用同一个时钟源控制，控制线路复杂，传送速度快。

3. 波特率

波特率是串行通信中的一个重要概念，它用于衡量串行通信速度的快慢。波特率是指串行通信中，单位时间传送的二进制位数，单位为 bps。每秒传送 200 个二进制位，则波特率为 200bps。在异步通信中，数据传输速率往往又可用每秒传送多少个字节来表示（Bps）。它与波特率的关系为

$$波特率（bps）=一个字符的二进制位数×字符数/秒数（Bps）$$

例如，每秒传送 200 个字符，每个字符有 1 个起始位、8 个数据位、1 个校验位和 1 个停止位，则波特率为 2200bps。在异步串行通信中，波特率一般为 50～9600bps。

2.5.2　MCS-51 单片机串行口的功能与结构

1. 功能

MCS-51 单片机具有一个全双工的串行异步通信接口，可以同时发送和接收数据。有 4 种工作方式：方式 0、方式 1、方式 2 和方式 3。其中，方式 0 为同步移位寄存器方式，一般用于外接移位寄存器芯片扩展 I/O 接口。方式 1 为 8 位的异步通信方式，通常用于双机通信。方式 2 和方式 3 为 9 位的异步通信方式，通常用于多机通信，方式 2 和方式 3 波特率不同。数据发送和接收可通过查询或中断方式处理，使用十分灵活，能方便地与其他计算机或串行传送的外部设备（如串行打印机、CRT 终端）实现双机、多机通信。

2. 结构

MCS-51 单片机串行口的基本结构如图 2.21 所示。总体上由发送器和接收器两部分组成。发送器由发送数据寄存器 SBUF、发送控制器、输出控制门和发送数据线（TXD）组成；接收器由接收数据寄存器、接收控制器、输入移位寄存器和接收数据线（RXD）组成。发送控制器和接收控制器合成串口控制寄存器 SCON，另外，两者公用串口中断和波特率发生器部件。

数据发送时，CPU 通过内部总线把发送的数据送发送数据寄存器 SBUF，就启动发送过程。在发送时钟的控制下，先发送一个低电平的起始位，紧接着把发送数据寄存器中的内容按低位在前、高位在后的顺序一位一位地发送出去，最后发送一个高电平的停止位。对于方式 2 和方式 3，当发送完数据位后，要把串行口控制寄存器 SCON 中的 TB8 位发送出去后才发送停止位。

一个字符发送完毕，串行口控制寄存器中的发送中断标志位 TI 位置位，告诉 CPU 可以向发送数据寄存器 SBUF 送下一个数据。另外为保证每次数据能正常地发送，发送之前应使发送中断标志位 TI 清零。

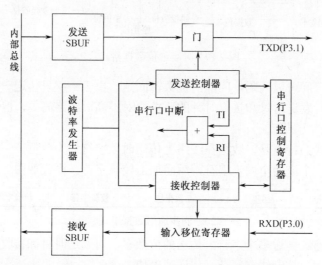

图 2.21　MCS-51 单片机串行口的结构框图

接收数据时，串行数据的接收受到串口控制寄存器 SCON 中的允许接收位 REN 的控制。当 REN 位置 1，接收控制器就开始工作，用接收时钟对接收数据线进行采样，当采样从"1"到"0"的负跳变时，接收控制器开始接收数据，每个接收时钟接收一位。为了减少干扰的影响，接收控制器在接收数据时，将每个接收时钟 16 分频，用当中的 7、8、9 三个周期对接收数据线采样 3 次，当两次采样为低电平，就认为接收的是"0"；两次采样为高电平，就认为接收的是"1"。如果接收到一直为"1"，则认为数据线没有数据来，如果接收到"0"，则开始接收其他各位数据。接收的前 8 位数据依次移入输入移位寄存器，接收的第 9 位数据置入串口控制寄存器的 RB8 位中。如果接收有效，则输入移位寄存器中的数据置入接收数据寄存器中，同时控制寄存器中的接收中断位 RI 置 1，通知 CPU 来取数据。CPU 读取数据后应将 RI 清零才能保证下一次接收数据有效。

从用户使用的角度看，MCS-51 单片机串行口主要由串行口数据寄存器（SBUF）、串行口控制寄存器 SCON、电源控制寄存器 PCON 以及定时/计数器和中断系统中的特殊功能寄存器组成。

串行口数据寄存器 SBUF，字节地址为 99H，实际对应两个寄存器：发送数据寄存器和接收数据寄存器。当 CPU 向 SBUF 写数据时对应的是发送数据寄存器，当 CPU 读 SBUF 时对应的是接收数据寄存器。

3. 串行口控制寄存器 SCON

串行口控制寄存器 SCON 字节地址为 98H，可以进行位寻址，位地址为 98H~9FH。SCON 用于定义串行口的工作方式、进行接收、发送控制和监控串行口的工作过程。它的格式如图 2.22 所示。

SCON	D7	D6	D5	D4	D3	D2	D1	D0
98H	SM0	SM1	SM2	REN	TB8	RB8	TI	RI

图 2.22　串行口控制寄存器 SCON

其中：

SM0、SM1—串行口工作方式选择位。用于选择 4 种工作方式，选择情况见表 2.7。表中 f_{osc} 为单片机的时钟频率。

表 2.7　串行口工作方式的选择

SM0	SM1	方　式	功　能	波　特　率
0	0	方式 0	移位寄存器方式	$f_{osc}/12$
0	1	方式 1	8 位异步通信方式	可变
1	0	方式 2	9 位异步通信方式	$f_{osc}/32$ 或 $f_{osc}/64$
1	1	方式 3	9 位异步通信方式	可变

SM2—多机通信控制位。在方式 2 和方式 3 接收数据时，当 SM2=1，如果接收到的第 9 位数据（RB8）为"0"，则输入移位寄存器中接收的数据不能移入到接收数据寄存器 SBUF，接收中断标志位 RI 不置"1"，接收无效；如果接收到的第 9 位数据（RB8）为"1"，则输入移位寄存器中接收的数据将移入到接收数据寄存器 SBUF，接收中断标志位 RI 置"1"，接收才有效；当 SM2=0 时，无论接收到的数据的第 9 位（RB8）是"1"还是"0"，输入移位寄存器中接收的数据都将移入接收数据寄存器 SBUF，同时接收中断标志位 RI 置"1"，接收都有效。

方式 1 时，若 SM2=1，则只有接收到有效的停止位，接收才有效。

方式 0 时，SM2 位必须为 0。

REN—接收允许控制位。当 REN=1，则允许接收；当 REN=0，则禁止接收。

TB8—发送数据的第 9 位。在方式 2 和方式 3 中，TB8 为发送数据的第 9 位。它可用作奇偶校验位。在多机通信中，它往往用来表示主机发送的是地址还是数据：TB8=0 为数据，TB8=1 为地址。该位可以由软件置"1"或清"0"。

RB8—接收数据的第 9 位。在方式 2 和方式 3 中，RB8 用于存放接收数据的第 9 位。在方式 1 时，若 SM2=0，则 RB8 为接收到的停止位。在方式 0 时，不使用 RB8。

TI—发送中断标志位。在一组数据发送完后被硬件置位。在方式 0 时，当发送数据第 8 位结束后，由内部硬件使 TI 置位；在方式 1、2、3 时，在停止位开始发送时由硬件置位。TI 置位，标志着上一个数据发送完毕，告诉 CPU 可以通过串行口发送下一个数据了。在 CPU 响应中断后，TI 不能自动清零，必须用软件清零。此外，TI 可供查询使用。

RI—接收中断标志位。当数据接收有效后由硬件置位。在方式 0 时，当接收数据的第 8 位结束后，由内部硬件使 RI 置位。在方式 1、2、3 时，当接收有效，由硬件使 RI 置位。RI 置位，标志着一个数据已经接收到，通知 CPU 可以从接收数据寄存器中来取接收的数据了。对于 RI 标志，在 CPU 响应中断后，也不能自动清零，必须用软件清零。此外，RI 也可供查询使用。

另外，对于串口发送中断 TI 和接收中断 RI，无论哪个响应，都触发串口中断。到底是发送中断还是接收中断，只有在中断服务程序中通过软件来识别。

在系统复位时，SCON 的所有位都被清零。

4. 电源控制寄存器 PCON

电源控制寄存器 PCON 字节地址为 87H，不能进行位寻址，只能按字节方式访问。它主要用于电源控制。另外，PCON 中的最高位 SMOD 位，称为波特率加倍位。它用于对串行口的波特率进行控制，它的格式如图 2.23 所示。

PCON	D7	D6	D5	D4	D3	D2	D1	D0
87H	SMOD	×	×	×	GF1	GF0	PD	IDL

图 2.23　电源控制寄存器 PCON

SMOD—波特率加倍位。当 SMOD 位为 1，则串行口方式 1、方式 2、方式 3 的波特率加倍。

GF1、GF0—通用标志位。由软件置位或复位

PD—掉电方式位。当 PD=1 时，进入掉电方式。

IDL—待机方式位。当 IDL=1 时，进入待机方式。

待机方式的退出有两种方法。第一种方法是激活任何一个被允许的中断。当中断发生时，由硬件对 PCON.0 位清零，结束待机方式。另一种方法是采用硬件复位。

掉电方式退出的唯一方法是硬件复位。但应注意，在这之前应使 V_{CC} 恢复到正常工作电压值。

2.5.3 串行口的工作方式

1. 方式 0——同步移位寄存器方式

串口方式 0 通常用来外接移位寄存器，扩展 I/O 接口。方式 0 波特率固定：$f_{osc}/12$，串行数据通过 RXD 输入和输出，同步时钟通过 TXD 输出。发送和接收数据时低位在前，高位在后，长度为 8 位。

（1）发送过程

在 TI=0 时，当 CPU 执行一条向 SBUF 写数据的指令时，如 MOV SBUF，A，就启动发送过程。经过一个机器周期，写入发送数据寄存器中的数据按低位在前、高位在后的顺序从 RXD 依次发送出去，同步时钟从 TXD 送出。8 位数据（一帧）发送完毕后，由硬件使发送中断标志 TI 置位，向 CPU 申请中断。如要再次发送数据，必须用软件将 TI 清零，并再次执行写 SBUF 指令。

（2）接收过程

在 RI=0 的条件下，将 REN(SCON.4)置"1"就启动一次接收过程。同步移位脉冲通过 TXD 输出，串行数据通过 RXD 接收，一个时钟接收一位。在移位脉冲的控制下，RXD 上的串行数据依次移入移位寄存器。当 8 位数据（一帧）全部移入移位寄存器后，接收控制器发出"装载 SBUF"的信号，将 8 位数据并行送入接收数据缓冲器 SBUF，同时，由硬件使接收中断标志 RI 置位，向 CPU 申请中断。CPU 响应中断后，从接收数据寄存器中取出数据，然后用软件使 RI 复位，使移位寄存器接收下一帧信息。

2. 方式 1——8 位异步通信方式

在方式 1 下，一帧信息为 10 位：1 位起始位（0），8 位数据位（低位在前）和 1 位停止位（1）。TXD 为发送数据端，RXD 为接收数据端。波特率可变，由定时/计数器 T1 的溢出率和电源控制寄存器 PCON 中的 SMOD 位决定。即

$$波特率=2^{SMOD} \times (T1 \text{ 的溢出率})/32$$

因此在方式 1 时，需对电源控制寄存器 PCON 和定时/计数器 T1 进行初始化。

（1）发送过程

在 TI=0 时，当 CPU 执行一条向 SBUF 写数据的指令时，如 MOV SBUF，A，就启动了发送过程。数据由 TXD 引脚送出，发送时钟由定时/计数器 T1 送来的溢出信号经过 16 分频或 32 分频后得到。在发送时钟的作用下，先通过 TXD 端送出一个低电平的起始位，然后是 8 位数据（低位在前），其后是一个高电平的停止位。当一帧数据发送完毕后，由硬件使发送中断标志 TI 置位，向 CPU 申请中断，完成一次发送过程。

（2）接收过程

当允许接收控制位 REN 被置 1，接收器就开始工作，由接收器以所选波特率的 16 倍速率对 RXD 引脚上的电平进行采样。当采样到从"1"到"0"的负跳变时，启动接收控制器开始接收数据。在接收移位脉冲的控制下依次把所接收的数据移入移位寄存器。当 8 位数据及停止位全部移入后，根据以下状态，进行响应操作。

①如果 RI=0 且 SM2=0，接收控制器发出"装载 SBUF"的信号，将输入移位寄存器中的 8 位数据装入接收数据寄存器 SBUF 中，停止位装入 RB8 中，并置 RI=1，向 CPU 申请中断。如

果 RI=0，而 SM2=1，那么当停止位为"1"才发生上述操作。

② 如果 RI=1，则所接收的数据在任何情况下都不装入 SBUF，即数据丢失。

3．方式 2 和方式 3——9 位异步通信方式

方式 2 和方式 3 时都为 9 位异步通信接口。接收和发送一帧信息长度为 11 位，即 1 个低电平的起始位，9 位数据位，1 个高电平的停止位。发送的第 9 位数据放于 TB8 中，接收的第 9 位数据放于 RB8 中。TXD 为发送数据端，RXD 为接收数据端。方式 2 和方式 3 的区别在于波特率不一样，其中方式 2 的波特率只有两种：$f_{osc}/32$ 或 $f_{osc}/64$；方式 3 的波特率与方式 1 的波特率相同，由定时/计数器 T1 的溢出率和电源控制寄存器 PCON 中的 SMOD 位决定，即

$$波特率=2^{SMOD}×(T1 的溢出率)/32$$

在方式 3 时，也需要对定时/计数器 T1 进行初始化。

（1）发送过程

方式 2 和方式 3 发送的数据为 9 位，其中发送的第 9 位在 TB8 中。在启动发送之前，必须把要发送的第 9 位数据装入 SCON 寄存器中的 TB8 中。准备好 TB8 后，就可以通过向 SBUF 中写入发送的字符数据来启动发送过程，发送时前 8 位数据从发送数据寄存器中取得，发送的第 9 位从 TB8 中取得。一帧信息发送完毕，置 TI 为 1。

（2）接收过程

方式 2 和方式 3 的接收过程与方式 1 类似。当 REN 位置 1 时也启动接收过程，所不同的是接收的第 9 位数据是发送过来的 TB8 位，而不是停止位，接收后存放到 SCON 中的 RB8 中。对接收是否有判断也是用接收的第 9 位，而不是用停止位，其余情况与方式 1 相同。

2.6　MCS-51 单片机中断系统

介绍中断系统之前，我们首先了解一下中央处理器与外部设备之间数据的传送方式。中央处理器与外部设备之间数据的传送方式通常有 3 种：无条件传送方式、查询传送方式和中断处理方式。

无条件传送方式：这种方式最简单，CPU 认为外部设备随时都已准备就绪，当 CPU 需要与外部设备进行数据传送时，CPU 通过访问外设的指令对外部设备进行操作，无须考虑外设的状态。这种方式主要用于对一些简单外设操作。

查询传送方式：又称条件传送方式，当 CPU 与外设进行数据传送时，CPU 先通过查询指令检查外设的状态，当外设准备就绪时，CPU 才与外设进行数据传送。这种方式需要 CPU 每隔一段时间就对外设检查一次，经常会等待，会占用大量的处理时间，因而效率较低。

中断处理方式：中断传送方式是指当外设需要与 CPU 进行信息交换时，由外设向 CPU 发出请求信号，CPU 接收到请求信号后暂停正在执行的程序，转去与外设进行数据传送。数据传送结束后，CPU 再继续执行被暂停的程序。这种方式 CPU 不用查询等待，工作效率高，而且 CPU 与外设可以并行工作，因而现在外部设备与 CPU 的数据传送大都通过这种方式。实际上，现在中断处理技术不仅用于数据传送，在设备管理、实时控制、故障处理等方面都广泛使用。

中断处理过程比较复杂，涉及硬件电路与软件处理多个方面，下面首先介绍中断处理技术的相关概念。

2.6.1　中断的基本概念

中断处理过程涉及以下几个方面的基本概念。

1．中断的概念

在计算机执行程序的过程中，由于计算机内部事件或外部事件、软件事件或硬件事件，使CPU 从当前正在执行的程序中暂停下来，而转去执行预先安排好的、处理该事件所对应的服务程序（中断服务程序），执行完服务程序后，再返回被暂停的位置继续执行原来的程序，这个过程称为中断。暂停时所在的位置称为断点，该点的地址称为断点地址，如图 2.24 所示。为实现中断而设置的硬件电路和相应的软件处理过程称为中断系统。

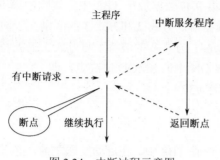

图 2.24　中断过程示意图

2．中断源及中断请求

产生中断请求信号的事件、原因称为中断源。根据中断源产生的原因，中断可分为软件中断和硬件中断。当中断源请求 CPU 中断时，就通过软件或硬件的形式向 CPU 提出中断请求。对于一个中断源，中断请求信号产生一次，CPU 中断一次，不能出现中断请求产生一次，CPU 响应多次的情况。这就要求中断请求信号及时撤除。

3．中断优先权控制

能产生中断的原因很多，当系统有多个中断源时，有时会出现几个中断源同时请求中断的情况，但 CPU 在某个时刻只能对一个中断源进行响应，那应该响应哪一个呢？这就涉及中断优先权控制问题。在实际系统中，往往根据中断源的重要程度给不同的中断源设定优先等级。当多个中断源提出中断请求时，优先级高的先响应，优先级低的后响应。

4．中断允许与中断屏蔽

当中断源提出中断请求，CPU 检测到后是否立即进行中断处理呢？结果不一定。CPU 要响应中断，还受到中断系统多个方面的控制，其中最主要的是中断允许和中断屏蔽的控制。如果某个中断源被系统设置为屏蔽状态，则无论中断请求是否提出，都不会响应；当中断源设置为允许状态，又提出了中断请求，则 CPU 才会响应。另外，当有高优先级中断正在响应时，也会屏蔽同级中断和低优先级中断。

5．中断响应与中断返回

当 CPU 检测到中断源提出的中断请求，且中断又处于允许状态，CPU 就会响应中断，进入中断响应过程。首先对当前的断点地址进行入栈保护，然后把中断服务程序的入口地址送给程序指针 PC，转移到中断服务程序，在中断服务程序中进行相应的中断处理。最后，用中断返回指令 RETI 返回断点位置，结束中断。在中断服务程序中往往还涉及现场保护、恢复现场及其他处理。

2.6.2　MCS-51 单片机的中断系统

1．中断源

MCS-51 单片机提供 5 个（52 子系列提供 6 个）硬件中断源：两个外部中断源 $\overline{\text{INT0}}$（P3.2）和 $\overline{\text{INT1}}$（P3.3），两个定时/计数器 T0 和 T1 的溢出中断 TF0 和 TF1；1 个串行口发送 TI 和接收 RI 中断。

（1）外部中断 $\overline{\text{INT0}}$ 和 $\overline{\text{INT1}}$

外部中断源 $\overline{\text{INT0}}$ 和 $\overline{\text{INT1}}$ 的中断请求信号从外部引脚 P3.2 和 P3.3 输入，主要用于自动控制、实时处理、单片机掉电和设备故障的处理。

外部中断请求 $\overline{\text{INT0}}$ 和 $\overline{\text{INT1}}$ 有两种触发方式：电平触发及跳变（边沿）触发。这两种触发方式可以通过对特殊功能寄存器 TCON 编程来选择。特殊功能寄存器 TCON 在定时/计数器中使用过，其中高 4 位用于定时/计数器控制，前面已介绍。低 4 位用于外部中断控制，形式如图 2.25 所示。

TCON	D7	D6	D5	D4	D3	D2	D1	D0
(88H)	TF1	TR1	TF0	TR0	IE1	IT1	IE0	IT0

图 2.25　定时/计数器控制寄存器 TCON

IT0(IT1)—外部中断 0（或 1）触发方式控制位。IT0（或 IT1）被设置为 0，则选择外部中断为电平触发方式；IT0（或 IT1）被设置为 1，则选择外部中断为边沿触发方式。

IE0(IE1)—外部中断 0（或 1）的中断请求标志位。在电平触发方式时，CPU 在每个机器周期的 S5P2 采样 P3.2（或 P3.3），若 P3.2（或 P3.3）引脚为高电平，则 IE0（IE1）清零，若 P3.2（或 P3.3）引脚为低电平，则 IE0（IE1）置 1，向 CPU 请求中断；在边沿触发方式时，若第一个机器周期采样到 P3.2（或 P3.3）引脚为高电平，第二个机器周期采样到 P3.2（或 P3.3）引脚为低电平时，由 IE0（或 IE1）置 1，向 CPU 请求中断。

在边沿触发方式时，CPU 在每个机器周期都采样 P3.2（或 P3.3）。为了保证检测到负跳变，输入到 P3.2（或 P3.3）引脚上的高电平与低电平至少应保持 1 个机器周期。CPU 响应后能够由硬件自动将 IE0（或 IE1）清零。

对于电平触发方式，只要 P3.2（或 P3.3）引脚为低电平，IE0（或 IE1）就置 1，请求中断，CPU 响应后不能够由硬件自动将 IE0（或 IE1）清零。如果在中断服务程序返回时，P3.2（或 P3.3）引脚还为低电平，则又会中断，这样就会出现发出一次请求、中断多次的情况。为避免这种情况，只有在中断服务程序返回前撤销 P3.2（或 P3.3）的中断请求信号，即使 P3.2（或 P3.3）回到高电平。通常，通过在 P3.2（或 P3.3）引脚外加辅助电路，同时在中断服务程序中加上相应指令来实现。

（2）定时/计数器 T0 和 T1 中断

当定时/计数器 T0（或 T1）溢出时，由硬件置 TF0（或 TF1）为"1"，向 CPU 发送中断请求，当 CPU 响应中断后，将由硬件自动清除 TF0（或 TF1）。

（3）串行口中断

MCS-51 的串行口中断源对应两个中断标志位：串行口发送中断标志位 TI 和串行口接收中断标志位 RI。无论哪个标志位置"1"，都请求串行口中断。到底是发送中断 TI 还是接收中断 RI，只有在中断服务程序中通过指令查询来判断。串行口中断响应后，不能由硬件自动清零，必须由软件对 TI 或 RI 清零。

2. 中断允许控制

MCS-51 单片机中没有专门的开中断和关中断指令，对各个中断源的允许和屏蔽是由内部的中断允许寄存器 IE 的各位来控制的。中断允许寄存器 IE 的字节地址为 A8H，可以进行位寻址，各位的定义如图 2.26 所示。

IE	D7	D6	D5	D4	D3	D2	D1	D0
(A8H)	EA		ET2	ES	ET1	EX1	ET0	EX0

图 2.26　中断允许寄存器 IE

各项说明具体如下。

EA—中断允许总控位。

ET2—定时/计数器 T2 的溢出中断允许位，只用于 52 子系列，51 子系列无此位。

ES—串行口中断允许位。

ET1—定时/计数器 T1 的溢出中断允许位。

EX1—外部中断 $\overline{\text{INT1}}$ 的中断允许位。

ET0—定时/计数器 T0 的溢出中断允许位。

EX0—外部中断 $\overline{\text{INT0}}$ 的中断允许位。

如果置"1"，则开放相应的中断；如果清"0"，则禁止相应的中断。系统复位时，中断允许寄存器 IE 的内容为 00H，如果要开放某个中断源，则必须使 IE 中的总控位置位和对应的中断允许位置"1"。

3. 优先级控制

MCS-51 单片机有 5 个中断源，为了处理方便，每个中断源有两级控制：高优先级和低优先级。通过由内部的中断优先级寄存器 IP 来设置，中断优先级寄存器 IP 的字节地址为 B8H，可以进行位寻址，各位定义如图 2.27 所示。

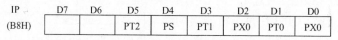

IP	D7	D6	D5	D4	D3	D2	D1	D0
(B8H)			PT2	PS	PT1	PX0	PT0	PX0

图 2.27　中断优先级寄存器 IP

各项说明具体如下。

PT2—定时/计数器 T2 的中断优先级控制位，只用于 52 子系列。

PS—串行口的中断优先级控制位。

PT1—定时/计数器 T1 的中断优先级控制位。

PX1—外部中断 $\overline{\text{INT1}}$ 的中断优先级控制位。

PT0—定时/计数器 T0 的中断优先级控制位。

PX0—外部中断 $\overline{\text{INT0}}$ 的中断优先级控制位。

如果某位被置"1"，则对应的中断源被设为高优先级；如果某位被清零，则对应的中断源被设为低优先级。对于同级中断源，系统有默认的优先权顺序，默认的优先权顺序如表 2.8 所示。

表 2.8　同级中断源的优先级顺序

中　断　源	优先级顺序
外部中断 0	最高
定时/计数器 T0 中断	
外部中断 1	
定时/计数器 T1 中断	
串行口中断	
定时/计数器 T2 中断	最低

通过中断优先级寄存器 IP 改变中断源的优先级顺序可以实现两个方面的功能：改变系统中断源的优先级顺序和实现二级中断嵌套。

通过设置中断优先级寄存器 IP 能够改变系统默认的优先级顺序。例如，要把外部中断 $\overline{\text{INT1}}$ 的中断优先级设为最高，其他的按系统默认的顺序，则把 PX1 位设为 1，其余位设为 0，5 个中断源的优先级顺序就为：$\overline{\text{INT1}} \rightarrow \overline{\text{INT0}} \rightarrow \text{T0} \rightarrow \text{T1} \rightarrow \text{ES}$。

通过用中断优先级寄存器组成的两级优先级，可以实现二级中断嵌套。

对于中断优先级和中断嵌套，MCS-51 单片机有以下 3 条规定。

① 正在进行的中断过程不能被新的同级或低优先级的中断请求所中断，直到该中断服务程序结束，返回主程序且执行主程序中的一条指令后，CPU 才响应新的中断请求。

② 正在进行的低优先级中断服务程序能被高优先级中断请求所中断，实现两级中断嵌套。

③ CPU 同时接收到几个中断请求时，首先响应优先级最高的中断请求。

实际上，MCS-51 单片机对于二级中断嵌套的处理是通过中断系统中的两个用户不可寻址的优先级状态触发器来实现的。这两个优先级状态触发器用来记录本级中断源是否正在中断。如果正在中断，则硬件自动将其优先级状态触发器置"1"。若高优先级状态触发器置"1"，则屏蔽所有后来的中断请求；若低优先级状态触发器置"1"，则屏蔽所有后来的低优先级中断，允许高优先级中断形成二级嵌套。当中断响应结束返回时，对应的优先级状态触发器由硬件自动清零。

MCS-51 单片机的中断源和相关的特殊功能寄存器以及内部硬件线路构成的中断系统的逻辑结构如图 2.28 所示。

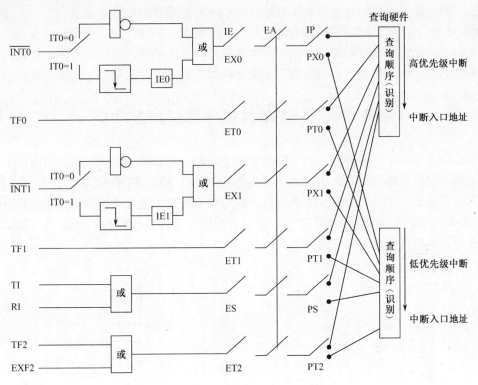

图 2.28 中断系统的逻辑结构图

4．中断响应

（1）中断响应的条件

MCS-51 单片机响应中断的条件为：中断源有请求且中断允许。MCS-51 单片机工作时，在每个机器周期的 S5P2 期间，对所有中断源按用户设置的优先级和内部规定的优先级进行顺序检测，并在 S6 期间找到所有有效的中断请求。如果有中断请求，且满足下列条件，则在下一个机器周期的 S1 期间响应中断，否则丢弃中断采样的结果。

① 无同级或高级中断正在处理。

② 现行指令执行到最后一个机器周期且已结束。

③ 若现行指令为 RETI 或访问 IE、IP 的指令时，执行完该指令且紧随其后的另一条指令也已执行完毕。

（2）中断响应过程

MCS-51 单片机响应中断后，由硬件自动执行如下的功能操作：

① 根据中断请求源的优先级高低，对相应的优先级状态触发器置"1"。

表 2.9 中断服务程序的入口地址表

中 断 源	入 口 地 址
外部中断 0	0003H
定时/计数器 0	000BH
外部中断 1	0013H
定时/计数器 1	001BH
串行口	0023H
定时/计数器 2(仅 52 子系列有)	002BH

② 保护断点，即把程序计数器 PC 的内容压入堆栈保存。

③ 清除内部硬件可清除的中断请求标志位（IE0、IE1、TF0、TF1）。

④ 把被响应的中断服务程序入口地址送入 PC 中，从而转入相应的中断服务程序执行。各中断服务程序的入口地址如表 2.9 所示。

（3）中断响应时间

所谓中断响应时间是指从 CPU 检测到中断请求信号到转入中断服务程序入口所需的机器周期。了解中断响应时间对设计实时测控应用系统具有重要的指导意义。

MCS-51 单片机响应中断的最短时间为 3 个机器周期。若 CPU 检测到中断请求信号时间正好是一条指令的最后一个机器周期，则不需等待就可以立即响应。所以响应中断就是内部硬件执行一条长调用指令，需要两个机器周期，加上检测需要 1 个机器周期，共 3 个机器周期。

2.7 MCS-51 单片机外部引脚及功能

在 MCS-51 系列中，各种芯片的引脚是互相兼容的，它们的引脚情况基本相同，不同芯片之间的引脚功能只是略有差异。HMOS 工艺制造的 8031、8051 和 8751 芯片有 40 个引脚，采用双列直插式封装，如图 2.29 所示。低功耗、采用 CHMOS 工艺制造的机型（在型号中间加一个 "C" 作为识别，如 80C31、80C51 等），也有采用方形封装结构的，有 44 个引脚，但有 4 个引脚未用。现将各引脚分别说明如下。

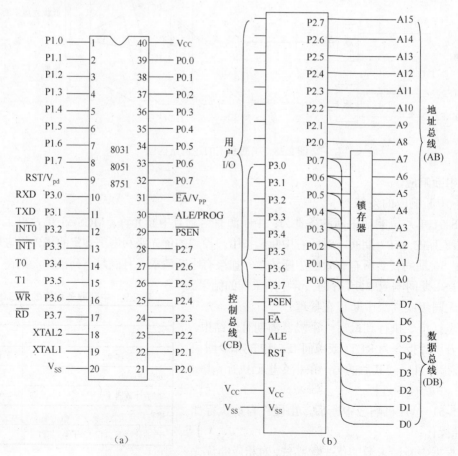

图 2.29 MCS-51 单片机引脚与外部总线结构

2.7.1　输入/输出引脚

P0.0～P0.7（39～32 引脚）：P0 口的 8 位。在不接片外存储器与不扩展 I/O 接口时，作为准双向输入/输出接口。在接有片外存储器或扩展 I/O 接口时，P0 口分时复用为低 8 位地址总线和双向数据总线。

P1.0～P1.7（1～8 引脚）：P1 口的 8 位，51 子系列只可作为准双向 I/O 接口使用。对于 52 子系列，P1.0 与 P1.1 还有第二功能：P1.0 可用作定时/计数器 2 的计数脉冲输入端 T2，P1.1 可用作定时/计数器 2 的外部控制端 T2EX。

P2.0～P2.7（21～28 引脚）：P2 口的 8 位，一般可作为准双向 I/O 接口使用；在接有片外存储器或扩展 I/O 接口且寻址范围超过 256 字节时，P2 口用作高 8 位地址总线。

P3.0～P3.7（10～17 引脚）：P3 口的 8 位。除作为准双向 I/O 接口使用外，每位还具有独立的第二功能。

2.7.2　控制引脚

ALE/PROG（30 引脚）：地址锁存信号输出端。ALE 在每个机器周期内输出两个脉冲。在访问片外程序存储器期间，下降沿用于控制锁存 P0 输出的低 8 位地址；在不访问片外程序存储器期间，可作为对外输出的时钟脉冲或用于定时目的。但要注意，在访问片外数据存储器期间，ALE 脉冲会跳空一个，此时作为时钟输出就不妥了。对于片内含有 EPROM 的机型，在编程期间，该引脚用作编程脉冲 PROG 的输入端。

$\overline{\text{PSEN}}$（29 引脚）：片外程序存储器读选通信号输出端，低电平有效。在从外部程序存储器读取指令或常数期间，每个机器周期该信号有效两次，通过数据总线 P0 口读回指令或常数。在访问片外数据存储器期间，$\overline{\text{PSEN}}$ 信号不出现。

RST/V_{pd}（9 引脚）：RST 即为 RESET，V_{pd} 为备用电源。该引脚为单片机的上电复位或掉电保护端。当单片机振荡器工作时，该引脚上出现持续两个机器周期的高电平，就可实现复位操作，使单片机恢复到初始状态。上电时，考虑到振荡器有一定的起振时间，该引脚上高电平必须持续 10ms 以上才能保证有效复位。

该引脚可接上备用电源，当 V_{CC} 发生故障，降低到电平规定值或掉电时，该备用电源为内部 RAM 供电，以保证 RAM 中的数据不丢失。

$\overline{\text{EA}}$/V_{PP}（31 引脚）：$\overline{\text{EA}}$ 为片外程序存储器选用端。该引脚为低电平时，选用片外程序存储器，高电平或悬空时选用片内程序存储器。对于片内含有 EPROM 的机型，在编程期间，此引脚用作 21V 编程电源 V_{PP} 的输入端。

2.7.3　电源与晶振引脚

V_{CC}（40 引脚）：电源正端，接+5V 电源。

V_{SS}（20 引脚）：电源负端，接地。

XTAL1、XTAL2（19、18 引脚）：当使用单片机内部振荡电路时，这两个引脚用来外接石英晶体和微调电容，如图 2.30（a）所示。在单片机内部，它是一个反相放大器的输入端，这个放大器构成了片内振荡器。当采用外部时钟时，对于 HMOS 单片机，XTAL1 引脚接地，XTAL2 接片外振荡脉冲输入（带上拉电阻）；对于 CHMOS 单片机，XTAL2 引脚接地，XTAL1 接片外振荡脉冲输入（带上拉电阻），如图 2.30(b)、(c)所示。

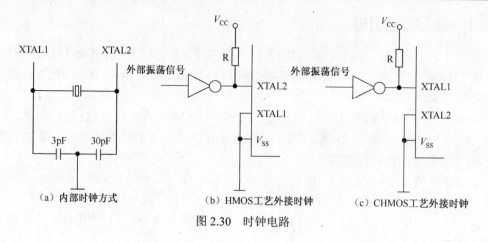

图 2.30　时钟电路

2.8　MCS-51 单片机工作方式与时序

2.8.1　MCS-51 单片机的工作方式

单片机的工作方式包括复位方式、程序执行方式、单步执行方式、掉电和节电方式以及 EPROM 编程和校验方式。

1.　复位方式

当 51 单片机的复位引脚 RST 输入两个机器周期（24 个时钟周期）以上的高电平，系统复位。中央处理器 CPU 和内部其他部件恢复到初始状态，初始状态内部寄存器如表 2.10 所示。

表 2.10　复位后内部寄存器的内容

特殊功能寄存器	初 始 内 容	特殊功能寄存器	初 始 内 容
A	00H	TCON	00H
PC	0000H	TL0	00H
B	00H	TH0	00H
PSW	00H	TL1	00H
SP	07H	TH1	00H
DPTR	0000H	SCON	00H
P0~P3	FFH	SBUF	XXXXXXXXB
IP	XX000000B	PCON	0XXX0000B
IE	0X000000B	TMOD	00H

复位有两种方式：上电复位和按钮复位，如图 2.31 所示。上电复位时最好使 RST 引脚的高电平保持 10ms 以上，以保证复位时内部其他电路已处于正常工作状态。

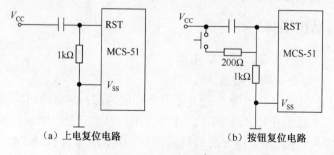

（a）上电复位电路　　　　　　　（b）按钮复位电路

图 2.31　MCS-51 复位电路

2.　程序执行方式

程序执行方式是单片机的基本工作方式，通过这种方式实现用户功能。由于系统复位后，

PC 指针总是指向 0000H，程序总是从 0000H 开始执行，而从 0003H 到 0032H 又是中断服务程序区，因而，真正的用户程序都放置在中断服务区后面，在 0000H 处放一条长转移指令，使系统复位就转移到真正的用户程序执行。

3．单步执行方式

所谓单步执行，是指在外部单步脉冲的作用下，使单片机一个单步脉冲执行一条指令后就暂停下来，再一个单步脉冲执行一条指令后又暂停下来。单步执行方式通常用于调试程序、跟踪程序执行和了解程序执行过程。

MCS-51 单片机没有单步执行中断，单步执行是利用外部中断实现的。因为中断系统有规定，当从中断服务程序返回后，至少要再执行一条指令，才能重新进入中断。MCS-51 单片机单步处理时，开放外部中断 0，将外部单步执行脉冲加到外部中断 0($\overline{\text{INT0}}$)引脚，平时让它为低电平，通过编程规定 $\overline{\text{INT0}}$ 为低电平触发。那么，不来脉冲时 $\overline{\text{INT0}}$ 总处于响应中断的状态。

在 $\overline{\text{INT0}}$ 的中断服务程序中安排下面的指令：

```
PAUSE0:JNB  P3.2,PAUSE0    ;若 INT0=0,不往下执行
PAUSE1:JB   P3.2,PAUSE1    ;若 INT0=1,不往下执行
       RETI                ;返回主程序执行下一条指令
```

当 $\overline{\text{INT0}}$ 不来外部脉冲时，$\overline{\text{INT0}}$ 为低电平，向 CPU 申请中断，CPU 响应中断后执行中断服务程序，在中断服务程序的第一条指令循环。当按一次按钮向 $\overline{\text{INT0}}$ 端送一个单步脉冲（正脉冲）时，中断服务程序的第一条指令结束循环，执行第二条指令，在高电平期间，第二条指令循环，$\overline{\text{INT0}}$ 回到低电平，第二条指令结束循环，执行第三条指令，中断返回，返回到主程序，由于这时 $\overline{\text{INT0}}$ 又为低电平，又向 CPU 请求中断，而中断系统规定，从中断服务程序中返回之后，至少要再执行一条指令，才能重新进入中断。因此，当执行主程序的一条指令后，又响应中断，进入中断服务程序，又在中断服务程序的第一条指令循环。这样，总体看来，按一次按钮，$\overline{\text{INT0}}$ 端产生一次高脉冲，主程序执行一条指令，实现单步执行。

4．掉电和节电方式

单片机经常在野外、井下、空中、无人值守的监测站等供电困难的场合，或处于长期运行的监测系统中使用，要求系统的功耗很小。节电方式能使系统满足这样的要求。

在 MCS-51 单片机中，有 HMOS 和 CHMOS 工艺芯片，它们有不同的节电方式。

（1）HMOS 单片机的掉电方式

HMOS 芯片本身运行功耗较大，这类芯片没有设置低功耗运行方式。因此为了减小系统的功耗，设置了掉电方式。RST/V_{pd} 端接有备用电源，即当单片机正常运行时，单片机内部的 RAM 由主电源 V_{CC} 供电，当 V_{CC} 掉电，或 V_{CC} 电压低于 RST/V_{pd} 端备用电源电压时，由备用电源向 RAM 维持供电，从而保证 RAM 中的数据不丢失。这时系统的其他部件都停止工作，包括片内振荡器。

在应用系统中经常这样处理：当用户检测到掉电发生时，就通过 $\overline{\text{INT0}}$ 或 $\overline{\text{INT1}}$ 向 CPU 发出中断请求，并在主电源掉至下限工作电压之前，通过中断服务程序把一些重要信息转存到片内 RAM 中，然后由备用电源只为 RAM 供电。在主电源恢复之前，片内振荡器被封锁，一切部件都停止工作。当主电源恢复时，备用电源保持一定的时间，以保证振荡器启动，系统完成复位。

（2）CHMOS 的节电运行方式

CHMOS 芯片运行时耗电少，有两种节电运行方式：待机方式和掉电保护方式。以进一步降低功耗，它们特别适用于电源功耗要求低的应用场合。

CHMOS 型单片机的工作电源和备用电源加在同一个引脚 V_{CC} 上，正常工作时电流为 11～20mA，待机状态时为 1.7～5mA，掉电方式时为 5～50μA。在待机方式中，振荡器保持工作，时钟继续输出到中断、串行口、定时器等部件，使它们继续工作，全部信息被保存下来，但时

钟不送给 CPU，CPU 停止工作。在掉电方式中，振荡器停止工作，单片机内部所有功能部件停止工作，备用电源为片内 RAM 和特殊功能寄存器供电，使它们的内容被保存下来。

待机方式和掉电保护方式由电源控制寄存器 PCON 中的有关控制位控制。在前面已介绍，这里不再重复。

5. 编程和校验方式

在 MCS-51 单片机中，对于内部集成有 EPROM 的机型，可以工作于编程或校验方式。不同型号的单片机，EPROM 的容量和特性不一样，相应 EPROM 的编程、校验和加密的方法也不一样。这里以 HMOS 器件 8751，内部集成 4KB 的 EPROM 为例来进行介绍。

（1）EPROM 编程

编程时时钟频率应定在 4～6MHz 的范围，各引脚的接法如下。

P1 口和 P2 口的 P2.3～P2.0 提供 12 位地址，P1 口为低 8 位。

P0 口输入编程数据。

P2.6～P2.4 及 $\overline{\text{PSEN}}$ 为低电平，P2.7 和 RST 为高电平。

以上除 RST 的高电平为 2.5V，其余的均为 TTL 电平。

$\text{EA}/\text{V}_{\text{PP}}$ 端加电压为 21V 的编程脉冲，不能大于 21.5V，否则会损坏 EPROM。

ALE/$\overline{\text{PROG}}$ 端加宽度为 50ms 的负脉冲作为写入信号，每来一次负脉冲，则把 P0 口的数据写入到由 P1 和 P2 口低 4 位提供的 12 位地址指向的片内 EPROM 单元。

8751 的 EPROM 编程一般通过专门的单片机开发系统完成。

（2）EPROM 校验

在程序的保密位未设置时，无论在写入时或写入后，均可以将 EPROM 的内容读出进行校验。校验时各引脚的连接与编程时的连接基本相同，只有 P2.7 脚改为低电平。在校验过程中，读出的 EPROM 单元的内容由 P0 输出。

（3）EPROM 加密

8751 的 EPROM 内部有一个程序保密位，当把该位写入后，就可禁止任何外部方法对片内程序存储器进行读写，也不能再对 EPROM 编程，从而对片内 EPROM 建立了保险。设置保密位时不需要单元地址和数据，所以 P0 口、P1 口 P2.3～P2.0 为任意状态。引脚在连接时，除了将 P2.6 改为 TTL 高电平，其他引脚的连接与编程时相同。

当加了保密位后，就不能对 EPROM 编程，也不能执行外部存储器的程序。如果要对片内 EPROM 重新编程，只有解除保密位。对保密位的解除，只将 EPROM 全部擦除时保密位才能一起被擦除，擦除后也可以再次写入。

2.8.2 MCS-51 单片机的时序

时序就是在执行指令过程中，CPU 产生的各种控制信号在时间上的相互关系。每执行一条指令，CPU 的控制器都产生一系列特定的控制信号，不同的指令产生的控制信号不一样。

CPU 发出的控制信号有两类：一类是用于计算机内部的，这类信号很多，但用户不能直接接触此类信号，故这里不介绍；另一类是通过控制总线送到片外的，这部分信号是计算机使用者所关心的，这里主要介绍这类信号的时序。

1. 机器周期和指令周期

时钟周期（振荡周期）：即单片机内部时钟电路产生（或外部时钟电路送入）的信号周期。单片机的时序信号是以时钟周期信号为基础而形成的，在它的基础上形成了机器周期、指令周期和各种时序信号。

机器周期：机器周期是单片机的基本操作周期，每个机器周期包含 S1，S2，…，S6 这 6 个状态，每个状态包含两拍 P1 和 P2，每拍为一个时钟周期(振荡周期)。因此，一个机器周期包含 12 个时钟周期，依次可表示为 S1P1，S1P2，S2P1，S2P2，…，S6P1，S6P2，如图 2.32（a）所示。

指令周期：计算机从取一条指令开始，到执行完该指令所需要的时间称为指令周期。不同的指令，指令长度不同，指令周期也不一样。但指令周期以机器周期为单位。51 单片机指令根据指令长度和执行可分为：单字节单周期指令、单字节双周期指令、双字节单周期指令、双字节双周期指令、三字节双周期指令以及一字节四周期指令。

每个机器周期 ALE 信号固定地出现两次，分别在 S1P2 和 S4P2，每出现一次 ALE 信号，CPU 就进行一次取指令的操作，不同的指令，指令长度和机器周期数不同，所以具体的取指操作也有所不同。它们的典型时序如图 2.32(b)、(c)、(d)所示。

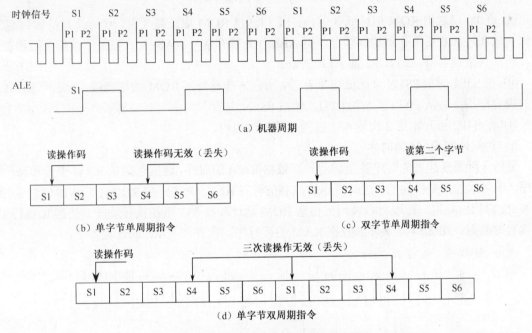

图 2.32　MCS-51 单片机的指令周期

图 2.32（b）为单字节单周期指令，图 2.32（c）为双字节单周期指令。单字节指令和双字节指令都在 S1P2 期间由 CPU 取指令，将指令码读入指令寄存器，同时程序计数器 PC 加 1。在 S4P2 再读出一个字节，单字节指令取得的是下一条指令，故读后丢弃不用，程序计数器 PC 也不加 1；双字节指令读出第二个字节后，送给当前指令使用，并使程序计数器 PC 加 1。两种指令都在 S6P2 结束时完成操作。

图 2.32（d）为单字节双机器周期指令，两个机器周期中发生了 4 次读操作码的操作，第一次读出为操作码，读出后程序计数器 PC 加 1，后 3 次读取操作都无效，自然丢失，程序计数器 PC 也不会改变。

2. 访问外部 ROM 的时序

如果指令是从外部 ROM 中读取，除了 ALE 信号之外，控制信号还有 $\overline{\text{PSEN}}$。此外，还要用到 P0 和 P2 口，P0 分时用作低 8 位地址总线和数据总线，P2 口用作高 8 位地址总线。相应的时序图如图 2.33 所示。过程如下：

① 在 S1P2 时刻 ALE 信号有效。

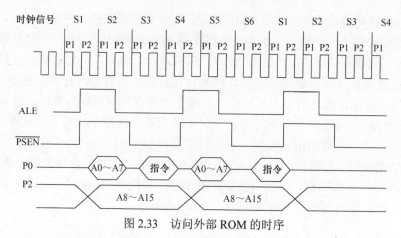

图 2.33　访问外部 ROM 的时序

② 在 P0 口送出 ROM 地址低 8 位，在 P2 口送出 ROM 地址高 8 位。A0~A7 只持续到 S2P2 结束，故在外部要用锁存器加以锁存，用 ALE 作为锁存信号。A8~A15 在整个读指令过程都有效，不必再接锁存器。到 S2P2 前 ALE 失效。

③ 在 S3P1 时刻 $\overline{PSEN}$ 开始低电平有效，用它来选通外部 ROM 的使能端，所选中 ROM 单元的内容即指令，从 P0 口读入到 CPU，然后 $\overline{PSEN}$ 失效。

④ 在 S4P2 后开始第 2 次读入，过程与第 1 次相同。

3. 访问外部 RAM 的时序

另外一种需要注意的时序就是访问外部数据 RAM 的时序，这里包括从 RAM 中读和写两种时序，但基本过程是相同的。这时所用的控制信号有 ALE、$\overline{PSEN}$ 和 $\overline{RD}$（读）/$\overline{WR}$（写）。 P0 口和 P2 口仍然要用，在取指阶段用来传送 ROM 地址和指令，而在执行阶段，传送 RAM 地址和读写的数据。图 2.34 是从外部数据 RAM 的读时序。读外部 RAM 的过程如下。

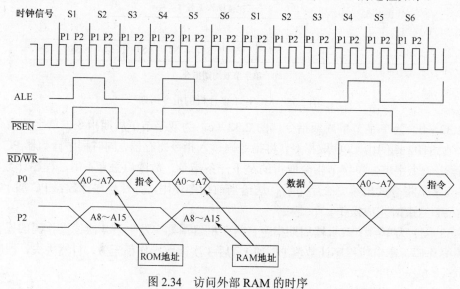

图 2.34　访问外部 RAM 的时序

① 在第一次 ALE 有效到第二次 ALE 有效之间的过程，是和读外部程序 ROM 过程一样的，即 P0 口送出 ROM 单元低 8 位地址，P2 口送出高 8 位地址，然后在 $\overline{PSEN}$ 有效后，读入 ROM 单元的内容。

② 第二次 ALE 有效后，P0 口送出 RAM 单元的低 8 位地址，P2 口送出 RAM 单元的高 8 位地址。

③ 第二个机器周期的第一次 ALE 信号不再出现，$\overline{\text{PSEN}}$ 此时也保持高电位（无效），而在第二个机器周期的 S1P1 时 $\overline{\text{RD}}$ 读信号开始有效，可用来选通 RAM 芯片，然后从 P0 口读出 RAM 单元的数据。

④ 第二机器周期的第二次 ALE 信号仍然出现，也进行一次外部 ROM 的读操作，但仍属于无效的操作。若是对外部 RAM 进行写操作，则应用 $\overline{\text{WR}}$ 写信号来选通 RAM 芯片，其余的过程与读操作是相似的。

在对外部 RAM 进行读写时，ALE 信号亦是用来对外部的地址锁存器进行选通的。但这时的 ALE 信号在出现两次之后，将停发一次，呈现非周期性，因而不能用来作为其他外设的定时信号。

习　题

1. MCS-51 单片机由哪几个部分组成？

2. MCS-51 的标志寄存器有多少位？各位的含义是什么？

3. 8051 程序存储器分哪几部分？相互之间有什么关系？

4. 在 8051 的存储器结构中，内部数据存储器可分为几个区域？各有什么特点？

5. 8051 片外数据存储器存储空间有多大？在访问时有什么特点？

6. 若选择工作寄存器组 3 区，则标志寄存器中的 RS0 和 RS1 位是多少？R0～R7 对应的内部 RAM 单元的字节地址分别是多少？

7. MCS-51 单片机的存储器按地址空间可分为几部分？

8. 8051 有多少个工作寄存器？如何使用？

9. 什么是堆栈？说明 MCS-51 单片机的堆栈处理过程。

10. MCS-51 单片机有多少根 I/O 线？它们和单片机的外部总线有什么关系？

11. $\overline{\text{PSEN}}$、$\overline{\text{RD}}$ 和 $\overline{\text{WR}}$ 信号各自的作用是什么？

12. 80C51 单片机内部有几个定时/计数器？它们由哪些功能寄存器组成？怎样实现定时功能和计数功能？

13. 8051 单片机的定时/计数器如何计数？计数值与初值有什么关系？

14. 定时/计数器 T0 有几种工作方式？各自的特点是什么？

15. 定时/计数器的 4 种工作方式各自的计数范围是多少？如果要计 15 个单位，不同的方式初值应为多少？

16. 设振荡频率为 12MHz，如果用定时/计数器 T0 产生周期为 100ms 的方波，可以选择哪几种方式？其初值分别设为多少？

17. 何为同步通信？何为异步通信？各自的特点是什么？

18. 单工、半双工和全双工有什么区别？

19. 设某异步通信接口，每帧信息格式为 10 位，当接口每秒传送 1000 个字符时，其波特率为多少？

20. 串行口数据寄存器 SBUF 有什么特点？

21. MCS-51 单片机串行口有几种工作方式？各自特点是什么？

22. 说明 SM2 在方式 2 和方式 3 对数据接收有何影响。

23. 什么是中断、中断允许和中断屏蔽？

24. 8051 有几个中断源？中断请求如何提出？

25. 8051 的中断源中，哪些中断请求信号在中断响应时可以自动清除？哪些不能自动清除？应如何处理？

26. 8051 的中断优先级有几级？在形成中断嵌套时各级有何规定？

27. 何谓复位操作？复位操作后，51 单片机程序计数器 PC、堆栈指针和标志寄存器 PSW 的复位值是什么？

28. 说明时钟周期、状态周期、机器周期和指令周期之间的关系。

29. 如果时钟周期的频率为 1MHz，那么 ALE 信号的频率为多少？

第3章　MCS–51单片机指令系统

主要内容：

这一章主要介绍 MCS-51 单片机操作的命令：指令。通过本章学习，使读者了解计算机指令的基本组成、格式，具体认识 MCS-51 单片机的寻址方式和指令系统的相关指令。

学习重点：

◆ MCS-51 单片机的寻址方式

◆ MCS-51 单片机的指令系统

3.1　指令系统概述

现在的计算机采用程序式工作方式，一台计算机，无论是大型机、微型机还是单片机，如果只有硬件，是不能工作的。必须有各种各样软件、程序才能发挥其运算、控制等功能，而软件中最基础的东西，就是计算机的指令。指令是指挥计算机完成基本操作的命令，一个计算机所有指令的集合就为这个计算机的指令系统。

通常指令有两种：机器语言指令和汇编语言指令。机器语言指令以二进制代码组成，能被计算机内部直接识别，编写的程序短，运行速度快。但不便被人们识别、记忆、理解和使用。汇编语言指令是机器语言指令的符号化，容易识别与记忆，使用起来比机器语言指令方便，它和机器语言指令一一对应。汇编语言指令要翻译成对应的机器语言才能被计算机执行。机器语言和汇编语言与计算机硬件密切相关，不同类型的计算机，它们的机器语言和汇编语言指令不一样。下面以 MCS-51 单片机指令系统来介绍。

3.1.1　指令格式

不同的指令完成不同的操作，实现不同的功能，具体格式也不一样。但从总体上来说，每条指令通常由操作码和操作数两部分组成。操作码表示计算机执行该指令将进行何种操作，操作数表示参加操作的数或操作数所在的地址。MCS-51 单片机汇编语言指令基本格式如下：

[标号:] 操作码助记符 [目的操作数][,源操作数]　[;注释]

其中：

① 操作码助记符表明指令的功能，不同的指令有不同的指令助记符，它一般用说明其功能的英文单词的缩写形式表示。

② 操作数用于给指令的操作提供数据、数据的地址或指令的地址，操作数往往用相应的寻址方式指明。不同的指令，指令中的操作数不一样。MCS-51 单片机指令系统的指令按操作数的多少可分为无操作数、单操作数、双操作数和三操作数 4 种情况。无操作数指令是指指令中不需要操作数或操作数采用隐含形式指明。例如 RET 指令，它的功能是返回调用子程序的调用指令的下一条指令位置，指令中不需要操作数。单操作数指令是指指令中只需提供一个操作数或操作数地址。例如 INC　A 指令，它的功能是对累加器 A 中的内容加 1，操作中只需一个操作数。双操作数指令是指指令中需要两个操作数，这种指令在 MCS-51 系统中最多，通常第一

个操作数为目的操作数,接收数据,第二个操作数为源操作数,提供数据。例如 MOV　A,#21H,它的功能是将源操作数——立即数#21H 传送到目的操作数累加器 A 中。三操作数据指令 MCS-51单片机中只有一条,即 CJNE 比较转移指令,具体使用以后介绍。

③ 标号是该指令的符号地址,后面需带冒号。它主要为转移指令提供转移的目的地址。

④ 注释是对该指令的解释,前面需带分号。它们是编程者根据需要加上去的,用于对指令进行说明。对于指令本身功能而言是可以不要的。

3.1.2　指令的字节数

不同的指令,指令的字节数不一样。在 MCS-51 单片机系统中,有一字节指令、二字节指令和三字节指令。

1. 一字节指令

一字节指令中既包含操作码的信息,也包含操作数的信息。一般有两种情况。一种是指令的含义和对象都很明确,不必再用另一个字节来表示操作数。例如:INC　A,指令是使累加器A 的内容加 1,由于操作的内容和对象都很明确,故不必再加操作数字节。有时将这样的指令称为隐含操作数的指令。这条指令的代码为:

位	D7	D6	D5	D4	D3	D2	D1	D0	十六进制形式
操作码	0	0	0	0	0	1	0	0	04

另一种是一个字节中几位表示操作码,剩下的几位表示操作数。例如:MOV　A,Rn,指令是将工作寄存器 Rn（n 取 0~7）的内容传送给 A,一个字节的前 5 位表示操作码,后 3 位表示操作数,从 8 个寄存器中选 1 个。这条指令的代码为:

位	D7	D6	D5	D4	D3	D2	D1	D0	十六进制形式
操作码	1	1	1	0	1	×	×	×	E8~EF

后面 3 位为 0~7 的编码。

2. 二字节指令

二字节指令一般是用第一个字节表示操作码,第二个字节表示操作数或者操作数的地址。这时,操作数或操作数地址就是一个 8 位二进制数,因此,必须专门用一个字节来表示。例如:MOV　A,#35H,该指令是将 8 位二进制常数 35H 传送到累加器 A。这条指令就是二字节指令,其指令码为:

位	D7	D6	D5	D4	D3	D2	D1	D0	十六进制形式
操作码	0	1	1	1	0	1	0	0	74
操作数	0	0	1	1	0	1	0	1	35

累加器 A 隐含在操作码中。

3. 三字节指令

三字节指令则是用第一个字节表示操作码,后两个字节表示操作数。操作数可以是数据,也可以是地址,可以是一个 16 位操作数,也可以是两个 8 位操作数。例如:MOV　30H,#12H,该指令是将 8 位二进制常数 12H 传送到片内数据存储器 30H 单元。第一个字节为操作码,后面两个字节分别表示 8 位二进制常数 12H 和片内数据存储单元地址 30H。其指令码为:

位	D7	D6	D5	D4	D3	D2	D1	D0	十六进制形式
操作码	0	1	1	1	0	1	0	1	75
第一个操作数	0	0	1	1	0	0	0	0	30
第二个操作数	0	0	0	1	0	0	1	0	12

又如：MOV　DPTR,#1234H，其指令码为：

位	D7	D6	D5	D4	D3	D2	D1	D0	十六进制形式
操作码	1	0	0	1	0	0	0	0	90
第一个操作数	0	0	0	1	0	0	1	0	12
第二个操作数	0	0	1	1	0	1	0	0	34

数据指针 DPTR 隐含在操作码中，第二个字节和第三个字节为 16 位常数 1234H。

3.1.3　MCS–51 单片机汇编指令常用符号

为便于后面的学习，在这里先对指令中用到的一些符号的约定意义加以说明。

① Ri 和 Rn：表示当前工作寄存器区中的工作寄存器，i 取 0 或 1，表示 R0 或 R1。n 取 0～7，表示 R0～R7。

② #data：表示包含在指令中的 8 位立即数。

③ #data16：表示包含在指令中的 16 位立即数。

④ rel：以补码形式表示的 8 位相对偏移量，范围为-128～127，主要用在相对寻址的指令中。

⑤ addr16 和 addr11：分别表示 16 位直接地址和 11 位直接地址。

⑥ direct：表示直接寻址的地址。

⑦ bit：表示可按位寻址的直接位地址。

⑧ (X)：表示 X 单元中的内容。

⑨ / 和→符号："/"表示对该位操作数取反，但不影响该位的原值。"→"表示操作流程，将箭尾一方的内容送入箭头所指一方的单元中去。

3.2　MCS-51 单片机的寻址方式

所谓寻址方式就是指操作数或操作数的地址的寻找方式。对于两操作数指令，源操作数和目的操作数都存在寻址方式的问题。若不特别声明，后面提到的寻址方式均指源操作数的寻址方式。MCS-51 单片机的寻址方式按操作数的类型可分为数的寻址和指令寻址。数的寻址有常数寻址（立即寻址）、寄存器数寻址（寄存器寻址）、存储器数寻址（直接寻址方式、寄存器间接寻址方式、变址寻址方式）和位寻址。指令的寻址有绝对寻址和相对寻址。不同的寻址方式由于格式不同，处理的数据就不一样。下面分别介绍。

3.2.1　常数寻址——立即寻址

立即寻址操作数是常数，直接在指令中给出，紧跟在操作码的后面，作为指令的一部分。与操作码一起存放在程序存储器中，可以立即得到，不需要经过别的途径去寻找。所以称为立即寻址。在 MCS-51 系统中，常数前面以 "#" 符号作前缀。立即寻址通常用于给寄存器或存储器单元赋初值，例如：

```
MOV A,#20H
```

其功能是把常数 20H 送给累加器 A，其中源操作数 20H 就是常数。指令执行后累加器 A 中的内容为 20H。

3.2.2　寄存器数寻址——寄存器寻址

寄存器寻址就是操作数存放在寄存器中，指令中直接给出寄存器名称的寻址方式。在 MCS-51 系统中，这种寻址方式用到的寄存器为 8 个通用寄存器 R0～R7、累加器 A、寄存器 B 和数据指针寄存器 DPTR。例如：

```
MOV  A,R0
```

其功能是把 R0 寄存器中的数送给累加器 A。在指令中，源操作数 R0 为寄存器寻址，传送的对象为 R0 中的数据。如指令执行前 R0 中的内容为 30H，则指令执行后累加器 A 的内容为 30H。

3.2.3　存储器数寻址

存储器数寻址针对的数据存放在存储单元中，对存储单元的访问是通过提供存储单元的地址实现的。根据存储单元地址的提供方式，存储器数的寻址方式有：直接寻址、寄存器间接寻址、变址寻址。

1. 直接寻址

直接寻址是指在指令中直接提供存储单元的地址的寻址方式。在 MCS-51 系统中，这种寻址方式针对的是片内数据存储器和特殊功能寄存器。在汇编指令中，直接以地址数的形式提供存储器单元的地址。例如：

```
MOV  A,20H
```

其功能是把片内数据存储器 20H 单元的内容送给累加器 A。如果指令执行前片内数据存储器 20H 单元的内容为 30H，则指令执行后累加器 A 的内容为 30H，如图 3.1 所示。注意：在 MCS-51 中，地址数前面不加符号，常数前面要加符号 "#"。

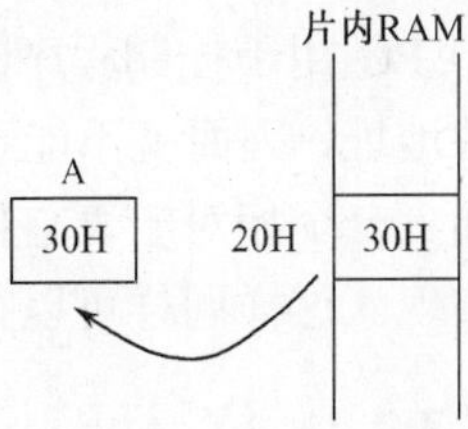

图 3.1　直接寻址示意图

对于特殊功能寄存器，在指令中使用时往往通过特殊功能寄存器的名称使用，而特殊功能寄存器名称实际上是特殊功能寄存器单元的符号地址，因此它们是直接寻址。例如：

```
MOV  A,P0
```

其功能是把 P0 口的内容送给累加器 A。P0 是特殊功能寄存器 P0 口的符号地址，该指令在翻译成机器码时，P0 就转换成直接地址 80H。

2. 寄存器间接寻址

寄存器间接寻址是指存储单元的地址存放在寄存器中，在指令中通过相应的寄存器来提供存储单元的地址。形式为：@寄存器名。

例如：

```
MOV  A,@R0
```

该指令的功能是将工作寄存器 R0 中的内容取出，作为地址从相应的片内 RAM 单元中取出内容传送到累加器 A。指令的源操作数是寄存器间接寻址。若 R0 中的内容为 30H，片内 RAM 30H 地址单元的内容为 12H，则执行该指令后，累加器 A 的内容为 12H，如图 3.2 所示。

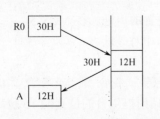

图 3.2　寄存器间接寻址示意图

在 MCS-51 单片机中，寄存器间接寻址用到的寄存器有通用寄存器 R0、R1 和数据指针寄存器 DPTR，能够访问片内数据存储器和片外数据存储器。其中，用 R0 和 R1 作指针可以访问片内数据存储器和片外数据存储器低端的 256 字节；用 DPTR 作指针可以访问片外数据存储器整个 64KB 空间。另外，片内 RAM 访问用 MOV 指令，片外 RAM 访问用 MOVX 指令。

3．变址寻址

变址寻址是指操作数的地址由基址寄存器中的内容加上变址寄存器中的内容得到。在 MCS-51 系统中，基址寄存器可以是数据指针寄存器 DPTR 和程序计数器 PC，变址寄存器只能是累加器 A，这种寻址方式访问的存储器为程序存储器。变址寻址方式通常用于访问程序存储器中的表格型数据，表首单元的地址为基址，表内单元相对于表首的位移量为变址，两者相加得到访问单元的地址。例如：

```
MOVC  A,@A+DPTR
```

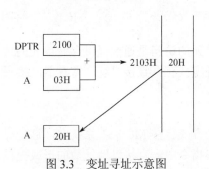

图 3.3　变址寻址示意图

其功能是将数据指针寄存器 DPTR 的内容和累加器 A 中的内容相加作为程序存储器的地址，从对应的单元中取出内容送到累加器 A。指令中，源操作数的寻址方式为变址寻址，设指令执行前数据指针寄存器 DPTR 的值为 2100H，累加器 A 的值为 03H，程序存储器 2103H 单元的内容为 20H，则指令执行后，累加器 A 中的内容为 20H，如图 3.3 所示。

变址寻址可以用数据指针寄存器 DPTR 作基址，也可以用程序计数器 PC 作基址，当使用程序计数器 PC 时，由于 PC 用于控制程序的执行，在程序执行过程中用户不能随意改变，它始终是指向下一条指令的地址，因而就不能直接把基址放在 PC 中。那基址如何得到呢？基址可以通过由当前的 PC 值加上一个相对于表首位置的差值得到。这个差值不能加到 PC 中，可以通过加到累加器 A 中来实现。这样同样可以得到对应单元的地址。这个过程将会在后面介绍。

3.2.4　位寻址

位寻址是指操作数是二进制位的寻址方式。在 MCS-51 单片机中有一个独立的位处理器，有多条位处理指令，能够进行各种位运算。在 MCS-51 系统中，位处理的操作对象是各种可寻址位。对它们的访问是通过提供相应的位地址来处理的。

在 MCS-51 系统中，位地址的表示可以用以下几种方式。

① 直接位地址（00H～0FFH）。例如，20H。

② 字节地址带位号。例如，20H.3 表示 20H 单元的 3 位。

③ 特殊功能寄存器名带位号。例如，P0.1 表示 P0 口的 1 位。

④ 位符号地址。例如，TR0 是定时/计数器 T0 的启动位。

3.2.5　指令寻址

指令寻址用在控制转移指令中，它的功能是得到转移的目的位置的地址。在 MCS-51 系统中，根据目的位置地址提供方式指令寻址可以分两种：绝对寻址和相对寻址。

1．绝对寻址

绝对寻址是在指令的操作数中直接提供目的位置的地址或地址的一部分。在 MCS-51 系统中，长转移和长调用提供目的位置的 16 位地址，绝对转移和绝对调用提供目的位置的 16 位地址的低 11 位，它们都为绝对寻址。

2．相对寻址

相对寻址用在相对转移指令中，是以当前程序计数器 PC 值加上指令中给出的偏移量 rel 得到目的位置的地址。使用相对寻址时要注意以下两点。

① 当前 PC 值是指转移指令执行时的 PC 值，它等于转移指令的地址加上转移指令的字节数。实际上是转移指令的下一条指令的地址。

② 偏移量 rel 是 8 位有符号数，以补码表示，它的取值范围为-128～+127。当为负值时向前转移，当为正数时向后转移。

相对寻址的目的地址为：

目的地址=当前 PC+rel=转移指令的地址+转移指令的字节数+rel

例如，若转移指令的地址为 2010H，转移指令的长度为 2 字节，位移量为 08H，则转移的目的地址是 2010H+2+08H=201AH。

3.3　MCS-51 单片机的指令系统

MCS-51 单片机指令系统共有 111 条指令，42 种指令助记符，其中有 49 条单字节指令，45 条双字节指令和 17 条三字节指令；有 64 条为单机器周期指令，45 条为双机器周期指令，只有乘、除法两条指令为四机器周期指令。在存储空间和运算速度上，效率都比较高。

MCS-51 单片机指令系统功能强、指令短、执行快。从功能上可分成 5 大类：数据传送指令、算术运算指令、逻辑操作指令、控制转移指令和位操作指令。下面将分别进行介绍。

3.3.1　数据传送指令

所谓"数据传送"，是把源位置提供的数据传送到目的位置去。指令执行后一般源位置的内容不变。在 MCS-51 系统中数据传送指令有 29 条，是指令系统中数量最多、使用也最频繁的一类指令。用到的助记符有：MOV、MOVX、MOVC、XCH、XCHD、PUSH、POP 和 SWAP。这类指令可分为 3 组：普通数据传送指令、数据交换指令、堆栈操作指令。

1．普通数据传送指令

普通数据传送指令以助记符 MOV 为基础，分成片内数据存储器传送指令 MOV、片外数据存储器传送指令 MOVX 和程序存储器传送指令 MOVC。

（1）片内数据存储器传送指令 MOV

指令格式：MOV　目的操作数，源操作数

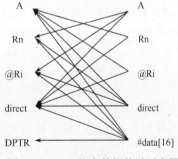

图 3.4　MOV 指令数据传送示意图

其中，源操作数可以为 A、Rn、@Ri、direct、#data，目的操作数可以为 A、Rn、@Ri、direct、DPTR，组合起来总共 16 条，如图 3.4 所示，按目的操作数的寻址方式划分为以下 5 组。

① 以 A 为目的操作数。

```
MOV  A,Rn        ;A← Rn
MOV  A,direct    ;A←(direct)
MOV  A,@Ri       ;A←(Ri)
MOV  A,#data     ;A← #data
```

② 以 Rn 为目的操作数。

```
MOV  Rn,A        ;Rn ← A
MOV  Rn,direct   ;Rn ←(direct)
```

```
MOV  Rn,#data      ;Rn ← #data
```

③ 以直接地址 direct 为目的操作数。

```
MOV  direct,A       ;(direct) ←A
MOV  direct,Rn      ;(direct) ←Rn
MOV  direct,direct  ;(direct) ←(direct)
MOV  direct,@Ri     ;(direct) ←(Ri)
MOV  direct,#data   ;(direct) ← #data
```

④ 以间接地址@Ri 为目的操作数。

```
MOV  @Ri,A          ;(Ri) ←A
MOV  @Ri,direct     ;(Ri) ←(direct)
MOV  @Ri,#data      ;(Ri) ← #data
```

⑤ 以 DPTR 为目的操作数。

```
MOV  DPTR,#data16   ;DPTR ← #data16
```

从上面可以看出，MOV 指令中源操作数和目的操作数不能同时出现工作寄存器，如不允许有"MOV Rn，Rn"，"MOV @Ri,Rn"这样的指令。16 位的数据传送指令只有一条。

（2）片外数据存储器传送指令 MOVX

在 MCS-51 系统中只能通过累加器 A 与片外数据存储器进行数据传送，而片外数据存储器只通过寄存器间接寻址方式访问，所以 MOVX 指令只有 4 种格式：

```
MOVX  A,@DPTR       ;A ←(DPTR)
MOVX  @DPTR,A       ;(DPTR) ← A
MOVX  A,@Ri         ;A ← (Ri)
MOVX  @Ri,A         ;(Ri)← A
```

其中，前两条指令通过 DPTR 作指针间接寻址，通过 P2 口和 P0 口同时送出 DPTR 中的 16 位地址，可对片外数据存储器整个 64KB 空间访问；后两条指令通过@Ri 作指针间接寻址，这时通过 P0 口送出 8 位地址，只能对片外数据存储器低端的 256 字节空间访问。指针出现在源操作数一侧是对片外数据存储器读，访问时片外数据存储器读信号 $\overline{RD}$ 会有效；指针出现在目的操作数一侧是对片外数据存储器写，访问时片外数据存储器写信号 $\overline{WR}$ 会有效。

（3）程序存储器传送指令 MOVC

程序存储器传送指令只有两条：一条是用 DPTR 基址变址寻址，一条是用 PC 基址变址寻址。

```
MOVC  A,@A+DPTR     ;A ← (A+DPTR)
MOVC  A,@A+PC       ;A ← (A+PC)
```

这两条指令通常用于访问表格数据，因此也称为查表指令。

在第一条指令中，用 DPTR 为基址寄存器来查表。处理时，数据放在表格中，指令执行前，DPTR 存放表首地址，累加器 A 中存放要查的元素相对于表首的位移量，指令执行后对应表格元素的值就取出放于累加器 A 中。

例如，表格的起始位置为 TAB，要查的元素相对于表首的位移量放在 R2 中，则用 DPTR 查表的处理过程如下：

```
MOV  DPTR,#TAB           ;DPTR 指向表首
MOV  A,R2               ;表格元素相对于表首的位移量送累加器 A
MOVC  A,@A+DPTR         ;查表，查得的内容送累加器 A
...
TAB:DB  3FH,06H,5BH,4FH,66H,6DH,7DH,07H,7FH,67H,77H,7CH,39H,5EH,79H,71H
```

在第二条指令中，用 PC 为基址寄存器查表。由于程序计数器 PC 在程序处理过程中始终指向下一条指令，用户无法改变。处理时，表首的地址只有通过 PC 值加一个差值来得到，这个差值为 PC 相对于表首的位移量。在具体处理时，将这个差值加到累加器 A 中，在指令执行前，累加器 A 中的值就为表格元素相对于表首的位移量与当前程序计数器 PC 相对于表首的差值之

和。指令执行后累加器 A 中的内容就是表格元素的值。

例如，表格的起始位置为 TAB，要查的元素相对于表首的位移量放在 R2 中，程序计数器 PC 相对于表首的差值为 XXH（此差值是查表指令与表首之间指令段的字节数），则用 PC 查表的处理过程如下：

```
MOV  A,R2                ;表格元素相对于表首的位移量送累加器 A
ADD  A,#XXH              ;程序计数器 PC 相对于表首的差值加到累加器 A 中
MOVC A,@A+PC             ;查表,查得元素的内容送累加器 A
...
TAB:DB  3FH,06H,5BH,4FH,66H,6DH,7DH,07H,7FH,67H,77H,7CH,39H,5EH,79H,71H
```

💡　注意：查表指令的长度为 1 字节，程序计数器 PC 的值应为查表指令的地址加 1。

【例 3-1】　写出完成下列功能的程序段。

（1）将 R2 的内容送 R3 中。
```
MOV  A,R2
MOV  R3,A
```

（2）将片内 RAM 30H 单元的内容送片外 60H 单元中。
```
MOV  A,30H
MOV  R0,#60H
MOVX @R0,A
```

（3）将片外 RAM 2000H 单元的内容送片内 30H 单元中。
```
MOV  DPTR,#2000H
MOVX A,@DPTR
MOV  30H,A
```

（4）将 ROM 2000H 单元的内容送片内 RAM 的 30H 单元中。
```
MOV  A,#0
MOV  DPTR,#2000H
MOVC A,@A+DPTR
MOV  30H,A
```

2．数据交换指令

普通传送指令实现将源操作数的数据传送到目的操作数，指令执行后源操作数不变，数据传送是单向的。数据交换指令是双向传送，执行后，第一个操作数原来的内容传送给第二个操作数，第二个操作数原来的内容传送给第一个操作数。

在 MCS-51 系统中，数据交换指令要求第一个操作数必须为累加器 A，共有 5 条。

```
XCH  A,Rn       ;A<=> Rn
XCH  A,direct   ;A<=>(direct)
XCH  A,@Ri      ;A<=>(Ri)
XCHD A,@Ri      ;A0～3<=>(Ri)0～3
SWAP A          ;A0～3<=>A4～7
```

前面三条指令为字节交换指令，执行后，两个字节的内容相互交换；第四条指令为半字节交换，执行后，两个操作数的低半字节相互交换，高半字节不变；第五条指令为累加器 A 高、低 4 位互换指令，执行后，累加器 A 高、低 4 位互换。

【例 3-2】　若 R0 的内容为 30H，片内 RAM 30H 单元的内容为 23H，累加器 A 的内容为 45H，则执行 XCH A,@R0 指令后片内 RAM 30H 单元的内容为 45H，累加器 A 中的内容为 23H。

若执行 SWAP A 指令，则累加器 A 的内容为 54H。

3．堆栈操作指令

堆栈是按"先入后出，后入先出"原则设置的专用存储区。数据的入栈和出栈由堆栈指针

SP 统一管理。在 MCS-51 系统中，堆栈位于片内 RAM 中，指令有两条：

```
PUSH   direct     ;SP←SP+1, (SP) ←(direct)
POP    direct     ;(direct)←(SP), SP ← SP-1
```

其中，PUSH 为入栈指令，POP 为出栈指令，以字节为单位，操作数只能是用直接地址表示的片内 RAM 单元或特殊功能寄存器。入栈时先把堆栈指针 SP 加 1，再把用直接地址表示的片内 RAM 单元或特殊功能寄存器的内容入栈；出栈时先把堆栈指针 SP 指向的当前单元的内容出栈送入用直接地址表示的片内 RAM 单元或特殊功能寄存器，然后 SP 指针再减 1。用堆栈保存数据时，先入栈的内容后出栈，后入栈的内容先出栈。

【例 3-3】　若入栈保存时的顺序为：

```
PUSH   ACC
PUSH   B
PUSH   DPH
PUSH   DPL
```

则出栈的顺序为：

```
POP    DPL
POP    DPH
POP    B
POP    ACC
```

3.3.2　算术运算指令

算术运算指令有 24 条，包含加、减、乘、除这 4 种基本的算术运算指令和一条十进制 BCD 调整指令。4 种基本算术运算指令针对的都是 8 位无符号数的运算，借助溢出标志，可对 8 位有符号补码数进行加减运算，通过调整指令可实现两位十进制压缩 BCD 码的加法运算。用到的助记符有：ADD、ADDC、INC、SUBB、DEC、MULL、DIV 和 DA。

1. 加法指令

加法指令有一般的加法指令、带进位的加法指令和加 1 指令。

（1）一般的加法指令 ADD

一般的加法指令有 4 条：

```
ADD  A,Rn          ;A← A+Rn
ADD  A,direct      ;A← A+(direct)
ADD  A,@Ri         ;A← A+(Ri)
ADD  A,#data       ;A← A+#data
```

这 4 条指令第一个操作数必须为累加器 A，执行过程如下：先把累加器 A 的内容与第二个操作数的内容相加，然后把加后的结果回送到累加器 A 中。累加器 A 相加时作为一个加数，加完后又用于存放结果，执行前后内容要发生变化，而第二个操作数执行前后内容不变。另外，在进行加法运算过程中会影响 CY、AC、OV 和 P 标志位。

无论是哪一条加法指令，参加运算的都是两个 8 位二进制数。对于使用者来说，这 8 位二进制数可以看成无符号数（0～255），也可以看成有符号数，即补码数（-128~+127）。例如，对于一个二进制数 10011011，用户可以认为它是无符号数，即为十进制数 155，也可以认为它是有符号数，即为十进制负数-101。但计算机在作加法运算时，总按以下规定进行。

① 在求和时，只是把两个操作数直接相加，而不作其他任何处理。例如，若 A=10011011，R0=01001011，执行指令 ADD A,R0 时，其加法过程如图 3.5 所示，相加后 A=1110 0110，若认为是无符号数，则表示十进制数 230，若认为是有符号数，则表示十进制数-26。

② 对于进位标志 CY，当相加时最高位向前还有进位则置 1，否则清 0。对于两个无符号

数相加，如进位标志 CY 置 1，则表示溢出（超过 255），如图 3.5 和图 3.6 所示；对于有符号数，进位标志没有意义。

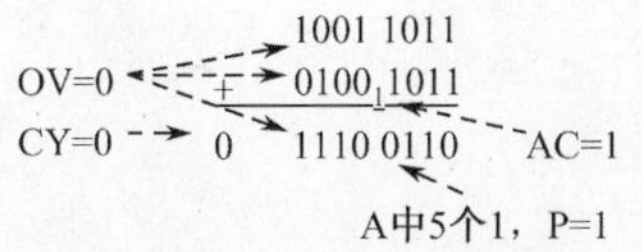

```
                   1001 1011                              1001 1011
OV=0 ◄- - - - - - →0100 1011              OV=1 ◄- - - - - - →1100 1011
CY=0 - - → 0  1110 0110 - - ➚AC=1         CY=1 - → 1  0110 0110 - - ➚AC=1
              A中5个1，P=1                             A中4个1，P=0
```

图 3.5　加法过程示意图 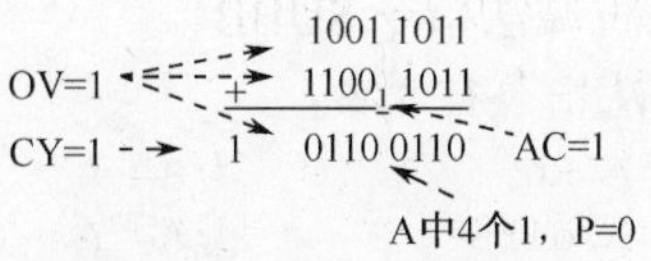　　　　　　　图 3.6　加法过程示意图

③ 对于溢出标志 OV，当相加的两个操作数最高位相同，而结果的最高位又与它们不同时，则溢出标志 OV 置 1，否则清 0。溢出标志用于有符号数的溢出判断，对于无符号数没有意义。当一个正数（符号位为 0）和一个负数（符号位为 1）相加时，结果肯定不会溢出，OV 清 0，当两个正数（符号位为 0）相加结果为负数（符号位为 1），或者两个负数（符号位为 1）相加结果为正数（符号位为 0），结果都会溢出，超出有符号数的范围（−128~+127），溢出标志 OV 置 1，如图 3.5 和图 3.6 所示。

④ 对于辅助进位标志 AC，当相加时低 4 位向高 4 位有进位则置 1，否则清 0。

⑤ 对于奇偶标志 P，当运算结果累加器 A 中内容"1"的个数为奇数置 1，否则清 0。

（2）带进位加法指令 ADDC

带进位的加法指令有 4 条：

```
ADDC  A,Rn          ;A← A + Rn + C
ADDC  A,direct      ;A← A +(direct)+ C
ADDC  A,@Ri         ;A← A +(Ri)+ C
ADDC  A,#data       ;A← A + #data + C
```

这 4 条指令做加法时，除了要把指令中两个操作数的内容相加，还要加上当前的进位标志 CY 中的值，指令的其他处理过程与一般的加法相同。另外，如果执行时 CY=0，则它们与一般加法指令执行结果完全相同。

在 MCS-51 单片机中，常用 ADD 和 ADDC 配合使用来实现多字节加法运算。

【例 3-4】　试把两个分别存放在 R1R2 和 R3R4 中的两字节数相加，结果存于 R5R6 中。

处理时，低字节 R2 和 R4 用 ADD 指令相加，结果存放于 R6 中，高字节 R1 和 R3 用 ADDC 指令相加，结果存放于 R5 中，程序如下：

```
MOV  A,R2
ADD  A,R4
MOV  R6,A
MOV  A,R1
ADDC A,R3
MOV  R5,A
```

（3）加 1 指令 INC

加 1 指令有 5 条：

```
INC  A              ;A← A + 1
INC  Rn             ;Rn← Rn + 1
INC  direct         ;(direct)← (direct)+ 1
INC  @Ri            ;(Ri)←(Ri)+ 1
INC  DPTR           ;DPTR← DPTR + 1
```

INC 指令实现把指令后面的操作数中内容加 1，前面 4 条是对字节处理，最后一条是对 16 位的数据指针 DPTR 加 1。INC 指令除了 INC　A 要影响 P 标志位外，其他指令对标志位都没有影响。

2．减法指令

减法指令有带借位减法指令和减 1 指令。

（1）带借位减法指令 SUBB

带借位减法指令有 4 条：

```
SUBB  A,Rn            ;A← A - Rn - C
SUBB  A,direct        ;A← A -(direct)- C
SUBB  A,@Ri           ;A← A -(Ri)- C
SUBB  A,#data         ;A← A - #data - C
```

在 MCS-51 单片机中，没有提供一般的减法指令，只有带借位的减法指令。第一个操作数也必须是累加器 A，执行过程如下：先用累加器 A 中的内容减去第二操作数的内容，再减借位标志 CY，最后把结果送回累加器 A。与加法运算类似，SUBB 指令既可作无符号数运算，又可作有符号数运算。

运算过程也影响 CY、AC、OV 和 P 标志。其中，借位标志 CY 可作为无符号数比较大小的标志，当累加器 A 中内容大于第二个操作数的内容 CY 清 0，累加器 A 的内容小于第二个操作数的内容 CY 置 1。溢出标志 OV 对无符号减法也没有意义。

溢出标志 OV 也用于有符号数的溢出判断，对于减法，当正数（符号位为 0）减正数或负数减负数，结果肯定不会溢出，OV 清 0；当正数减负数结果为负数或负数减正数结果为正数，结果超出范围，溢出，溢出标志置 1。同样借位标志 CY 对无符号数也没有意义。

对于辅助借位标志 AC，如果相减时低 4 位向高 4 位有借位则置 1，否则清 0。奇偶标志 P 也是结果累加器 A 中内容 1 的个数为奇数置 1，否则清 0。

由于没有一般的减法指令，因此一般的减法只能通过带借位的减法来实现，在做带借位的减法前，先把借位标志 CY 清 0，即可实现一般的减法。

【例 3-5】 求 R3← R2 - R1。

程序为：

```
MOV   A,R2
CLR   C
SUBB  A,R1
MOV   R3,A
```

（2）减 1 指令 DEC

减 1 指令有 4 条：

```
DEC  A                ;A← A - 1
DEC  Rn               ;Rn← Rn - 1
DEC  direct           ;direct← (direct)- 1
DEC  @Ri              ;(Ri)←(Ri)- 1
```

减 1 指令只能对上面 4 种字节单元内容减 1，没有对 DPTR 减 1 的指令。除了 DEC A 要影响 P 标志位外，对其他标志位也都没有影响。

3．乘法指令 MUL

在 MCS-51 单片机中，乘法指令只有一条：

```
MUL  AB
```

该指令是将存放于累加器 A 中的 8 位无符号被乘数和放于 B 寄存器中的 8 位无符号乘数相乘，乘得的结果为 16 位无符号数，高字节放入 B 寄存器中，低字节放入累加器 A 中。指令长度 1 字节，执行时间 4 个机器周期。

乘法指令将影响 CY、OV 和 P 标志。乘法指令执行后，进位标志 CY 都清 0；对于溢出标志 OV，当积大于 255 时（即 B 中不为 0），OV 置 1；否则，OV 清 0。奇偶标志 P 仍按累加器 A 中 1 的奇偶性来确定。

4．除法指令 DIV

在 MCS-51 单片机中，除法指令也只有一条：

```
DIV  AB
```

该指令将累加器 A 中的无符号数作被除数，B 寄存器中的无符号数作除数，相除后的结果，商存于累加器 A 中，余数存于 B 寄存器中。

指令执行后也将影响 CY、OV 和 P 标志，一般情况下 CY 和 OV 都清 0，只有当 B 寄存器中的除数为 0 时，CY 和 OV 才被置 1，而奇偶标志 P 仍按累加器 A 中 1 的奇偶性来确定。

5．十进制调整指令

在 MCS-51 单片机中，十进制调整指令只有一条，只能对两个两位十进制压缩 BCD 数相加结果进行调整，指令格式为：

```
DA  A
```

它只能用在 ADD 或 ADDC 指令的后面，对存于累加器 A 中的结果进行调整，使之得到正确的十进制结果。通过该指令可实现两位十进制 BCD 码数的加法运算。

它的调整先后过程如下：

① 若累加器 A 的低 4 位为十六进制数的 A～F 或辅助进位标志 AC 为 1，则累加器 A 中的低 4 位加 0110(6)调整；

② 第一步调整以后，若累加器 A 的高 4 位为十六进制数的 A～F 或进位标志 CY 为 1，则累加器 A 中的高 4 位加 0110(6)调整。

第二步调整后如 CY 有进位，该进位可作为结果十进制数的最高位。

【例 3-6】 在 R3 中有十进制数 67，在 R2 中有十进制数 85，用十进制运算，运算的结果放于 R5 中。

```
MOV  A,R3
ADD  A,R2
DA   A
MOV  R5,A
```

十进制数 67 在 R3 中的压缩 BCD 表示为 0110 0111B(67H)，十进制数 85 在 R2 中的压缩 BCD 表示为 1000 0101B(85H)，加法过程与调整过程如下：

```
                   0110 0111
      加→        + 1000 0101
                 ───────────
                   1110 1100  ←─────  低 4 位为十六进制数 C
    低位调整→    +      0110
                 ───────────
                   1111 0010  ←─────  高 4 位为十六进制数 F
    高位调整→    +  0110
                 ───────────
                 1 0101 0010
```

加法过程得到的结果为 1110 1100B(ECH)。调整过程分两步：低 4 位为十六进制数 C，低 4 位加 0110(6)调整；低 4 位调整后高 4 位为十六进制数 F，再对高 4 位加 0110(6)调整。调整后的进位放于 CY 标志中作为结果的最高位，所以调整后结果为 0001 0101 0010 (152)。

3.3.3 逻辑操作指令

逻辑操作指令有 24 条，包括逻辑与指令、或指令、异或指令、清零和求反以及循环移位指令，指令助词符号有 ANL、ORL、XRL、CLR、CPL、RL、RR、RLC 和 RRC。

1．逻辑与指令 ANL

```
ANL  A,Rn              ;A← A ∧ Rn
```

```
ANL  A,direct        ;A← A ∧ (direct)
ANL  A,@Ri           ;A← A ∧ (Ri)
ANL  A,#data         ;A← A ∧ data
ANL  direct,A        ;(direct)← (direct) ∧ A
ANL  direct,#data    ;(direct)← (direct) ∧ data
```

2. 逻辑或指令 ORL

```
ORL  A,Rn            ;A← A ∨ Rn
ORL  A,direct        ;A← A ∨ (direct)
ORL  A,@Ri           ;A← A ∨ (Ri)
ORL  A,#data         ;A← A ∨ data
ORL  direct,A        ;(direct)← (direct) ∨ A
ORL  direct,#data    ;(direct)← (direct) ∨ data
```

3. 逻辑异或指令 XRL

```
XRL  A,Rn            ;A← A ∀ Rn
XRL  A,direct        ;A← A ∀ (direct)
XRL  A,@Ri           ;A← A ∀ (Ri)
XRL  A,#data         ;A← A ∀ data
XRL  direct,A        ;(direct)← (direct) ∀ A
XRL  direct,#data    ;(direct)← (direct) ∀ data
```

逻辑与、或、异或运算都有 6 条指令，其中累加器 A 为目的操作数 4 条，直接地址为操作数 2 条。逻辑运算都是按位进行的，例如，若 A=01010011，R0=01100101，则执行与指令 ANL A,R0。

$$
\begin{array}{r}
0101\ 0011 \\
\wedge\ \ 0110\ 0101 \\
\hline
0100\ 0001
\end{array}
$$

执行后，累加器 A 中的内容为 A=01000001。

逻辑与用于实现对指定位清 0，其余位不变，清 0 的位和 0 相与，维持不变的位和 1 相与；逻辑或用于实现对指定位置 1，其余位不变，置 1 的位和 1 相或，维持不变的位和 0 相或；逻辑异或用于实现指定位取反，其余位不变，取反的位和 1 相异或，维持不变的位和 0 相异或。

【例 3-7】 写出完成下列功能的指令段。

(1) 对累加器 A 中的低 2 位清 0，其余位不变。

```
ANL  A,#11111100B
```

(2) 对累加器 A 中的高 2 位置 1，其余位不变。

```
ORL  A,#11000000B
```

(3) 对累加器 A 中的低 4 位取反，其余位不变。

```
XRL  A,#00001111B
```

4. 清零和求反指令

(1) 清零指令

```
CLR  A    ;A←0
```

(2) 求反指令

```
CPL  A    ;A← A̅
```

在 MCS-51 系统中，逻辑清零和求反指令只能直接对累加器 A 处理，如要对其他的寄存器或存储器单元清零和求反，则需放入累加器 A 中处理，运算后再放回原位置。

【例 3-8】 写出对 R0 寄存器内容求反的程序段。

```
MOV  A,R0
CPL  A
MOV  R0,A
```

5. 循环移位指令

MCS-51 系统有 4 条对累加器 A 的循环移位指令，用于对累加器 A 中的内容按位移动。前两条只在累加器 A 中进行循环移位，后两条还要带进位标志 CY 进行循环移位。每次移一位。4 条移位指令分别如下：

（1）累加器 A 循环左移

　　RL　A

（2）累加器 A 循环右移

　　RR　A

（3）带进位的循环左移

　　RLC　A

（4）带进位的循环右移

　　RRC　A

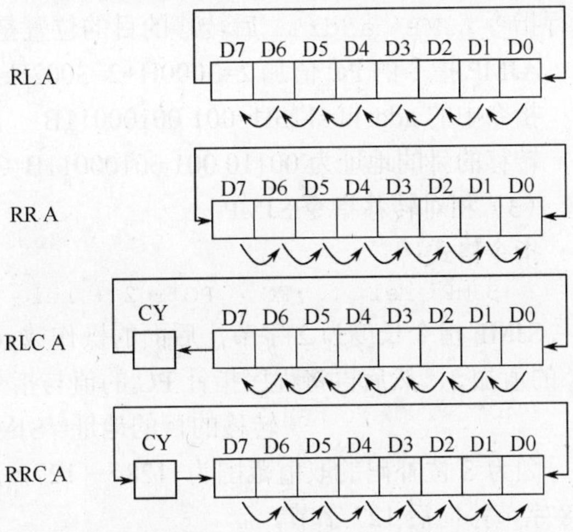

图 3.7　循环移位指令示意图

它们的移位过程如图 3.7 所示。

【例 3-9】 若累加器 A 中的内容为 10001011B，CY=0，则执行 RLC　A 指令后累加器 A 中的内容为 00010110，CY=1。

3.3.4　控制转移指令

控制转移指令通常用于实现循环结构和分支结构。共有 17 条，包括无条件转移指令、条件转移指令、子程序调用及返回指令，指令助词符有 LJMP、AJMP、SJMP、JMP、JZ、JNZ、CJNE、DJNZ、LCALL、ACALL、RET 和 RETI。

1. 无条件转移指令

无条件转移指令是指当执行该指令后，程序将无条件地转移到指令指定的地方去。无条件转移指令包括长转移指令、绝对转移指令、相对转移指令和间接转移指令。

（1）长转移指令 LJMP

指令格式：

　　LJMP addr16　　 ;PC ← addr16

该指令长度为 3 字节，操作数为目的位置的 16 位地址，执行时直接将该 16 位地址送给程序指针 PC，程序无条件地转到 16 位目标地址指明的位置去。指令中提供的是 16 位目标地址，所以可以转移到 64KB 程序存储器的任意位置，故得名为"长转移"。该指令不影响标志位，使用方便。缺点是：执行时间长，字节数多。

（2）绝对转移指令 AJMP

指令格式：

　　AJMP addr11　　 ;PC$_{10\sim0}$ ← addr11

该指令长度为 2 字节，操作数为目的位置的低 11 位直接地址，执行时先将程序指针 PC 的值加 2，然后把指令中的 11 位地址 addr11 送给程序指针 PC 的低 11 位，而程序指针的高 5 位不变，执行后转移到 PC 指针指向的新位置。

由于 11 位地址 addr11 的范围是 00000000000～11111111111，即 2KB 范围，而目的地址的高 5 位不变，所以程序转移的位置只能和当前 PC 位置（AJMP 指令地址加 2）在同一 2KB 范围内。转移可以向前也可以向后，指令执行后不影响状态标志位。

【例 3-10】 若 AJMP 指令地址为 3000H。AJMP 后面带的 11 位地址 addr11 为 123H，则

执行指令 AJMP　addr11 后转移的目的位置是多少？

　　AJMP 指令的 PC 值加 2=3000H+2=3002H=00110 000 00000010B

　　指令中的 addr11=123H=001 00100011B

　　转移的目的地址为 00110 001 00100011B=3123H

　　（3）相对转移指令 SJMP

　　指令格式：

```
    SJMP  rel    ;PC ← PC + 2 + rel
```

　　SJMP 指令长度为 2 字节，后面的操作数 rel 是 8 位带符号补码数，执行时，先将程序指针 PC 的值加 2，然后再将程序指针 PC 的值与指令中的位移量 rel 相加得到转移的目的地址。即

$$转移的目的地址 = SJMP 指令所在地址+2+rel$$

　　因为 8 位补码的取值范围为-128～+127，所以该指令的转移范围是：相对 PC 当前值向前 128 字节，向后 127 字节。

　　【例 3-11】　在 2100H 单元有 SJMP 指令，若 rel = 5AH（正数），则转移的目的地址为 15CH（向后转）；若 rel = F0H（负数），则转移的目的地址为 20F2H（向前转）。

　　💡　注意：①在单片机汇编程序设计中，通常在程序的最后位置用到这样一条 SJMP 指令：

```
    HERE: SJMP  HERE 或 SJMP   $
```

　　　　它的机器码为 80FEH。该指令的功能是在自己本身上循环，进入等待状态，使程序不再向后执行以避免执行后面的内容而出错。

　　　　②用汇编语言编程时，无论长转移、绝对转移还是相对转移，指令的操作数一般不直接带地址，而带目的位置的标号，汇编时自动转换成相应的地址。这时就要注意，如果是长转移，则目的位置可在程序存储器 64KB 空间的任意位置；如果是绝对转移，则目的位置与转移指令要在同一个 2KB 以内(指令地址的高 5 位相同)；如果是相对转移，则目的位置只能在转移指令的向前 128 字节，向后 127 字节范围内。如果不是这样，则汇编时会报错。

　　（4）散转指令 JMP

　　指令格式：

```
    JMP  @A+DPTR     ;PC ← A + DPTR
```

　　它是 MCS-51 系统中唯一一条间接转移指令，转移的目的地址是由数据指针寄存器 DPTR 的内容与累加器 A 中的内容相加得到的，指令执行后不会改变 DPTR 及 A 中原来的内容。该指令通常用来构造多分支转移程序，所以又称多分支转移指令。

　　单片机汇编语言没有专门的多分支语句，多分支结构通常用 JMP 指令来构造，累加器 A 中用来存放分支号，使用时往往与一个转移指令表配合一起来实现。

　　【例 3-12】　下面的程序段能根据累加器 A 的值 0、1、2、3 转移到相应的 TAB0～TAB3 分支去执行。

```
        MOV DPTR,#TABLE        ;表首地址送 DPTR
        RL  A                  ;分支号乘 2 得到位移量
        JMP @A+DPTR            ;根据 A 值转移
TABLE: AJMP TAB0              ;当(A)=0 时转 TAB0 执行
       AJMP TAB1              ;当(A)=1 时转 TAB1 执行
       AJMP TAB2              ;当(A)=2 时转 TAB2 执行
       AJMP TAB3              ;当(A)=3 时转 TAB3 执行
```

　　使用时，先建立一个由无条件转移指令组成的转移指令表，该表一般放于散转指令的后面。在散转指令之前让 DPTR 指向表首，根据转移指令表中转移指令的长度使累加器 A 中分支号乘

以 2（AJMP 指令）或 3（LJMP 指令），得到转移指令表中对应的转移指令相对于表首的位移量。执行散转指令时，程序先转到转移指令表中对应的无条件转移指令，再通过该无条件转移指令转移到相应的分支。

2．条件转移指令

条件转移指令是指当条件满足时，程序才转移，条件不满足时，程序就继续执行。条件可以是前面指令执行的结果，也可以是指令本身运算、比较的结果。条件转移指令都是相对转移，只能在-128～+127 范围内转移。在 MCS-51 系统中，该类指令有 3 种：累加器 A 判零条件转移指令、比较转移指令、减 1 不为零转移指令。

（1）累加器 A 判零条件转移指令

判零指令：

```
    JZ   rel      ;若 A=0,则 PC ← PC + 2 + rel,否则,PC ← PC + 2
```

判非零指令：

```
    JNZ  rel      ;若 A≠0,则 PC ← PC + 2 + rel,否则,PC ← PC + 2
```

【例 3-13】 把片外 RAM 的 30H 单元开始的数据块传送到片内 RAM 的 40H 开始的位置，直到出现零为止。

片内、片外数据传送以累加器 A 过渡。每次传送 1 字节，通过循环处理，直到处理到传送的内容为 0 结束，循环可用累加器 A 判 0 指令实现。

程序段如下：

```
        MOV  R0,#30H
        MOV  R1,#40H
LOOP:MOVX  A,@R0
        MOV  @R1,A
        INC  R1
        INC  R0
        JNZ  LOOP
        SJMP  $
```

（2）比较转移指令

比较转移指令用于对两个数作比较，并根据比较情况进行转移，比较转移指令有 4 条：

```
    CJNE  A,#data,rel     ;若 A=data,则 PC ← PC + 3,不转移,继续执行
                          若 A>data,则 C=0,PC ← PC + 3 + rel,转移
                          若 A<data,则 C=1,PC ← PC + 3 + rel,转移
    CJNE  Rn,#data,rel    ;若(Rn)=data,则 PC ← PC + 3,不转移,继续执行
                          若(Rn)>data,则 C=0,PC ← PC + 3 + rel,转移
                          若(Rn)<data,则 C=1,PC ← PC + 3 + rel,转移
    CJNE  @Ri,#data,rel   ;若(Ri)=data,则 PC ← PC + 3,不转移,继续执行
                          若(Ri)>data,则 C=0,PC ← PC + 3 + rel,转移
                          若(Ri)<data,则 C=1,PC ← PC + 3 + rel,转移
    CJNE  A,direct,rel    ;若 A=(direct),则 PC ← PC + 3,不转移,继续执行
                          若 A>(direct),则 C=0,PC ← PC + 3 + rel,转移
                          若 A<(direct),则 C=1,PC ← PC + 3 + rel,转移
```

（3）减 1 不为零转移指令

这种指令是先减 1 后判断，若不为零则转移。指令有两条：

```
    DJNZ  Rn,rel          ;先将 Rn 中的内容减 1,再判断 Rn 中的内容是否等于零,若不为零,
                          则转移
    DJNZ  direct,rel      ;先将(direct)中的内容减 1,再判断(direct)中的内容是否等于零,
                          若不为零,则转移
```

在 MCS-51 系统中，通常用 DJNZ 指令来构造循环结构，用通用寄存器 Rn 作循环变量，

实现重复处理。

【例 3-14】 统计片内 RAM 中 30H 单元开始的 20 个数据中 0 的个数，放于 R7 中。

用 R2 做循环变量，最开始置初值为 20；用 R7 做计数器，最开始置初值为 0；用 R0 做指针访问片内 RAM 单元，最开始置初值为 30H；用 DJNZ 指令对 R2 减 1 转移进行循环控制，在循环体中用指针 R0 依次取出片内 RAM 中的数据，用 CJNE 指令判断，如为 0，则 R7 中的内容加 1。

程序段如下：

```
     MOV  R0,#30H
     MOV  R2,#20
     MOV  R7,#0
LOOP:MOV  A,@R0
     CJNE A,#0,NEXT
     INC  R7
NEXT:INC  R0
     DJNZ R2,LOOP
```

3. 子程序调用及返回指令

像高级语言一样，为了使程序的结构清楚，并减少重复指令所占的存储空间，在汇编语言程序中，也可以采用子程序，故需要有子程序调用指令。子程序调用也是要中断原有的指令执行顺序，转移到子程序的入口地址去执行子程序。但和转移指令有一点重大的区别，即子程序执行完毕后，要返回到原有程序中断的位置，继续往下执行。因此，子程序调用指令还必须能将程序中断位置的地址保存起来，一般都是放在堆栈中保存。堆栈的先入后出的存取方式正好适合于存放断点地址的要求，特别是适合于子程序嵌套时的断点地址存放。

图 3.8(a) 是一个两层嵌套的子程序调用，图 3.8(b) 为两层子程序调用后，堆栈中断点地址存放的情况。主程序执行到断点 1 时调用子程序 1，先存入断点地址 1，再转去执行子程序 1，在执行子程序 1 过程中又调用子程序 2，于是在堆栈中又存入断点地址 2，再转去执行子程序 2。断点地址存放时，先存低 8 位，后存高 8 位。从子程序返回时，先从堆栈中取出断点地址 2，返回继续执行子程序 1，然后再取出断点地址 1，返回继续执行主程序。

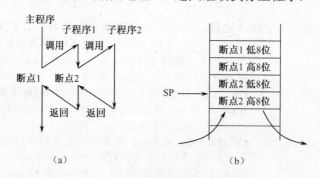

图 3.8　子程序调用与断点地址存放

子程序处理中，子程序调用用子程序调用指令实现，它要完成以下两个功能。

① 断点地址入栈保护。断点地址是子程序调用指令的下一条指令的地址，取决于调用指令的字节数，它可以是 PC+2 或 PC+3，这里 PC 是指调用指令所在地址。

② 子程序的入口地址送到程序计数器 PC，转移到子程序。

子程序返回由返回指令实现，它把当前堆栈指针指向的两个字节出栈，送给程序指针 PC，返回被调用位置。

子程序调用及返回指令有 4 条：两条子程序调用指令，两条返回指令。

（1）长调用指令 LCALL

指令格式:

```
LCALL   addr16
```

执行过程:

```
PC←PC+3
SP←SP+1
(SP)←PC7~0
SP←SP+1
(SP)←PC15~8
PC←addr16
```

该指令执行时，先将当前的 PC（指令的 PC 加指令的字节数 3）值压入堆栈保存，入栈时先低字节，后高字节。然后转移到指令中 addr16 所指定的地方执行。由于后面带 16 位地址，因而可以转移到程序存储空间的任一位置。

（2）绝对调用指令 ACALL

指令格式:

```
ACALL   addr11
```

执行过程:

```
PC←PC+2
SP←SP+1
(SP)←PC7~0
SP←SP+1
(SP)←PC15~8
PC10~0←addr11
```

该指令执行过程与 LCALL 指令类似，只是该指令与 AJMP 一样只能实现在 2KB 范围内转移，执行的结果是将指令中的 11 位地址 addr11 送给 PC 指针的低 11 位。

对于 LCALL 和 ACALL 两条子程序调用指令，在汇编程序中，指令后面通常带转移位置的标号。用 LCALL 指令调用，转移位置可以是程序存储空间的任一位置：用 ACALL 指令调用，转移位置与 ACALL 指令的下一条指令必须在同一个 2KB 范围内，即它们的高 5 位地址相同。

（3）子程序返回指令 RET

指令格式:

```
RET
```

执行过程:

```
PC15~8←(SP)
SP←SP-1
PC7~0←(SP)
SP←SP-1
```

执行时将子程序调用指令压入堆栈的地址出栈，第一次出栈的内容送 PC 的高 8 位，第二次出栈的内容送 PC 的低 8 位。执行完后，程序转移到新的 PC 位置执行指令。由于子程序调用指令执行时压入的内容是调用指令的下一条指令的地址，因而 RET 指令执行后，程序将返回到调用指令的下一条指令执行。

（4）中断返回指令 RETI

指令格式:

```
RETI
```

执行过程:

```
PC15~8←(SP)
SP←SP-1
```

```
PC₇~₀←(SP)
SP←SP-1
```

该指令的执行过程与 RET 基本相同，只是 RETI 在执行后，在转移之前将先清除中断的优先级触发器。该指令用于中断服务子程序后面，作为中断服务子程序的最后一条指令。它的功能是返回主程序中断的断点位置，继续执行断点位置后面的指令。

在 MCS-51 系统中，中断都是硬件中断，没有软件中断调用指令。硬件中断时，由一条长转移指令使程序转移到中断服务程序的入口位置，在转移之前，由硬件将当前的断点地址压入堆栈保存，以便于以后通过中断返回指令返回到断点位置后继续执行。

3.3.5　位操作指令

在 MCS-51 单片机中，除了有一个 8 位的运算器 A 以外，还有一个位运算器 C（实际为进位标志 CY），可以进行位处理，这对于控制系统很重要。在 MCS-51 系统中，有 17 条位处理指令，可以实现位传送、位逻辑运算、位控制转移等操作，指令助词符有 MOV、CLR、SETB、CPL、ANL、ORL、JC、JNC、JB、JNB 和 JBC。

1．位传送指令

位传送指令有两条，用于实现位运算器 C 与一般位之间的相互传送。

```
MOV  C,bit          ;C←(bit)
MOV  bit,C          ;(bit)←C
```

指令在使用时必须有位运算器 C 参与，不能直接实现两位之间的传送。如果进行两位之间的传送，可以通过位运算器 C 来实现传送。

【例 3-15】 把片内 RAM 中位寻址区的 20H 位的内容传送到 30H 位。

```
MOV  C,20H
MOV  30H,C
```

2．位逻辑操作指令

位逻辑操作指令包括位清 0、置 1、取反、位与和位或，共 10 位指令。

（1）位清 0

```
CLR  C              ;C←0
CLR  bit            ;(bit)←0
```

（2）位置 1

```
SETB  C             ;C←1
SETB  bit           ;(bit)←1
```

（3）位取反

```
CPL  C              ;C←/C
CPL  bit            ;(bit)←(/bit)
```

（4）位与

```
ANL  C,bit          ;C←C∧(bit)
ANL  C,/bit         ;C←C∧(/bit)
```

（5）位或

```
ORL  C,bit          ;C←C∨(bit)
ORL  C,/bit         ;C←C∨(/bit)
```

利用位逻辑运算指令可以实现各种各样的逻辑功能。

【例 3-16】 利用位逻辑运算指令编程实现图 3.9 所示硬件逻辑电路的功能。

程序段如下：

```
MOV  C,P1.0
ANL  C,P1.1
```

```
CPL  C
ORL  C,/P1.2
MOV  20H,C
MOV  C,P1.3
ORL  C,P1.4
ANL  C,20H
CPL  C
MOV  P1.5,C
```

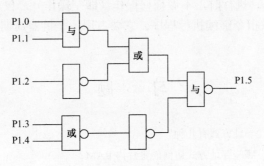

图 3.9　硬件电路图

3．位转移指令

位转移指令有以 C 为条件的位转移指令和以 bit 为条件的位转移指令，共 5 条。

（1）以 C 为条件的位转移指令

```
JC  rel          ;若 C=1,则转移,PC←PC+2+rel;否则程序继续执行
JNC rel          ;若 C=0,则转移,PC←PC+2+rel;否则程序继续执行
```

（2）以 bit 为条件的位转移指令

```
JB  bit,rel      ;若(bit)=1,则转移,PC←PC+3+rel;否则程序继续执行
JNB bit,rel      ;若(bit)=0,则转移,PC←PC+3+rel;否则程序继续执行
JBC bit,rel      ;若(bit)=1,则转移,PC←PC+3+rel,且(bit)←0
                 ;否则程序继续执行
```

利用位转移指令可进行各种测试。

【例 3-17】　从片外 RAM 的 30H 单元处开始有 100 个数据，统计当中正数、0 和负数的个数，分别放于 R5、R6、R7 中。

设用 R2 作计数器，置初值 100，用 DJNZ 指令对 R2 减 1 转移进行循环控制，在循环体外设置 R0 指针，指向片外 RAM 30H 单元，对 R5、R6、R7 清零，在循环体中用指针 R0 依次取出片外 RAM 中的 100 个数据，然后判断，如大于 0，则 R5 中的内容加 1；如等于 0，则 R6 中的内容加 1；如小于 0，则 R7 中的内容加 1。

程序段如下：

```
        MOV  R2,#100
        MOV  R0,#30H
        MOV  R5,#0
        MOV  R6,#0
        MOV  R7,#0
LOOP:   MOVX A,@R0
        CJNE A,#0,NEXT1
        INC  R6
        SJMP NEXT3
NEXT1:  RLC  A
        JC   NEXT2
        INC  R5
```

```
        SJMP  NEXT3
NEXT2:INC  R7
NEXT3:INC  R0
        DJNZ  R2,LOOP
        SJMP  $
```

4．空操作指令

```
NOP              ;PC ← PC+1
```

这是一条单字节指令。执行时，不做任何操作（即空操作），仅将程序计数器 PC 的内容加 1，使 CPU 指向下一条指令继续执行程序。它要占用一个机器周期，常用来产生时间延迟，构造延时程序。

习　　题

1．在 MCS-51 单片机中，寻址方式有几种？

2．在 MCS-51 单片机中，哪些寻址方式访问的是片内 RAM？

3．在 MCS-51 单片机中，哪些寻址方式访问的是片外 RAM？

4．在对片外 RAM 单元的寻址中，用 Ri 间接寻址与用 DPTR 间接寻址有什么区别？

5．在 MCS-51 单片机中，相对寻址方式的目的地址如何计算？

6．在位处理中，位地址的表示方式有哪几种？

7．写出完成下列操作的指令。

（1）R2 的内容送到 R3 中。

（2）片内 RAM 的 30H 单元内容送到片内 RAM 的 40H 单元中。

（3）片内 RAM 的 30H 单元内容送到片外 RAM 的 30H 单元中。

（4）片内 RAM 的 20H 单元内容送到片外 RAM 的 2000H 单元中。

（5）片外 RAM 的 1000H 单元内容送到片内 RAM 的 20H 单元中。

（6）片外 RAM 的 1000H 单元内容送到片外 RAM 的 4000H 单元中。

（7）ROM 的 2000H 单元内容送到片内 RAM 的 20H 单元中。

（8）ROM 的 2000H 单元内容送到片外 RAM 的 1000H 单元中。

8．区分下列指令有什么不同？

（1）MOV A,30H 和 MOV A,#30H

（2）MOV A,@R0 和 MOVX A,@R0

（3）MOV A,R0 和 MOV A,@R0

（4）MOVX A,@R0 和 MOVX A,@DPTR

（5）MOVX A,@DPTR 和 MOVC A,@A+DPTR

9. 设片内 RAM 的(10H)=20H,(20H)=30H,(30H)=40H,(P1)=50H。分析下列指令执行后片内 RAM 的 10H 、20H、30H 单元以及 P1、P2 中的内容。

```
MOV  R0,#20H
MOV  A,@R0
MOV  R1,A
MOV  A,@R1
MOV  @R0,P1
MOV  P2,P1
MOV  10H,A
MOV  20H,10H
```

10．已知(A)=02H，(R1)=7FH，(DPTR)=2FFCH，片内 RAM(7FH)=70H，片外 RAM(2FFEH)=33H，ROM(2FFEH)=66H，试分别写出以下各条指令执行后目标单元的内容。

（1）MOV　A,@R1

（2）MOVX　@DPTR,A

（3）MOVC　A,@A+DPTR

（4）XCHD　A,@R1

11．　已知(A)=78H，(R1)=78H，(B)=04H，CY=1，片内 RAM(78H)=0DDH，(80H)=6CH，试分别写出下列指令执行后目标单元的结果和相应标志位的值。

（1）ADD　A,@R1

（2）SUBB　A,#77H

（3）MUL　AB

（4）DIV　AB

（5）ANL　78H,#78H

（6）ORL　A,#0FH

（7）XRL　80H,A

12．设(A)=83H，(R0)=20H，(20H)=34H，分析当执行完下面指令段后累加器 A、R0、20H 单元的内容。
```
ANL　A,#17H
ORL　20H,A
XRL　A,@R0
CPL　A
```

13．写出完成下列要求的指令。

（1）累加器 A 的低 4 位清零，其余位不变。

（2）累加器 A 的高 4 位置"1"，其余位不变。

（3）累加器的高 4 位取反，其余位不变。

（4）累加器第 0 位、2 位取反，其余位不变。

14．LJMP 指令与 AJMP 指令有哪些区别？

15．设当前指令 CJNE　A,#12H,10H 的地址是 0FFEH，若累加器 A 的值为 10H，则该指令执行后的 PC 值为多少？若累加器 A 的值为 12H 呢？

16．已知减数存放在 R3，R4 中（R3 高位，R4 低位），被减数存放在 R5，R6 中（R5 高位，R6 低位），编写双字节减法程序，结果存于片内 RAM 的 32H，33H 单元(32H 高位，33H 低位)。

17．用位处理指令实现 P1.4=P1.0∨(P1.1∧P1.2)∨/P1.3 的逻辑功能。

18．试编一段程序，将片内 RAM 的 20H、21H、22H 单元的内容依次存入片外 RAM 的 20H、21H、22H 中。

19．编写程序将片外 RAM 的 3000H 单元开始存放的 20 个数传送到片内 30H 开始的单元。

20．编写一段程序，统计片外 RAM 的 1000H 单元开始的 100 个单元中 0 的个数并存放 R2 中。

第4章 MCS-51 单片机程序设计

主要内容：

这一章主要介绍 51 单片机汇编程序设计和 C 语言程序设计。通过本章学习，使读者能了解单片机汇编程序的规则和方法，能顺利编写常用的单片机软件程序和内部接口程序。另外，本章用一节内容介绍 C 语言应用于 51 单片机编程的有关知识，希望读者也能够认识单片机 C 语言程序，能通过 C 语言进行单片机系统程序设计。

学习重点：

◆ MCS-51 单片机的汇编程序设计

◆ MCS-51 单片机的 C 语言程序设计

◆ 并行接口、定时/计数器、串行接口、中断系统等接口电路的编程与应用

4.1 MCS-51 单片机编程语言简介

通过前面介绍可知，一个单片机应用系统不仅有硬件电路，还有相应的软件系统。一个单片机应用系统的优劣与软件系统的设计紧密相关。现在，单片机软件程序设计通常使用两种语言：汇编语言和 C 语言。

汇编语言是一种面向机器的语言，与面向过程的 C 语言相比，其缺点是编程不够方便，不易移植到其他类型的机器上；但其显著的优点是程序结构紧凑，占用存储空间小，实时性强，执行速度快，能直接管理和控制存储器及硬件接口，充分发挥硬件的作用，因而特别适用于编写实时测控、软硬件关系密切、程序编制工作量不太大的单片机应用系统程序。

C 语言是国内外普遍使用的一种程序设计语言，其功能丰富，表达能力强，使用灵活方便，应用面广，目标程序效率高，可移植性好，而且也能直接对计算机硬件进行操作，既有高级语言的特点，也具有汇编语言的特点。因而现在在比较复杂的单片机应用系统开发中，往往用 C 语言来进行程序设计。

4.1.1 单片机汇编语言的特点

在单片机发展早期，只有汇编语言，高级语言是后来才推出来的，所以只能使用汇编语言来对单片机进行编程。汇编语言是介于机器语言和高级语言之间的编程语言，与计算机硬件密切相关，不同类型的计算机，汇编语言指令就不同，如 MCS-51 系列的单片机指令系统共有 111 条指令，42 种指令助记符。汇编语言是执行效率最高、功能最强的一种程序设计语言，它能够直接控制计算机硬件，并最大限度地发挥硬件的能力。

1. 执行速度快、效率高和实时性强

机器语言是计算机唯一能接受和执行的语言。它由二进制码组成，每串二进制码称为一条指令。一条指令规定了计算机执行的一个动作。一台计算机所能懂得的指令的全体，称为这个计算机的指令系统。不同型号的计算机的指令系统不同。而汇编语言是与机器语言指令——对应的，所以汇编语言的执行速度和效率与机器语言基本接近，不存在地址空间和执行时间的浪费。

2．编写的程序代码短，对硬件操作方便

汇编语言是与机器语言指令一一对应的，所以用汇编语言编写的程序也较为精练，使用效率也很高。其目标代码简短，占用内存少。汇编语言可以直接对硬件操作，不依赖任何操作系统，可有效地访问、控制计算机的各种硬件设备，如存储器、CPU、I/O 端口等。

3．保持了机器语言的优点，具有直接和简洁的特点

汇编语言是面向机器的程序设计语言，比机器语言易于读写、调试和修改，同时也具有机器语言执行速度快的优点，其长处在于能够编写高效且需要对机器硬件精确控制的程序。

4．可维护性和可读性差

汇编语言编程有很大的局限性，它要求编程人员对系统硬件处理机制有足够清楚的了解，且无法应用于复杂软件的开发。与高级语言相比，汇编语言需要更专业的人才来进行阅读和维护。

5．可移植性差

汇编语言编写复杂程序时具有明显的局限性，依赖于具体的机型，不能通用，也不能在不同机型之间移植。汇编语言像机器指令一样，是硬件操作的控制信息，因而仍然是面向机器的语言，使用起来还是比较烦琐、费时，通用性也差。但是，汇编语言用来编制系统软件和过程控制软件时，其目标程序占用的内存空间少，运行速度快，有着高级语言不可替代的用途。

4.1.2　单片机 C 语言的特点

C 语言是目前世界上流行、使用最广泛的高级程序设计语言。对操作系统和系统使用程序以及需要对硬件进行操作的场合，用 C 语言明显优于其他高级语言，许多大型应用软件也都是用 C 语言编写的。C 语言是现代单片机开发中较常用的一种高级语言。其程序的可读性、可维护性和可移植性都很好，对硬件的控制能力也很强。唯一不足的是其代码效率目前稍低。

1．可读性、可移植性好和使用范围广

C 语言有一个突出的优点就是适合于多种操作系统，如 DOS、UNIX，也适用于多种机型，可移植性非常好。C 语言被程序人员广泛使用的另一个原因是可以用它来代替汇编语言。汇编语言使用的汇编指令，是能够在计算机上直接执行的二进制机器码的符号表示。汇编语言的每个操作都对应为计算机执行的单一指令。虽然汇编语言给予程序人员达到最大灵活性和最高效率的潜力，但开发和调试汇编语言程序的困难是难以忍受的。非结构性使得汇编语言程序难于阅读、改进和维护。更重要的是，汇编语言程序不能在使用不同 CPU 的机器间进行移植。

2．语言简洁、紧凑、使用方便、灵活

C 语言只有 32 个关键字，9 种控制语句，程序书写自由，主要用小写字母表示。它把高级语言的基本结构和语句与低级语言的实用性结合起来。C 语言可以像汇编语言一样对位、字节和地址进行操作，而这三者是计算机最基本的工作单元。

3．运算符丰富

C 语言的运算符包含的范围很广泛，共有 34 种运算符。C 语言把括号、赋值、强制类型转换等都作为运算符处理，从而使 C 语言的运算类型极其丰富。表达式类型多样化，灵活地使用各种运算符可以实现在其他高级语言中难以实现的运算。

4．数据结构丰富，具有现代化语言的各种数据类型

C 语言具有整型、实型、字符型、数组类型、指针类型、结构体类型、共同体类型等数据类型，C 程序允许几乎所有的类型转换，能用来实现各种复杂的数据类型的运算。并引入了指针概念，使程序效率更高。另外，C 语言具有强大的图形功能，可支持多种显示器和驱动器，且计算功能、逻辑判断功能强大。

5. 可进行结构化的程序设计

C 语言具有各种结构化的控制语句，如 if...else 语句、while 语句、for 语句等。结构式语言的显著特点是代码及数据的分隔化，即程序的各个部分除了必要的信息交流外彼此独立。这种结构化方式可使程序层次清晰，便于使用、维护以及调试。C 语言是以函数的形式提供给用户的，这些函数可方便地被调用，并具有多种循环、条件语句控制程序流向，从而使程序完全结构化。一个函数相当于一个模块，因此，C 语言程序可以很容易地进行结构化程序设计。

6. 可以直接对计算机硬件进行操作

C 语言允许直接访问物理地址，可以直接对硬件进行操作。因此既具有高级语言的功能，又具有低级语言的许多功能，能够像汇编语言一样对位、字节和地址进行操作，而这三者是计算机最基本的工作单元，可以用来写系统软件。比较汇编语言，C 语言编程即使不懂单片机的指令集，也能够编出完美的单片机程序。

7. 生成的目标代码质量高，程序执行效率高

汇编语言是生成目标代码最高的，对于同一个问题，C 语言程序一般只比汇编程序生成的目标代码效率低 10%～20%。而 C 语言编写的程序比汇编语言编写的程序要方便、容易得多，可读性也强，开发时间也短得多。

汇编语言与 C 语言各自有各自的优点，在单片机程序设计中也可以把 C 语言与汇编语言结合在一起，这样编程效率高，执行速度也快，可读性、可移植性能也好。程序容易设计，对单片机硬件操作方便，又保证了系统的性能，实时性也强。

4.2　MCS-51 单片机汇编语言常用伪指令

前面介绍了 MCS-51 单片机的软件程序可以通过汇编语言编写，用汇编语言编写的程序一般称为汇编语言源程序，汇编语言源程序必须由汇编工具翻译（"汇编"）成机器代码才能运行。汇编语言源程序由汇编指令组成，汇编指令分两类：一类是第 3 章介绍的指令系统中的指令，汇编工具翻译时这类指令能够形成真正可执行的指令代码；另外一类指令我们称为伪指令，这类指令在汇编工具汇编时并不会形成相应的指令代码，它只是向汇编工具提供相应的编译信息，对汇编过程进行相应的控制和说明。

伪指令是放在汇编语言源程序中用于指示汇编程序如何对源程序进行汇编的指令。通常用于定义数据、分配存储空间、控制程序的输入/输出等。MCS-51 单片机汇编语言常用的伪指令有以下几条。

1. ORG 伪指令

格式：ORG　地址（十六进制数表示）

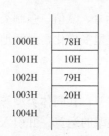

图 4.1　存储器单元分配图

这条伪指令放在一段源程序或数据的前面，汇编时用于指明程序或数据从程序存储空间的什么位置开始存放。ORG 伪指令后的地址是程序或数据的起始地址。

【例 4-1】
```
ORG 1000H
MOV R0,#10H
MOV R1,#20H
...
```
指明后面的程序从程序存储器的 1000H 单元开始存放，编译后在程序存储器的存放情况如图 4.1 所示。

2. DB 伪指令

格式：[标号：] DB 项或项表

DB 伪指令用于定义字节数据，可以定义一个字节，也可定义多个字节。定义多个字节时，两两之间用逗号间隔，定义的多个字节在存储器中是连续存放的。定义的字节可以是一般常数，也可以为字符，还可以是字符串。字符和字符串以引号（单引号或双引号）括起来，字符数据在存储器中以 ASCII 码形式存放。

在定义时前面可以带标号，定义的标号在程序中是起始单元的地址。

【例 4-2】
```
ORG  3000H
TAB1:  DB  12H,34H
       DB  '5','A','abc'
```
汇编后，各个数据在程序存储单元中的存放情况如图 4.2 所示。

3. DW 伪指令

格式：[标号：] DW 项或项表

这条指令与 DB 相似，但用于定义字数据。项或项表所定义的一个字在存储器中占两个字节。汇编时，机器自动按高字节在前，低字节在后存放，即高字节存放在低地址单元，低字节存放在高地址单元。

【例 4-3】
```
ORG  3000H
TAB2:  DW  1234H,5678H
```
汇编后，各个数据在存储单元中的存放情况如图 4.3 所示。

4. DS 伪指令

格式：[标号：] DS 数值表达式

该伪指令用于在存储器中保留一定数量的字节单元。保留存储空间主要是为了以后存放数据。保留的字节单元数由表达式的值决定。

【例 4-4】
```
ORG  3000H
TAB1:  DB  12H,34H
       DS  4H
       DB  '5'
```
汇编后，存储单元中的分配情况如图 4.4 所示。

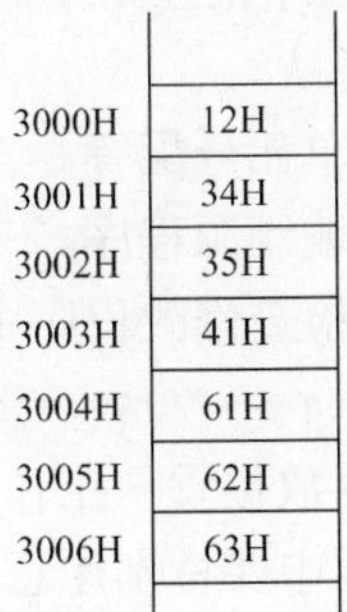

3000H	12H
3001H	34H
3002H	35H
3003H	41H
3004H	61H
3005H	62H
3006H	63H

3000H	12H
3001H	34H
3002H	56H
3003H	78H

3000H	12H
3001H	34H
3002H	—
3003H	—
3004H	—
3005H	—
3006H	35H

图 4.2 DB 数据分配图 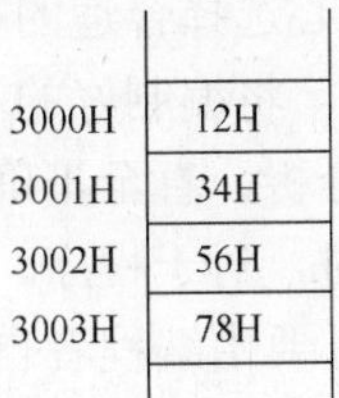   图 4.3 DW 数据分配图 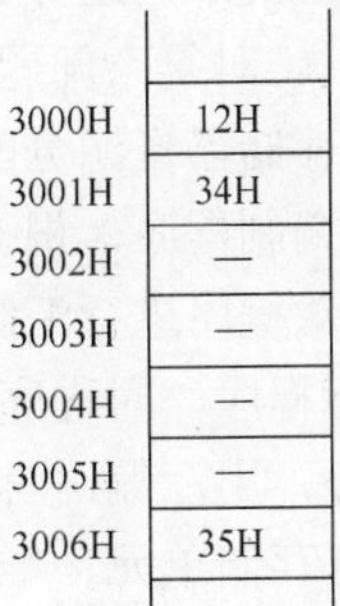   图 4.4 DS 数据分配情况

注意：MCS-51 系列单片机，DB、DW、DS 伪指令只能用于程序存储器，不能对数据存储器使用。

5. EQU 伪指令

格式：符号　EQU　项

该伪指令的功能是将指令中项的值赋予 EQU 前面的符号。项可以是常数、地址标号或表达式。以后可以通过使用该符号使用相应的项。

【例 4-5】
```
TAB1  EQU  1000H
TAB2  EQU  2000H
```

汇编后 TAB1、TAB2 分别等于 1000H、2000H，程序后面使用 1000H、2000H 的地方就可以用符号 TAB1、TAB2 替换。

用 EQU 伪指令对某标号赋值后，该符号的值在整个程序中不能再改变。

6. bit 伪指令

格式：符号　bit　位地址

该伪指令用于给位地址赋予符号，经赋值后可用该符号代替 bit 后面的位地址。

【例 4-6】
```
PLG  bit  F0
X0   bit  P1.0
```

定义后，在程序中位地址 F0、P1.0 就可以通过 PLG 和 X0 来使用。

7. END 伪指令

格式：END

该指令放于程序的最后位置，用于指明汇编语言源程序的结束位置。当汇编程序汇编到 END 伪指令时，汇编结束。END 后面的指令，汇编程序都不予处理。一个源程序只能有一个 END 命令，否则就有一部分指令不能被汇编。

4.3　MCS-51 单片机汇编程序设计

在单片机系统设计中，程序设计是重要的一环，它的质量直接影响到整个系统的功能。用汇编语言进行程序设计的过程和用高级语言设计程序有相似之处，其设计过程大致可以分为以下几个步骤。

① 明确课题的具体内容，对程序功能、运算精度、执行速度等方面的要求及硬件条件。

② 把复杂问题分解为若干个模块，确定各模块的处理方法，画出程序流程图（简单问题可以不画）。对复杂问题可分别画出分模块流程图和总的流程图。

③ 存储器资源分配，如各程序段的存放地址、数据区地址、工作单元分配等。

④ 编制程序，根据程序流程图精心选择合适的指令和寻址方式来编制源程序。

⑤ 对程序进行汇编、调试和修改。将编制好的源程序进行汇编，检查修改程序中的错误，执行目标程序，对程序运行结果进行分析，直至正确为止。

另外，用汇编语言进行程序设计时，对于程序、数据在存储器的存放位置，工作寄存器、片内数据存储单元、堆栈空间等安排都要由编程者自己安排。编写过程中要特别注意。

单片机汇编程序有多种，这里介绍常见的几种。

4.3.1　数据传送程序

【例 4-7】　把片内 RAM 的 40H～4FH 的 16 字节的内容传送到片外 RAM 的 2000H 单元位置处。

分析：片内数据存储器与片外数据存储器数据传送通过累加器 A 过渡，片内 RAM 和片外 RAM 分别用指针指向，每传送一次指针向后移一个单元，重复 16 次即可实现。

具体处理过程如下：在循环体外，用 R0 指向片内 RAM 的 40H 单元，用 DPTR 指向片外 RAM 的 2000H 单元，用 R2 作循环变量，初值为 16。在循环体中把 R0 指向的片内 RAM 单元内容传送到 DPTR 指向的片外 RAM 单元，改变 R0、DPTR 指针指向下一个单元，用 DJNZ 指令控制循环 16 次即可。程序流程图如图 4.5 所示。

程序段如下：

```
        ORG  1000H
        MOV  R0,#40H
        MOV  DPTR,#2000H
        MOV  R2,#16
LOOP:   MOV  A,@R0          ;@R0 →@DPTR
        MOVX @DPTR,A
        INC  R0
        INC  DPTR
        DJNZ R2,LOOP
        RET
```

4.3.2　运算程序

【例 4-8】　设片内 RAM 30H 单元和 40H 单元有两个 8 字节数，低位在前，高位在后，把它们相加，将结果放于 30H 单元开始的位置处（设结果不溢出）。

分析：两个多字节数加时，先加低字节后加高字节，最低字节用一般的加法 ADD，其余字节都用带进位的加法 ADDC。一般的加法也可以通过带进位的加法 ADDC 来实现，只需在运算前先把进位标志清 0。处理方法相同，可用循环实现。

具体处理过程如下：在循环体外，用 R0 指向内 RAM 的 30H 单元，用 R1 指向内 RAM 的 40H 单元，用 R2 为循环变量，初值为 8，进位标志清 0；在循环体中用 ADDC 指令把 R0 指针指向的单元与 R1 指针指向的单元相加，加得的结果放回 R0 指向的单元，改变 R0、R1 指针指向下一个单元，循环 8 次即可实现。程序流程图如图 4.6 所示。

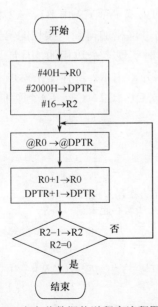

图 4.5　多字节数据传送程序流程图

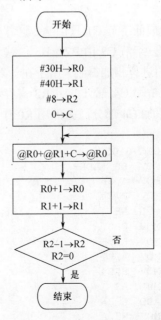

图 4.6　多字节无符号数加法程序流程图

程序段如下：

```
        ORG   1000H
        MOV   R0,#30H
        MOV   R1,#40H
        MOV   R2,#8
        CLR   C
LOOP:   MOV   A,@R0        ;@R0+@R1+C→@R0
        ADDC  A,@R1
        MOV   @R0,A
        INC   R0
        INC   R1
        DJNZ  R2,LOOP
        RET
```

【例 4-9】 两字节无符号数乘法。

设被乘数的高字节放在 R7 中，低字节放在 R6 中；乘数的高字节放在 R5 中，低字节放在 R4 中。乘得的积有 4 字节，按由低字节到高字节的次序存于片内 RAM 中以 ADDR 为首地址的区域中。

分析：由于 MCS-51 单片机只有一条单字节无符号数乘法指令 MUL，而且要求参加运算的两个字节需放在累加器 A 和寄存器 B 中，而乘得的结果的高字节放在寄存器 B 中，低字节放在累加器 A 中。因而两字节乘法需用 4 次乘法指令来实现，即 R6×R4、R7×R4、R6×R5 和 R7×R5，设 R6×R4 的结果为 B1A1，R7×R4 的结果为 B2A2，R6×R5 的结果为 B3A3，R7×R5 的结果为 B4A4，乘得的结果需按下面的关系加起来：

$$
\begin{array}{ccccc}
  &   & R7 & R6 \\
\times & & R5 & R4 \\
\hline
  &   & B1 & A1 \\
  & B2 & A2 & \\
  & B3 & A3 & \\
+ & B4 & A4 & \\
\hline
C4 & C3 & C2 & C1
\end{array}
$$

即乘积的最低字节 C1 只由 A1 这部分得到，乘积的第二字节 C2 由 B1、A2 和 A3 相加得到，乘积的第三字节 C3 由 B2、B3、A4 以及 C2 部分的进位相加得到，乘积的第四字节 C4 由 B4 和低字节的进位相加得到。由于在计算机内部不能同时实现多个数相加，因而用累加的方法来计算 C2、C3 和 C4 部分，用 R3 寄存器来累加 C2 部分，用 R2 寄存器来累加 C3 部分，用 R1 寄存器来累加 C4 部分，另外用 R0 作指针来依次存放 C1、C2、C3、C4 到存储器。

程序段如下：

```
        ORG   0100H
        MOV   R0,#ADDR
MUL1:   MOV   A,R6
        MOV   B,R4
        MUL   AB           ;R6×R4,结果的低字节直接存入积的第一字节单元
        MOV   @R0,A        ;结果的高字节存入 R3 中暂存起来
        MOV   R3,B
MUL2:   MOV   A,R7
        MOV   B,R4
        MUL   AB           ;R7×R4,结果的低字节与 R3 相加后,再存入 R3 中
        ADD   A,R3
        MOV   R3,A
```

```
        MOV   A,B          ;结果的高字节加上进位位后存入 R2 中暂存起来
        ADDC  A,#00
        MOV   R2,A
MUL3:MOV   A,R6
        MOV   B,R5
        MUL   AB           ;R6×R5,结果的低字节与 R3 相加存入积的第二字节单元
        ADD   A,R3
        INC   R0
        MOV   @R0,A
        MOV   A,R2
        ADDC  A,B          ;结果的高字节加 R2 再加进位位后,再存入 R2 中
        MOV   R2,A
        MOV   A,#00
        ADDC  A,#00        ;相加的进位位存入 R1 中
        MOV   R1,A
MUL4:MOV   A,R7
        MOV   B,R5
        MUL   AB           ;R7×R5,结果的低字节与 R2 相加存入积的第三字节单元
        ADD   A,R2
        INC   R0
        MOV   @R0,A
        MOV   A,B
        ADDC  A,R1         ;结果的高字节加 R1 再加进位位后存入积的第四字节单元
        INC   R0
        MOV   @R0,A
        RET
```

【例 4-10】　多字节求补运算。

设在片内 RAM 30H 单元开始有一个 8 字节数据,对该数据求补(求相反数),结果放回原位置。

分析:在 MCS-51 系统中没有求补指令,只有通过取反末位加 1 得到。末位加 1 时,可能向高字节产生进位。因而在处理时,最低字节采用取反加 1,其余字节采用取反加进位,通过循环来实现。

具体处理过程如下:先用 R0 指向片内 RAM 的 30H 单元,R2 作循环变量,初值为 8。先对 30H 单元取反加 1,再用循环对后面的单元取反加进位,由于 30H 单元已处理,因此后面只需再循环 7 次。

程序段如下:

```
        ORG   0100H
        MOV   R2,#08H
        MOV   R0,#30H
        MOV   A,@R0
        CPL   A
        ADD   A,#01
        MOV   @R0,A
        DEC   R2
LOOP: INC   R0
        MOV   A,@R0
        CPL   A
        ADDC  A,#00
        MOV   @R0,A
        DJNZ  R2,LOOP
        RET
```

4.3.3　数据转换程序

【例 4-11】 一位十六进制数转换成 ASCII 码。设十六进制数放于 R2 中，转换的结果放于 R2 中。

分析：一位十六进制数有 16 个符号 0～9、A、B、C、D、E、F。其中，0～9 的 ASCII 码为 30H～39H，A～F 的 ASCII 码为 41H～46H。转换时，只要判断十六进制数是在 0～9 之间还是在 A～F 之间，如在 0～9 之间，加 30H；如在 A～F 之间，加 37H，就可得到 ASCII 码。

程序段如下：

```
        ORG  0200H
        MOV  A,R2
        CLR  C
        SUBB A,#0AH        ;减去 0AH,判断在 0～9 之间,还是在 A～F 之间
        MOV  A,R2
        JC ADD30           ;如在 0～9 之间,直接加 30H
        ADD  A,#07H        ;如在 A～F 之间,先加 07H,再加 30H
ADD30:ADD  A,#30H
        MOV  R2,A
        RET
```

【例 4-12】 一位十六进制数转换成 8 段式数码管共阴极显示码。设数放在 R2 中，查得的显示码也放于 R2 中。

分析：一位十六进制数 0～9、A、B、C、D、E、F 的 8 段式共阴极数码管显示码为 3FH、06H、5BH、4FH、66H、6DH、7DH、07H、7FH、67H、77H、7CH、39H、5EH、79H、71H。由于一位十六进制数与对应的显示码没有规律，所以不能通过运算得到，只能通过查表的方式取得。

具体处理过程如下：先用 DB 字节定义伪指令定义显示码表，表中依次存放 0～9、A、B、C、D、E、F 这 16 个十六进制数的 8 段式共阴极数码管显示码，表可放在程序的后面。这里用 MOVC　A,@A+DPTR 查表指令查表，查表指令执行前，先让 DPTR 指向表首（表首地址送 DPTR），十六进制数送累加器 A。查表指令执行后，累加器 A 中得到相应的显示码，再把它送回 R2 即可。

程序如下：

```
        ORG  0200H
CONVERT:MOV  DPTR,#TAB      ;DPTR 指向表首地址
        MOV  A,R2          ;转换的数放于 A
        MOVC A,@A+DPTR     ;查表指令转换
        MOV  R2,A
        RET
    TAB:DB  3FH,06H,5BH,4FH,66H,6DH,7DH,07H
        DB  7FH,67H,77H,7CH,39H,5EH,79H,71H   ;显示码表
```

4.3.4　多分支转移(散转)程序

在 MCS-51 单片机中，多分支转移程序一般通过多分支转移指令 JMP　@A+DPTR 来实现，另外也可以利用 RET 指令来实现多分支结构。

1. 用多分支转移指令 JMP　@A+DPTR 实现多分支转移

【例 4-13】 现有 128 路分支，分支号分别为 0～127，要求根据 R2 中的分支信息转向各个分支的程序。即当：

```
    (R2)=0, 转向 OPR0
    (R2)=1, 转向 OPR1
     ...
    (R2)=127, 转向 OPR127
```

先用无条件转移指令（"AJMP"或"LJMP"）按顺序构造一个转移指令表，执行转移指令表中的第 n 条指令，就可以转移到第 n 个分支，将转移指令表的首地址装入 DPTR 中，将 R2 中的分支信息装入累加器 A 中形成变址值。然后执行多分支转移指令 JMP　@A+DPTR 实现转移。

程序段如下：

```
        ORG  1000H
        MOV  A,R2
        RL  A                    ;分支信息乘 2 形成变址值
        MOV  DPTR,#TAB           ;DPTR 指向转移指令表的首地址
        JMP  @A+DPTR             ;转向形成的散转地址
        RET
    TAB:AJMP  OPR0               ;转移指令表
        AJMP  OPR1
        ...
        AJMP  OPR127
```

在上面的例子中，转移指令表中的转移指令是由 AJMP 指令构成的，每条 AJMP 指令长度为 2 字节，变址值的取得是通过分支信息乘以指令长度 2 获得的。

AJMP 指令的转移范围不超出 2KB 的字节空间，如果各分支程序比较长，在 2KB 范围内无法全部存放，这时应改用 LJMP 指令构造转移指令表。每条 LJMP 指令长度为 3 字节，变址值应由分支信息乘以 3，而分支信息乘以 3 得到的结果可能超过 1 字节，这时应把超过 1 字节的部分调整到 DPH 中。

程序如下：

```
        ORG  0200H
        MOV  DPTR,#TAB           ;DPTR 指向转移指令表的首地址
        MOV  A,R2                ;分支信息放累加器 A 中
        MOV  B,#3
        MUL  AB                  ;分支信息乘 3
        XCH  A,B
        ADD  A,DPH               ;高字节调整到 DPH 中
        MOV  DPH,A
        XCH  A,B
        JMP  @A+DPTR             ;转向形成的散转地址
    TAB:LJMP  OPR0               ;转移指令表
        LJMP  OPR1
        LJMP  OPR2
        ...
        LJMP  OPR127
```

在例 4-13 中分支数只有 128 个，如果分支数大于 128 个，如分支数有 256 个，那么由分支信息得到的变址值大于 1 字节，这时也应将高字节调整到 DPH 中。

程序如下：

```
        ORG  0200H
        MOV  DPTR,#TAB           ;DPTR 指向转移指令表的首地址
        MOV  A,R2                ;分支信息存放于累加器 A 中
        RL  A                    ;分支信息乘 2
        JNC  NEXT
        INC  DPH                 ;高字节调整到 DPH 中
   NEXT:JMP  @A+DPTR             ;转向形成的散转地址
    TAB: AJMP  OPR0              ;转移指令表
        AJMP  OPR1
        AJMP  OPR2
        ...
        AJMP  OPR255
```

2．采用 RET 指令实现的多分支程序

用 RET 指令实现多分支程序的方法是：先把各个分支的目的地址按顺序组织成一张地址表，在程序中用分支信息去查表，取得对应分支的目的地址，按先低字节、后高字节的顺序压入堆栈，然后执行 RET 指令，执行后则转到对应的目的位置。

【例 4-14】 用 RET 指令实现根据 R2 中的分支信息转到各个分支程序的多分支转移程序。设各分支的目的地址分别为 addr00，addr01，addr02，…，addrFF。
程序如下：

```
        MOV  DPTR,#TAB3    ;DPTR 指向目的地址表
        MOV  A,R2          ;分支信息存放于累加器 A 中
        RL   A             ;分支信息乘 2
        JNC  NEXT
        INC  DPH           ;高字节调整到 DPH 中
NEXT:   INC  A             ;加 1 指向目的地址的低字节
        MOV  R3,A          ;变址放于 R3 中暂存
        MOVC A,@A+DPTR     ;取目的地址低 8 位
        PUSH ACC           ;目的地址低 8 位入栈
        MOV  A,R3          ;取出 R3 中变址到累加器 A
        DEC  A             ;减 1 得到目的地址高 8 位单元的变址
        MOVC A,@A+DPTR     ;取目的地址高 8 位
        PUSH ACC           ;目的地址高 8 位入栈
        RET                ;转向目的地址
TAB3:DW  addr00           ;目的地址表
     DW  addr01
     …
     DW  addrFF
```

上述程序执行后，将根据 R2 中的分支信息转移到对应的分支程序。

4.3.5　延时程序

每条指令执行都要占用一定的机器周期，延时程序通过执行多条指令来实现，一般采用循环结构。典型的延时程序如下。

下面是延时 10ms 的程序，设系统时钟频率 12MHz。

```
DEL10ms: MOV  R6,#20      ;1 个机器周期
DEL1:    MOV  R7,#249     ;1 个机器周期
         DJNZ R7,$        ;2 个机器周期
         DJNZ R6,DEL1     ;2 个机器周期
         RET              ;2 个机器周期
```

系统时钟频率 12MHz，则机器周期 1μs。延时时间计算如下：

$$T=[2+20\times(249\times2+1+2)+1]\times1\mu s=10.023ms$$

4.4　C51 基本知识

C 语言是一种非常普遍的程序设计语言，在学习单片机前一般都先学习"C 语言程序设计"这门课程，因此本书不打算花太多的篇幅介绍 C 语言的基本语法和程序设计方法，而把重点放在单片机 C 语言（简称"C51"）与标准 C 语言的区别上。

C51 是在标准 C 语言的基础上发展来的，总体上与标准 C 语言相同，其中，语法规则、程序结构及程序设计方法等与标准 C 语言完全相同。但标准 C 语言针对的是通用微型计算机，C51

面向的是 51 单片机，它们的硬件资源与存储器结构都不一样，而且 51 单片机相对于微型计算机系统资源要贫乏得多。C51 在数据类型、变量器类型、输入/输出处理、函数等方面与标准的 C 语言不一样。

C51 与标准 C 语言的区别主要体现在以下几个方面。

① C51 中的数据类型与标准 C 语言的数据类型有一定的区别。C51 一方面对标准 C 语言的数据类型进行了扩展，在标准 C 语言的数据类型基础上增加了对 51 单片机位数据访问的位类型（bit 和 sbit）和内部特殊功能寄存器访问的特殊功能寄存器型（sfr 和 sfr16）。另一方面，对部分数据类型的存储格式进行改造以适应 51 单片机。

② C51 在变量定义与使用上与标准 C 语言不一样。一方面，C51 在标准 C 语言基础上增加了位变量与特殊功能寄存器变量；另一方面，由于 51 单片机的存储器结构与通用微型计算机的存储器结构不同，C51 中变量增加了存储器类型选项，以指定变量在存储器中的存放位置。

③ 为了方便对 51 单片机硬件资源进行访问，C51 在绝对地址访问上对标准 C 语言进行了扩展。除可通过指针来进行绝对地址访问外，还增加了一个绝对地址访问函数库 absacc.h，在函数库中定义了一些宏定义，可通过这些宏定义进行绝对地址访问。另外，专门提供了一个变量定位于绝对地址的关键字“_at_”，可把变量定位到某个固定的地址空间，实现绝对地址访问。

④ C51 中函数的定义与使用与标准 C 语言也不完全相同。C51 的库函数和标准 C 语言定义的库函数不同，标准 C 语言定义的库函数是针对通用微型计算机的，而 C51 中的库函数是按 51 单片机来定义的。C51 中用户可定义编写中断函数，而标准 C 语言中用户一般不自己定义中断函数。

下面主要通过以上几个方面对 C51 作相应的介绍。

现在支持 MCS-51 系列单片机的 C 语言编译器有很多种，如 American Automation、Avocet、BSO/TASKING、DUNFIELD SHAREWARE 和 Keil/Franklin 等。各种编译器的基本情况相同，但具体处理时有一定的区别，其中 Keil/Franklin 以其代码紧凑和使用方便等特点优于其他编译器，现在使用特别广泛。本书以 Keil/Franklin 编译器进行介绍。

4.4.1　C51 的数据类型

数据的格式通常称为数据类型。标准 C 语言的数据类型可分为基本数据类型和组合数据类型，组合数据类型由基本数据类型构造而成。标准 C 语言的基本数据类型有字符型 char、短整型 short、整型 int、长整型 long、浮点型 float 和双精度型 double。字符型 char、短整型 short、整型 int 和长整型 long 有带符号 signed 和无符号 unsigned 之分；组合数据类型有数组类型、结构体类型、共同体类型和枚举类型，另外还有指针类型和空类型。C51 的数据类型与标准 C 语言的数据类型基本相同，但其中 char 型与 short 型相同，float 型与 double 型相同，整型 int 和长整型 long 在存储器中的存储格式与标准 C 语言不一样。另外，C51 还有专门针对 MCS-51 单片机的特殊功能寄存器型和位类型，有关 C51 的数据类型如表 4.1 所示。

表 4.1　KEIL C51 编译器能够识别的基本数据类型

基本数据类型	名称	长度	取值范围
unsigned char	无符号字符型	1 字节	0～255
signed char	有符号字符型	1 字节	−128～+127
unsigned int	无符号整型	2 字节	0～65535
signed int	有符号整型	2 字节	−32768～+32767
unsigned long	无符号长整型	4 字节	0～4294967295

（续表）

基本数据类型	名称	长度	取值范围
signed long	有符号长整型	4 字节	−2147483648～+2147483647
float	浮点型	4 字节	±1.175494E−38～±3.402823E+38
bit	位型	1 位	0 或 1
sbit	特殊位型	1 位	0 或 1
sfr	8 位特殊功能寄存器型	1 字节	0～255
sfr16	16 位特殊功能寄存器型	2 字节	0～65535

1．char 字符型

char 有 signed char 和 unsigned char 之分，默认为 signed char。它们的长度均为 1 字节，用于存放一个单字节的数据。signed char 用于定义带符号字节数据，其字节的最高位为符号位，"0" 表示正数，"1" 表示负数，补码表示，所能表示的数值范围是−128～+127；unsigned char 用于定义无符号字节数据或字符，可以存放 1 字节的无符号数，其所能表示的数值范围为 0～255。unsigned char 既可以用来存放无符号数，也可以存放西文字符，一个西文字符占 1 字节，在计算机内部用 ASCII 码形式存放。

2．int 整型

int 有 signed int 和 unsigned int 之分，默认为 signed int。它们的长度均为 2 字节，用于存放一个双字节数据。signed int 用于定义双字节带符号数，补码表示，所能表示的数值范围为−32768～+32767。unsigned int 用于定义双字节无符号数，所能表示的数值范围为 0～65535。int 整型数据在 C51 中的存放格式与标准 C 语言不同，标准 C 语言是高字节存放在高地址单元，低字节存放在低地址单元，而 C51 中是高字节存放在低地址单元，低字节存放在高字节单元。如图 4.7 所示。

3．long 长整型

long 有 signed long 和 unsigned long 之分，默认为 signed long。它们的长度均为 4 字节，用于存放一个 4 字节数据。signed long 用于定义 4 字节带符号数，补码表示，所能表示的数值范围为−2147483648～+2147483647。unsigned long 用于定义 4 字节无符号数，所能表示的数值范围为 0～4294967295。C51 中 long 长整型数据的存放格式与 int 整型类似，也是高字节存放在低地址单元，低字节存放高字节单元。如图 4.8 所示。

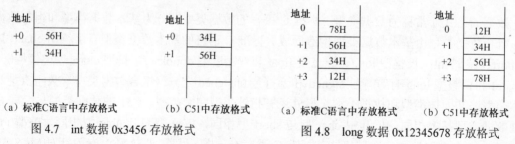

（a）标准 C 语言中存放格式　　（b）C51 中存放格式　　　（a）标准 C 语言中存放格式　　（b）C51 中存放格式

图 4.7　int 数据 0x3456 存放格式　　　　　　图 4.8　long 数据 0x12345678 存放格式

4．float 浮点型

float 型数据的长度为 4 字节，Franklin C51 浮点数格式符合 IEEE—754 标准，包含指数和尾数两部分，最高位为符号位，"1" 表示负数，"0" 表示正数，其次的 8 位为阶码，最后的 23 位为尾数的有效数位，由于尾数的整数部分隐含为 "1"，所以尾数的精度为 24 位。在内存中的格式如表 4.2 所示。

表 4.2　单精度浮点数的格式

字节地址	3	2	1	0
浮点数的内容	SEEEEEEE	EMMMMMMM	MMMMMMMM	MMMMMMMM

其中，S 为符号位；E 为阶码位，共 8 位，用移码表示。阶码 E 的正常取值范围为 1～254，而对应的指数实际取值范围为-126～+127；M 为尾数的小数部分，共 23 位，尾数的整数部分始终为"1"。故一个浮点数的取值范围为 $(-1)^s \times 2^{E-127} \times (1.M)$。

例如，浮点数+124.75=+1111100.11B=+1.11110011×2^{+110}，符号位为"0"，8 位阶码 E 为+110+1111111=10000101B，23 位数值位为 11110011000000000000000B，32 位浮点数表示形式为 01000010 11111001 10000000 00000000B=42F98000H，在存储器中的存放形式如图 4.9 所示。

地址	
0	00H
+1	80H
+2	F9H
+3	42H

图 4.9 浮点数的存放格式

5. *指针型

指针型数据本身就是一个变量，在这个变量中存放着指向另一个数据的地址。这个指针变量要占用一定的内存单元。对不同的处理器其长度不一样，在 C51 中它的长度一般为 1～3 字节。

6. 特殊功能寄存器型

这是 C51 扩充的数据类型，用于访问 MCS-51 单片机中的特殊功能寄存器数据。它分为 sfr 和 sfr16 两种类型，其中 sfr 为字节型特殊功能寄存器类型，占 1 字节内存单元，利用它可以访问 MCS-51 内部的所有特殊功能寄存器；sfr16 为双字节型特殊功能寄存器类型，占 2 字节单元，利用它可以访问 MCS-51 内部的所有 2 字节的特殊功能寄存器。在 C51 中对特殊功能寄存器的访问必须先用 sfr 或 sfr16 进行声明。

7. 位类型

这也是 C51 中扩充的数据类型，用于访问 MCS-51 单片机中的可寻址的位单元。在 C51 中，支持两种位类型：bit 型和 sbit 型。它们在内存中都只占一个二进制位，其值可以是"1"或"0"。其中用 bit 定义的位变量在用 C51 编译器编译时，在不同时位地址是可以变化的。而用 sbit 定义的位变量必须与 MCS-51 单片机的一个可以寻址位单元或可位寻址的字节单元中的某一位联系在一起，在 C51 编译器编译时，其对应的位地址是不可变化的。

下面就有符号和无符号的使用作一下说明。在 C51 中，如果不进行负数运算，应尽可能地使用无符号数，因为它能直接被 51 单片机接受，有符号数虽然与无符号数占用的字节数相同，但需要进行额外的操作来测试符号位。

4.4.2 C51 的变量与存储类型

变量是程序运行过程中其值可以改变的量。一个变量由两部分组成：变量名和变量值。每个变量都有一个变量名，在存储器中占用一定的存储单元，变量的数据类型不同，占用的存储单元数也不一样。在存储单元中存放的内容就是变量值。

C51 中，变量使用前也必须对其进行定义，定义的总体格式与标准 C 语言相同，但由于 51 单片机的存储器组织与通用的微型计算机不一样，51 单片机的存储器分片内数据存储器、片外数据存储器和程序存储器，另外还有位寻址区。不同的存储器访问的方法不同，同一段存储区域又可以用多种方式访问。因而在定义变量时必须指明变量的存储器区域与访问方式，以便编译系统为它分配相应的存储单元。这通过在变量定义时加数据类型修饰符来指明。C51 中变量定义格式如下：

[存储种类] 数据类型说明符 [存储器类型] 变量名1[=初值]，变量名2[=初值]…;

1. 数据类型说明符

数据类型说明符来指明变量的数据类型，指明变量在存储器中占用的字节数。可以是基本数据类型说明符，也可以是组合数据类型说明符，还可以是用 typedef 或#define 定义的类型别名。

在 C51 中，为了增加程序的可读性，允许用户为系统固有的数据类型说明符用 typedef 或 #define 起别名，格式如下：

```
typedef  C51固有的数据类型说明符  别名;
```
或
```
#define  别名  C51固有的数据类型说明符;
```

定义别名后，就可以用别名代替数据类型说明符对变量进行定义。别名可以用大写，也可以用小写，为了区别一般用大写字母表示。

【例 4-15】 typedef 或#define 的使用。
```
typedef  unsigned int  WORD;
#define  BYTE  unsigned char;
BYTE  a1=0x12;
WORD  a2=0x1234;
```

2．变量名

变量名是 C51 区分不同变量，为不同变量取的名称。在 C51 中规定变量名可以由字母、数字和下划线 3 种字符组成，且第一个字母必须为字母或下划线。变量名有两种：普通变量名和指针变量名。它们的区别是指针变量名前面要带"*"号。

3．存储种类

存储种类是指变量在程序执行过程中的作用范围。C51 变量的存储种类与标准 C 语言一样，有 4 种，分别是自动（auto）、外部（extern）、静态（static）和寄存器（register）。

（1）auto

使用 auto 定义的变量称为自动变量，其作用范围在定义它的函数体或复合语句内部。当定义它的函数体或复合语句执行时，C51 才为该变量分配内存空间，结束时占用的内存空间释放。自动变量一般分配在内存的堆栈空间中。定义变量时，如果省略存储种类，则该变量默认为自动（auto）变量。

（2）extern

使用 extern 定义的变量称为外部变量。在一个函数体内，要使用一个已在该函数体外或其他程序中定义过的外部变量时，该变量在该函数体内要用 extern 说明。外部变量被定义后分配固定的内存空间，在程序整个执行时间内都有效，直到程序结束才释放。

（3）static

使用 static 定义的变量称为静态变量，可以分为内部静态变量和外部静态变量。在函数体内部定义的静态变量为内部静态变量，它在对应的函数体内有效，一直存在，但在函数体外不可见。这样不仅使变量在定义它的函数体外可以被保护，还可以实现当离开函数体时值不被改变。外部静态变量是在函数体外部定义的静态变量，它在程序中一直存在，但在定义的范围之外是不可见的。如在多文件或多模块处理中，外部静态变量只在文件内部或模块内部有效。

（4）register

使用 register 定义的变量称为寄存器变量。它定义的变量存放在 CPU 内部的寄存器中，处理速度快，但数目少。C51 编译器编译时能自动识别程序中使用频率最高的变量，并自动将其作为寄存器变量，用户无须专门声明。

4．存储器类型

存储器类型用于指明变量所处的单片机的存储器区域与访问方式。C51 编译器的存储器类型有 data、bdata、idata、pdata、xdata 和 code，如表 4.3 所示。

表 4.3　C51 的存储器类型描述

存储器类型	描述
data	直接寻址的片内 RAM 低 128B，访问速度快
bdata	片内 RAM 的可位寻址区(20H～2FH)，允许字节和位混合访问
idata	间接寻址访问的片内 RAM，允许访问全部片内 RAM
pdata	用 Ri 间接访问的片外 RAM 低 256B
xdata	用 DPTR 间接访问的片外 RAM，允许访问全部 64KB 片外 RAM
code	程序存储器 ROM 64KB 空间

① data 区，data 区为片内数据存储器低端 128 字节，通过直接寻址方式访问，它定义的变量访问速度最快，所以应把经常使用的变量放在 data 区，但 data 区的空间小，而且除了包含程序变量外，还包含堆栈和寄存器组。所以能存放的变量少。

② bdata 区，bdata 区实际是 data 区中的可位寻址区，在片内数据存储器 20H 到 2FH 单元，在这个区域中变量可进行位寻址，可定义成位变量使用。

③ idata 区，如果是 51 单片机的 51 子系列，则 idata 与 data 存储区域相同，只是访问方式不同，data 为直接寻址，idata 为寄存器间接寻址。如果是 52 子系列，idata 比 data 多高端 128 字节。idata 区一般也用来存储使用比较频繁的变量，只是由于是寄存器间接寻址，速度较直接寻址慢。

④ pdata 和 xdata 区，pdata 和 xdata 区同属于片外数据存储器，只是 pdata 定义的变量只能存放在片外数据存储器的低 256 字节，通过 8 位寄存器 R0 和 R1 间接寻址；而 xdata 定义的变量可以存放在片外数据存储器 64KB 空间的任意位置，通过 16 位的数据指针 DPTR 间接寻址。

⑤ code 区，用 code 定义的变量是存放在 51 单片机的程序存储器中，由于程序存储器具有只读属性，只能通过下载方式把程序写入到程序存储器中，变量也会与程序一起写入。写入后就不能通过程序再修改，否则会产生错误。因而要求 code 属性的变量在定义时一定要初始化。一般用 code 属性定义表格型数据，而且在程序中永远不改变。

定义变量有时也省略"存储器类型"，省略时 C51 编译器将按存储模式默认变量的存储器类型，C51 中变量支持 3 种存储模式：SMALL 模式、COMPACT 模式和 LARGE 模式。不同的存储模式对变量默认的存储器类型不一样。

① SMALL 模式。SMALL 模式称为小编译模式，在 SMALL 模式下，编译时变量被默认在片内 RAM 中，存储器类型为 data。

② COMPACT 模式。COMPACT 模式称为紧凑编译模式，在 COMPACT 模式下，编译时变量被默认在片外 RAM 的低 256B 空间，存储器类型为 pdata。

③ LARGE 模式。LARGE 模式称为大编译模式，在 LARGE 模式下，编译时变量被默认在片外 RAM 的 64KB 空间，存储器类型为 xdata。

在程序中变量的存储模式的指定通过#pragma 预处理命令来实现。如果没有指定，则系统都隐含为 SMALL 模式。

【例 4-16】　C51 变量定义情况。

```
char  data  var1;    /*在片内 RAM 低 128B 定义用直接寻址方式访问的字符型变量 var1*/
int  idata  var2;    /*在片内 RAM256B 定义用间接寻址方式访问的整型变量 var2*/
auto unsigned long data var3;
/*在片内 RAM128B 定义用直接寻址方式访问的自动无符号长整型变量 var3*/
extern  float  xdata  var4;
/*在片外 RAM64KB 空间定义用间接寻址方式访问的外部实型变量 var4*/
int  code  var5;      /*在 ROM 空间定义整型变量 var5*/
unsigned  char  bdata  var6;
```

```
/*在片内 RAM 位寻址区 20H～2FH 单元定义可字节处理和位处理的无符号字符型变量 var6*/
#pragma  small         /*变量的存储模式为 SMALL*/
char  k1;              /* k1 变量的存储器类型默认为 data*/
int  xdata  m1;        /* m1 变量的存储器类型为 xdata*/
#pragma  compact       /*变量的存储模式为 compact*/
char  k2;              /* k2 变量的存储器类型默认为 pdata*/
int  xdata  m2;        /* m2 变量的存储器类型为 xdata*/
```

5. 特殊功能寄存器变量

特殊功能寄存器变量是 C51 中特有的一种变量。MCS-51 系列单片机片内有许多特殊功能寄存器，每个特殊功能寄存器功能不一样，通过这些特殊功能寄存器可以控制 MCS-51 系列单片机的定时/计数器、串口、I/O 及其他功能部件，每个特殊功能寄存器在片内 RAM 中都对应 1 字节单元或 2 字节单元。

在 C51 中，允许用户对这些特殊功能寄存器进行访问，访问时需通过 sfr 或 sfr16 类型说明符进行定义，定义时需指明它们所对应的片内 RAM 单元的地址。格式如下：

　　sfr 或 sfr16　特殊功能寄存器变量名=地址；

sfr 用于对 MCS-51 单片机中单字节的特殊功能寄存器进行定义，sfr16 用于对双字节特殊功能寄存器进行定义。为了与一般变量相区别，特殊功能寄存器变量名一般用大写字母表示。地址一般用直接地址形式。为了使用方便，特殊功能寄存器变量名取名时一般与相应的特殊功能寄存器名相同。如下面例子所示。

【例 4-17】 特殊功能寄存器的定义。

```
sfr  PSW=0xd0;
sfr  SCON=0x98;
sfr  TMOD=0x89;
sfr  P1=0x90;
sfr16  DPTR=0x82;
sfr16  T0=0X8A;
```

6. 位变量

位变量也是 C51 中的一种特有变量。MCS-51 系列单片机的片内数据存储器和特殊功能寄存器中有一些位可以按位方式处理，C51 中，这些位可通过位变量来使用，使用时需用位类型符进行定义。位类型符有两个：bit 和 sbit，可以定义两种位变量。

bit 位类型符用于定义一般的位变量，定义的位变量位于片内数据存储器的位寻址区。它的格式如下：

　　bit　位变量名；

在格式中可以加上各种修饰，但注意存储器类型只能是 bdata、data、idata，只能是片内 RAM 的可位寻址区，严格来说只能是 bdata。而且定义时不能指定地址，只能由编译器自动分配。

【例 4-18】 bit 型变量的定义。

```
bit  data  a1;       /*正确*/
bit  bdata  a2;      /*正确*/
bit  pdata  a3;      /*错误*/
bit  xdata  a4;      /*错误*/
```

sbit 位类型符用于定义位地址确定的位变量，定义的位变量可以在片内数据存储器位寻址区，也可为特殊功能寄存器中的可位寻址位。定义时必须指明其位地址，可以是位直接地址，也可以是可位寻址的变量带位号，还可以是可位寻址的特殊功能寄存器变量带位号。格式如下：

　　sbit　位变量名=位地址；

如位地址为位直接地址，其取值范围为 0x00～0xff；如位地址是可位寻址变量带位号或特殊功能寄存器名带位号，则在它前面需对可位寻址变量（在 bdata 区域）或可位寻址特殊功能寄存器变量（字节地址能被 8 整除）进行定义。字节地址与位号之间、特殊功能寄存器与位号之间一般用"^"作间隔。另外，**sbit** 通常用来对 MCS-51 单片机的特殊功能寄存器中的特殊功能位进行定义，定义时位变量名一般取大写，而且名称与相应的特殊功能位名称相同。

【例 4-19】 sbit 型变量的定义。

```
sbit  OV=0xd2;
sbit  CY=0xd7;
unsigned char bdata flag;
sbit  flag0=flag^0;
sfr  P1=0x90;
sbit  P1_0=P1^0;
sbit  P1_1=P1^1;
sbit  P1_2=P1^2;
sbit  P1_3=P1^3;
sbit  P1_4=P1^4;
sbit  P1_5=P1^5;
sbit  P1_6=P1^6;
sbit  P1_7=P1^7;
```

在 C51 中，为了用户使用方便，C51 编译器把 MCS-51 单片机的特殊功能寄存器和特殊功能位进行了定义，定义的变量名称与特殊功能寄存器名称和特殊功能位名称相同，放在一个"reg51.h"或"reg52.h"的头文件中。当用户要使用时，只需要用一条预处理命令#include<reg51.h>把这个头文件包含到程序中，然后就可直接使用特殊功能寄存器和特殊功能位。所以，一般 C51 程序的第一条语句都是#include <reg51.h>。

7. 指针变量

指针是 C 语言中的一个重要概念，它也是 C51 语言的特色之一。使用指针可以方便有效地表达复杂的数据结构；可以动态地分配存储器，直接处理内存地址。

指针就是地址，数据或变量的指针就是存放该数据或变量的地址。C51 中指针、指针变量的定义与用法和标准的 C 语言基本相同，只是增加了存储器类型的属性。也就是说，除了要表明指针本身所处的存储空间外，还需要表明该指针所指向的对象的存储空间。

C51 的指针可分为"存储器型指针"和"一般指针"两种。存储器型指针的定义含有指针本身及所指数据的存储器类型，编译时存储器类型已确定，使用这种指针可以高效访问对象，并且只需 1～2 字节；当定义一个指针变量未指定它所指向的数据的存储类型时，则该指针变量被认为是一般指针，对于一般指针编译器预留 3 字节，1 字节作为存储器类型，2 字节作为偏移量。

（1）存储器型指针

存储器型指针在定义时指明了所指向的数据的存储器类型，如下面例子所示：

```
char xdata *p2;
```

定义了一个指向存储在 xdata 存储器区域的字符型变量的指针变量。指针自身在默认的存储器（由编译模式决定），长度为 2 字节。如果存储器类型为 code *和 xdata *，则长度为 2 字节；如果存储器类型为 idata *、data *和 pdata *，则长度为 1 字节。

定义时也可指明指针变量自身的存储器空间，如下面例子所示：

```
char xdata *data p2;
```

除了指明指针变量自身位于 data 区外，其他与上例相同，它与编译模式无关。

（2）一般指针

当指针定义时没有指明所指向的数据的存储器类型，该指针就为一般指针。一般指针在存储器中占 3 字节，其中第 1 字节为指针所指向数据的存储器类型代码；后面 2 字节存放地址。一般指针中的存储器类型代码和指针变量存放情况如表 4.4 和表 4.5 所示。

表 4.4　一般指针的存储器类型代码表

存储器类型	idata	xdata	pdata	data	code
代码	1	2	3	4	5

表 4.5　一般指针变量的存放格式

字节地址	+0	+1	+2
内容	存储器类型代码	地址高字节	地址低字节

如果存储器类型为 code *和 xdata *，所指向的数据有 16 位地址，则第 2 字节和第 3 字节分别存放数据的高 8 位地址和低 8 位地址；如果存储器类型为 idata *、data *和 pdata *，所指向的数据只有 8 位地址，则第 2 字节存放 0，第 3 字节存放数据的 8 位地址。

例如，存储器类型为 xdata*，地址值为 0x1234 的指针变量在内存中的存放形式如下所示。

字节地址	+0	+1	+2
内容	0x02	0x12	0x34

4.4.3　绝对地址的访问

在 C51 中，可以通过变量的形式访问 MCS-51 单片机的存储器，也可以通过绝对地址来访问存储器。绝对地址访问形式有 3 种：宏定义、指针和关键字 "_at_"。

1. 使用 C51 运行库中预定义宏

C51 编译器提供了一组宏定义来对 51 系列单片机的 code、data、pdata 和 xdata 空间进行绝对寻址。规定只能以无符号数方式访问，定义了 8 个宏定义，其函数原型如下：

```
#define  CBYTE((unsigned char volatile*)0x50000L)
#define  DBYTE((unsigned char volatile*)0x40000L)
#define  PBYTE((unsigned char volatile*)0x30000L)
#define  XBYTE((unsigned char volatile*)0x20000L)

#define  CWORD((unsigned int volatile*)0x50000L)
#define  DWORD((unsigned int volatile*)0x40000L)
#define  PWORD((unsigned int volatile*)0x30000L)
#define  XWORD((unsigned int volatile*)0x20000L)
```

这些函数原型放在 absacc.h 文件中。使用时需用预处理命令把该头文件包含到文件中，形式为：#include <absacc.h>。

其中：CBYTE 以字节形式对 code 区寻址，DBYTE 以字节形式对 data 区寻址，PBYTE 以字节形式对 pdata 区寻址，XBYTE 以字节形式对 xdata 区寻址，CWORD 以字形式对 code 区寻址，DWORD 以字形式对 data 区寻址，PWORD 以字形式对 pdata 区寻址，XWORD 以字形式对 xdata 区寻址。访问形式如下：

　　宏名　[地址]

宏名为 CBYTE、DBYTE、PBYTE、XBYTE、CWORD、DWORD、PWORD 或 XWORD。地址为存储单元的绝对地址，一般用十六进制形式表示。

【例 4-20】　绝对地址对存储单元的访问。

```
#include  <absacc.h>        /*将绝对地址头文件包含在文件中*/
#include  <reg52.h>         /*将寄存器头文件包含在文件中*/
#define  uchar unsigned char /*定义符号 uchar 为数据类型符 unsigned char*/
```

```
#define uint unsigned int   /*定义符号 uint 为数据类型符 unsigned int*/
void main(void)
{
uchar var1;
uint var2;
var1=XBYTE[0x0005];          /*XBYTE[0x0005]访问片外 RAM 的 0005 字节单元*/
var2=XWORD[0x0002];          /*XWORD[0x0002]访问片外 RAM 的 0002 字单元*/
...
while(1);
}
```

在上面的程序中，XBYTE[0x0005]就是以绝对地址方式访问的片外 RAM 0005 字节单元；XWORD[0x0002]就是以绝对地址方式访问的片外 RAM 0002 字单元。

2．通过指针访问

采用指针的方法，可以在 C51 程序中对任意指定的存储器单元进行访问。

【例 4-21】 通过指针实现绝对地址的访问。

```
#define uchar unsigned char   /*定义符号 uchar 为数据类型符 unsigned char*/
#define uint unsigned int     /*定义符号 uint 为数据类型符 unsigned int*/
void func(void)
{
uchar data var1;
uchar pdata *dp1;             /*定义一个指向 pdata 区的指针 dp1*/
uint xdata *dp2;              /*定义一个指向 xdata 区的指针 dp2*/
uchar data *dp3;             /*定义一个指向 data 区的指针 dp3*/
dp1=0x30;                     /*dp1 指针赋值，指向 pdata 区的 30H 单元*/
dp2=0x1000;                   /*dp2 指针赋值，指向 xdata 区的 1000H 单元*/
*dp1=0xff;                    /*将数据 0xff 送到片外 RAM30H 单元*/
*dp2=0x1234;                  /*将数据 0x1234 送到片外 RAM1000H 单元*/
dp3=&var1;                    /*变量 var1 的地址送指针变量 dp3*/
*dp3=0x20;                    /*通过指针 dp3 给变量 var1 赋值 0x20*/
}
```

3．使用 C51 扩展关键字_at_

使用_at_关键字对指定的存储器空间的绝对地址进行访问，一般格式如下：

[存储器类型] 数据类型说明符　变量名　_at_　地址常数；

其中，存储器类型为 data、bdata、idata、pdata 等，如省略则按存储模式规定的默认存储器类型确定变量的存储器区域；数据类型为 C51 支持的数据类型；地址常数用于指定变量的绝对地址，必须位于有效的存储器空间之内；使用_at_定义的变量必须为全局变量。

【例 4-22】 通过_at_实现绝对地址的访问。

```
#define uchar unsigned char  /*定义符号 uchar 为数据类型符 unsigned char*/
#define uint unsigned int    /*定义符号 uint 为数据类型符 unsigned int*/
data uchar x1 _at_ 0x40;     /*在 data 区中定义字节变量 x1,它的地址为 40H*/
xdata uint x2 _at_ 0x2000;   /*在 xdata 区中定义字变量 x2,它的地址为 2000H*/
void main(void)
{
x1=0xff;
x2=0x1234;
...
while(1);
}
```

4.4.4　C51 中的函数

函数是 C 语言中的一种基本模块，实际上一个 C 语言程序就是由若干函数所构成的。C 语言程序总是由主函数 main( )开始，并在主函数中结束。在进行程序设计时，如果所设计的程序较大，一般将其分成若干个子程序模块，每个子程序模块完成一种特定的功能。在 C 语言中，子程序是用函数来实现的。在标准 C 语言中，对于一些经常使用的函数，编译器已经为用户设计好，做成专门的函数库——标准库函数，以供用户可以反复调用，只需用户在调用前用预处理命令 include 将相应的函数库包含到当前程序中。用户还可自己定义函数——用户自定义函数，定义后在需要时拿来使用。

C51 程序与标准 C 语言类似，程序也由若干函数组成，程序也由主函数 main( )开始，并在主函数中结束，除了主函数而外，也有标准库函数和用户自定义函数。标准库函数是 C51 编译器提供的，不需要用户进行定义，可以直接调用。另外，用户也可自己定义函数。它们的使用方法与标准 C 语言基本相同。但 C51 针对的是 51 系列单片机，C51 的函数在有些方面还是与标准 C 语言不同，参数传递和返回值与标准 C 语言中是不一样的，而且 C51 又对标准 C 语言作了相应的扩展。这些扩展有：选择存储模式；指定一个函数作为一个中断函数；选择所用的寄存器组；指定重入等。下面针对这些不同作相应介绍。

1. C51 函数的参数传递

C51 中函数具有特定的参数传递规则。C51 中参数传递的方式有两种：一种是通过寄存器 R0~R7 传递参数，不同类型的实参会存入相应的寄存器；第二种是通过固定存储区传递。C51 规定调用函数时最多可通过工作寄存器传递 3 个参数，余下的通过固定存储区传递。

不同的参数用到的寄存器不一样，不同的数据类型用到的寄存器也不同。通过寄存器传递的参数如表 4.6 所示。

表 4.6　传递参数用到的寄存器

参数类型	char	int	long/float	通用指针
第 1 个	R7	R6、R7	R4~R7	R1、R2、R3
第 2 个	R5	R4、R5	R4~R7	R1、R2、R3
第 3 个	R3	R2、R3	无	R1、R2、R3

其中，int 型和 long 型数据传递时高位数据在低位寄存器中，低位数据在高位寄存器中；float 型数据满足 32 位的 IEEE 格式，指数和符号位在 R7 中；通用指针存储类型在 R3，高位在 R2。一般函数的参数传递举例如表 4.7 所示。

表 4.7　函数参数传递举例

声　明	说　明
func1(int a)	唯一一个参数 a 在寄存器 R6 和 R7 中传递
func2(int b, int c, int *d)	第一个参数 b 在寄存器 R6 和 R7 中传递，第二个参数 c 在寄存器 R4 和 R5 中传递，第三个参数 d 在寄存器 R1、R2 和 R3 中传递
func3(long e, long f)	第一个参数 e 在寄存器 R4、R5、R6 和 R7 中传递，第二个参数 f 不能用寄存器，因为 long 类型可用的寄存器已被第一个参数所用，这个参数用固定存储区传递
func4(float g, char h)	第一个参数 g 在寄存器 R4、R5、R6 和 R7 中传递，第二个参数 h 不能用寄存器传递，只能用固定存储区传递

C51 中函数也通过固定存储区传递参数，用作参数传递的固定存储区可能在内部数据区或外部数据区，由存储模式决定，SMALL 模式的参数段用内部数据区，COMPACT 和 LARGE 模式用外部数据区。

2. C51 函数的返回值

函数返回值通常用寄存器传递，函数的返回值和所用的寄存器如表 4.8 所示。

表 4.8　函数返回值用到的寄存器

返回值类型	寄　存　器	说　明
bit	C	由位运算器 C 返回
(unsigned)char	R7	在 R7 返回单个字节
(unsigned)int	R6、R7	高位在 R6，低位在 R7
(unsigned) long	R4~R7	高位在 R4，低位在 R7
float	R4~R7	32 位 IEEE 格式
通用指针	R1、R2、R3	存储类型在 R3，高位在 R2，低位在 R1

3. C51 函数的存储模式

C51 函数的存储模式与变量相同，也有 3 种：SMALL 模式、COMPACT 模式和 LARGE 模式，通过函数定义时后面加相应的参数（small，compact 或 large）来指明，不同的存储模式，函数的形式参数和变量默认的存储器类型与前面变量定义情况相同，这里不再重复。

【例 4-23】　C51 函数的存储模式例子。

```
int  func1(int  x1,int  y1)  large      /*函数的存储模式为 LARGE*/
{
 int  z1;
 z1=x1+y1;
 return(z1);              /* x1,y1,z1 变量的存储器类型默认为 xdata*/
}
int  func2(int  x2,int  y2)              /*函数的存储模式隐含为 SMALL*/
{
 int  z2;
 z2=x2-y2;
 return(z2);              /* x2,y2,z2 变量的存储器类型默认为 data*/
}
```

4. C51 的中断函数

中断函数是 C51 的一个重要特点，C51 允许用户创建中断函数。在 C51 程序设计中经常用中断函数来实现系统实时性，提高程序处理效率。

在 C51 程序设计中，若定义函数时后面用了 interrupt m 修饰符，则把该函数定义成中断函数。系统对中断函数编译时会自动加上程序头段和尾段，并按 MCS-51 系统中断的处理方式把它安排在程序存储器中的相应位置。在该修饰符中，m 的取值为 0~31，对应的中断情况如下：

0——外部中断 0；

1——定时/计数器 T0；

2——外部中断 1；

3——定时/计数器 T1；

4——串行口中断；

5——定时/计数器 T2；

其他值预留。

编写 MCS-51 中断函数需要注意以下几点。

① 中断函数不能进行参数传递，如果中断函数中包含任何参数声明都将导致编译出错。

② 中断函数没有返回值，如果企图定义一个返回值将得不到正确的结果，建议在定义中断函数时将其定义为 void 类型，以明确说明没有返回值。

③ 在任何情况下都不能直接调用中断函数，否则会产生编译错误。因为中断函数的返回是由 8051 单片机的 RETI 指令完成的，RETI 指令影响 8051 单片机的硬件中断系统。如果在没有实际中断的情况下直接调用中断函数，RETI 指令的操作结果将产生一个致命的错误。

④ 如果在中断函数中调用了其他函数，则被调用函数所使用的寄存器必须与中断函数相同，否则会产生不正确的结果。

⑤ C51 编译器对中断函数编译时会自动在程序开始和结束处加上相应的内容，具体如下：在程序开始处对 ACC、B、DPH、DPL 和 PSW 入栈，结束时出栈。中断函数未加 using n 修饰符的，开始时还要将 R0～R1 入栈，结束时出栈。如中断函数加 using n 修饰符，则在程序开始将 PSW 入栈后还要修改 PSW 中的工作寄存器组选择位。

⑥ C51 编译器从绝对地址 8m+3 处产生一个中断向量，其中 m 为中断号，也即 interrupt 后面的数字。该向量包含一个到中断函数入口地址的绝对跳转。

⑦ 中断函数最好写在文件的尾部，并且禁止使用 extern 存储类型说明，防止其他程序调用。

【例 4-24】 编写一个用于统计外中断 0 的中断次数的中断服务程序。

```
extern int x;
void int0() interrupt 0 using 1
{
  x++;
}
```

5. C51 函数的寄存器组

C51 程序执行时编译系统都会翻译成机器语言（或者汇编语言），程序中就会出现 51 单片机系统中的工作寄存器 R0～R7，而在前面单片机基本原理的介绍中，我们已经知道，MCS-51 单片机工作寄存器有 4 组：0 组、1 组、2 组和 3 组。每组有 8 个寄存器，分别用 R0～R7 表示。那么当前程序用的是哪一组呢？在 C51 中允许函数定义时带 using n 修饰符，用于指定本函数内部使用的工作寄存器组，其中 n 的取值为 0～3，表示寄存器组号。例如：

```
void func3(void) using 1          /*指定函数内部用的是 1 组工作寄存器*/
{
...
}
```

对于 using n 修饰符的使用，应注意以下几点。

① 加入 using n 后，C51 在编译时自动在函数的开始处和结束处加入以下指令。

```
{
PUSH  PSW                        ;标志寄存器入栈
MOV   PSW,#与寄存器组号 n 相关的常量      ;常量值为(psw&0XE7)|n*8
 ...
POP   PSW                        ;标志寄存器出栈
}
```

② using n 修饰符不能用于有返回值的函数，因为 C51 函数的返回值是放在寄存器中的。如寄存器组改变了，返回值就会出错。

6. C51 的重入函数

在标准 C 语言中，调用函数时会将函数的参数和函数中使用的局部变量压入堆栈保存。由于 51 单片机内部堆栈空间有限（在片内数据存储器中），因而 C51 没有像标准 C 语言中那样使用堆栈，而是使用压缩栈的方法，为每个函数设定一个空间用于存放参数和局部变量。

一般函数中的每个变量都存放在这个空间的固定位置，当函数递归调用时会导致变量覆盖，所以就会出错。但在某些实时应用中，因为函数调用时可能会被中断函数中断，而在中断函数中可能再调用这个函数，这就出现对函数的递归调用。为解决这个问题，C51 允许将一个函数声明成重入函数，声明成重入函数后就可递归调用。重入函数又称为再入函数，是一种可以在函数体内间接调用其自身的函数。重入函数的参数和局部变量通过 C51 生成的模拟栈来传递和保存，递归调用或多重调用时参数和变量不会被覆盖，因为每次函数调用时的参数和局部变量都会单独保存。模拟栈所在的存储器空间根据重入函数存储模式的不同，可以是 data、pdata 或 xdata 存储器空间。

C51 函数定义时，通过后面带 reentrant 修饰符把函数声明为重入函数，如下例子所示。

```
char  int func4(char a, char b)  reentrant  /*声明函数 func4 是可重入函数*/
{
   char  c;
   c=a+b;
   return (c)
}
```

关于重入函数，需要注意以下几点。

① 用 reentrant 修饰的重入函数被调用时，实参表内不允许使用 bit 类型的参数。函数体内也不允许存在任何关于位变量的操作，更不能返回 bit 类型的值。

② 编译时，系统为重入函数在内部或外部存储器中建立一个模拟堆栈区，称为重入栈。重入函数的局部变量及参数被放在重入栈中，使重入函数可以实现递归调用。

③ 在参数的传递上，实际参数可以传递给间接调用的重入函数。无重入属性的间接调用函数不能包含调用参数，但是可以使用定义的全局变量来进行参数传递。

4.5　MCS-51 单片机内部资源的编程

MCS-51 单片机内部集成并行接口、定时/计数器、串行接口和中断系统等接口电路，它们的结构与原理在第 2 章中已经介绍，本节主要介绍它们的应用与编程。

4.5.1　并行口的编程与应用

MCS-51 单片机有 4 个 8 位的并行接口 P0、P1、P2 和 P3，每个口可按 8 位方式使用，也可按位方式使用，当 4 个并口作输入使用时，输入时应先将输出锁存器置 1；当作输出使用时，由于 P0 口内部没有带上拉电阻，因此应外带上拉电阻才能输出高电平 1。

【例 4-25】　利用单片机的 P1 口接 8 个发光二极管，P0 口接 8 个开关，编程实现，当开关动作时，对应的发光二极管亮或灭。

解：硬件线路如图 4.10 所示，只需把 P0 口的内容读出后，通过 P1 口输出即可。

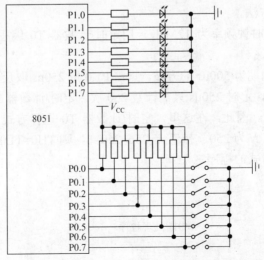

图 4.10　并行接口应用图

汇编程序：

```
        ORG   0000H
        LJMP  MAIN
        ORG   0100H
MAIN:   MOV   P0,#0FFH
        MOV   A,P0
        MOV   P1,A
        SJMP  MAIN
```

C51 程序：

```
#include <reg51.h>
main()
{
  unsigned char data i;
  while(1)
  {P0=0XFF; i=P0;P1=i;}
}
```

4.5.2　定时/计数器的初始化编程及应用

MCS-51 系列单片机有 2 个（或 3 个）定时/计数器，既能对机器周期计数实现定时功能，也能对外部时钟计数实现计数功能，每个定时/计数器有多种工作方式，具体使用时通过初始化编程来选定。

1. 定时/计数器的初始化编程

MCS-51 单片机定时/计数器初始化步骤一般如下：

① 根据要求选择方式，确定方式控制字，写入方式控制寄存器 TMOD。

② 根据要求计算定时/计数器的计数值，再由计数值求得初值，写入初值寄存器。

③ 根据需要开放定时/计数器中断（后面需编写中断服务程序）。

④ 设置定时/计数器控制寄存器 TCON 的值，启动定时/计数器开始工作。

⑤ 等待定时/计数时间到，则执行中断服务程序；如用查询处理则编写查询程序，判断溢出标志，溢出标志等于 1，则进行相应处理。

步骤的第①步与第②步可能会相互交换，因为有时会先根据计算的计数值选择工作方式。

2. 定时/计数器的应用

定时/计数器的应用非常广泛，绝大多数单片机应用系统中都会用到它，下面用定时/计数器一种典型的应用——产生周期性的波形来介绍。利用定时/计数器产生周期性波形的基本思想是：利用定时/计数器产生周期性的定时，定时时间到则对输出端进行相应的处理。例如，产生周期性的方波只需定时时间到对输出端取反一次即可。不同的方式定时的最大值不同，如定时的时间很短，则选择方式 2。方式 2 形成周期性的定时不需重置初值；如定时比较长，则选择方式 0 或方式 1；如时间很长，则一个定时/计数器不够用，这时可用两个定时/计数器或一个定时/计数器加软件计数的方法。

【例 4-26】 设系统时钟频率为 12MHz，用定时/计数器 T0 编程实现从 P1.0 输出周期为 500μs 的方波。

分析：从 P1.0 输出周期为 500μs 的方波，只需 P1.0 每 250μs 取反一次即可。当系统时钟为 12MHz，机器周期为 1μs，定时 250μs 只需计数 250 次，定时/计数器 T0 选择方式 2（8 位自动重置方式）即可满足要求。因此，在这里，定时/计数器 T0 选择方式 2，定时，方式控制字为 00000010B(02H)，计数值 N 为 250，初值 X=256-250=6，则 TH0=TL0=06H。

（1）采用中断处理方式的程序。

汇编程序：

```
        ORG   0000H
        LJMP  MAIN
        ORG   000BH          ;中断处理程序
        CPL   P1.0
        RETI
        ORG   0100H          ;主程序
```

```
MAIN:MOV  TMOD,#02H
     MOV  TH0,#06H
     MOV  TL0,#06H
     SETB EA
     SETB ET0
     SETB TR0
     SJMP $
     END
```

C 语言程序：

```
#include <reg51.h>              //包含特殊功能寄存器库
sbit  P1_0=P1^0;                //P1 口 0 位定义成位变量 P1_0
void  main()
{
    TMOD=0x02;
    TH0=0x06;TL0=0x06;
    EA=1;ET0=1;
    TR0=1;
    while(1);
}
void  time0_int(void)  interrupt 1        //定时/计数器 0 中断服务程序
{
    P1_0=!P1_0;
}
```

（2）采用查询方式处理的程序。

汇编程序：

```
     ORG  0000H
     LJMP MAIN
     ORG  0100H         ;主程序
MAIN:MOV  TMOD,#02H
     MOV  TH0,#06H
     MOV  TL0,#06H
     SETB TR0
LOOP:JBC  TF0,NEXT      ;查询计数溢出
     SJMP LOOP
NEXT:CPL  P1.0
     SJMP LOOP
     SJMP $
     END
```

C 语言程序：

```
#include <reg51.h>                   //包含特殊功能寄存器库
sbit  P1_0=P1^0;                     //P1 口 0 位定义成位变量 P1_0
void  main()
{
    char  i;
    TMOD=0x02;
    TH0=0x06;TL0=0x06;
    TR0=1;
    for(;;)
    {
    if (TF0)  { TF0=0;P1_0=! P1_0;}     //查询计数溢出
    }
}
```

在例 4-26 中，定时的时间在 256μs 以内，用方式 2 处理会很方便。如果定时时间大于 256μs，则此时用方式 2 不能直接处理。如果定时时间小于 8192μs，则可用方式 0 直接处理。如果定时时间小于 65536μs，则用方式 1 可直接处理。处理时与方式 2 的不同在于定时时间到后需重新

置初值。如果定时时间大于 65536μs，这时用一个定时/计数器直接处理不能实现，可用两个定时/计数器共同处理或一个定时/计数器配合软件计数方式来处理。

【例 4-27】　设系统时钟频率为 12MHz，编程实现从 P1.1 输出周期为 1s 的方波。

分析：根据例 4-26 的处理过程，这时应产生 500ms 的周期性的定时，定时到则对 P1.1 取反就可实现。由于定时时间较长，一个定时/计数器不能直接实现，可用定时/计数器 T0 产生周期为 10ms 的定时，然后用一个寄存器 R2 对 10ms 计数 50 次或用定时/计数器 T1 对 10ms 计数 50 次实现。系统时钟为 12MHz，定时/计数器 T0 定时 10ms，计数值 N 为 10000，只能选方式 1，方式控制字为 00000001B(01H)，初值 X 为

$$X=65536-10000=55536=1101100011110000B$$

则 TH0=11011000B=D8H，TL0=11110000B=F0H。

（1）用寄存器 R2 作计数器进行软件计数，溢出位采用中断处理方式。

汇编程序：

```
        ORG 0000H
        LJMP  MAIN

        ORG  000BH
        LJMP  INTT0

        ORG  0100H
  MAIN:MOV  TMOD,#01H
        MOV  TH0,#0D8H
        MOV  TL0,#0F0H
        MOV  R2,#00H
        SETB  EA
        SETB  ET0
        SETB  TR0
        SJMP  $

  INTT0:MOV  TH0,#0D8H
        MOV  TL0,#0F0H
        INC  R2
        CJNE  R2,#32H,NEXT
        CPL  P1.1
        MOV  R2,#00H
  NEXT:RETI
        END
```

C 语言程序：

```
    #include  <reg51.h>  //包含特殊功能寄存器库
    sbit  P1_1=P1^1;
    char  i;
    void  main()
    {
        TMOD=0x01;
        TH0=0xD8;TL0=0xf0;
        EA=1;ET0=1;
        i=0;
        TR0=1;
        while(1);
    }
    void  time0_int(void)  interrupt 1   //中断服务程序
    {
```

```
        TH0=0xD8;TL0=0xf0;
        i++;
        if (i= =50)  {P1_1=! P1_1;i=0;}
    }
```

（2）用定时/计数器 T1 计数实现。定时/计数器 T1 工作于计数方式时，计数脉冲通过 T1(P3.5) 输入。设定时/计数器 T0 定时时间到时对 T1(P3.5)取反一次，则 T1(P3.5)每 20ms 产生一个计数脉冲，那么定时 500ms 只需计数 25 次。设定时/计数器 T1 工作于方式 2，初值 $X=256-25=231=11100111B=E7H$，TH1=TL1=E7H。因为定时/计数器 T0 工作于方式 1，则这时方式控制字为 01100001B(61H)。定时/计数器 T0 和 T1 都采用中断方式工作。

汇编程序如下：

```
        ORG  0000H
        LJMP  MAIN

        ORG  000BH
        MOV  TH0,#0D8H
        MOV  TL0,#0F0H
        CPL  P3.5
        RETI

        ORG  001BH
        CPL  P1.1
        RETI

        ORG  0100H
MAIN:MOV  TMOD,#61H
        MOV  TH0,#0D8H
        MOV  TL0,#0F0H
        MOV  TH1,#0E7H
        MOV  TL1,#0E7H
        SETB  EA
        SETB  ET0
        SETB  ET1
        SETB  TR0
        SETB  TR1
        SJMP  $
        END
```

C 语言程序如下：

```
    #include <reg51.h>  //包含特殊功能寄存器库
    sbit  P1_1=P1^1;
    sbit  P3_5=P3^5;
    void  main()
    {
        TMOD=0x61;
        TH0=0xD8;TL0=0xf0;
        TH1=0xE7;  TL1=0xE7;
        EA=1;
        ET0=1;ET1=1;
        TR0=1;TR1=1;
        while(1);
    }
    void  time0_int(void)  interrupt 1    //T0 中断服务程序
    {
        TH0=0xD8;TL0=0xf0;
        P3_5=!P3_5;
    }
```

```
void  time1_int(void)  interrupt 3    //T1 中断服务程序
{
    P1`1=! P1_1;
}
```

4.5.3　串行口的编程及应用

MCS-51 单片机具有一个全双工的串行异步通信接口。它有 4 种工作方式：方式 0、方式 1、方式 2 和方式 3。在使用时也要对它初始化编程，选择相应的工作方式等。

1．串行口的初始化编程

在 MCS-51 串行口使用前必须先对它进行初始化编程。初始化编程是指设定串口的工作方式、波特率，启动它发送和接收数据。初始化编程的过程如下。

（1）串行口控制寄存器 SCON 位的确定

根据工作方式确定 SM0、SM1 位。对于方式 2 和方式 3 还要确定 SM2 位。如果是接收端，则置允许接收位 REN 为 1；如果方式 2 和方式 3 发送数据，则应将发送数据的第 9 位写入 TB8 中。

（2）设置波特率

对于方式 0，波特率固定：$f_{osc}/12$，不需要设置。

对于方式 2，波特率有两种：$f_{osc}/32$ 或 $f_{osc}/64$，通过对 PCON 中的 SMOD 位进行设置。当 SMOD 置 1，选择为 $f_{osc}/32$；当 SMOD 清 0，选择为 $f_{osc}/64$。

对于方式 1 和方式 3，波特率可变：$2^{SMOD}×$(T1 的溢出率)/32。设置波特率不仅需对 PCON 中的 SMOD 位进行设置，还要对定时/计数器 T1 进行设置。这时定时/计数器 T1 一般工作于方式 2——8 位自动重置方式，初值可由下面公式求得

由于　　　　　　　　　　波特率=$2^{SMOD}×$(T1 的溢出率)/32

则　　　　　　　　　　　T1 的溢出率=波特率$×32/2^{SMOD}$

而 T1 工作于方式 2 的溢出率又可由下式表示为

$$T1 \text{ 的溢出率}=f_{osc}/(12×(256-\text{初值}))$$

所以

$$T1 \text{ 的初值}=256-f_{osc}×2^{SMOD}/(12×\text{波特率}×32)$$

2．串行口的应用

MCS-51 单片机的串行口在实际使用中通常用于 3 种情况：利用方式 0 扩展并行 I/O 接口；利用方式 1 实现点对点的双机通信；利用方式 2 或方式 3 实现多机通信。

（1）利用方式 0 扩展并行 I/O 接口

MCS-51 单片机的串行口在方式 0 时，当外接一个串入并出的移位寄存器，就可以扩展并行输出口；当外接一个并入串出的移位寄存器时，就可以扩展并行输入口。

【例 4-28】 用 8051 单片机的串行口外接串入并出的芯片 CD4094 扩展并行输出口，控制一组发光二极管，使发光二极管从右至左延时轮流显示。

CD4094 是一块 8 位的串入并出的芯片，带有一个控制端 STB。当 STB=0 时，打开串行输入控制门，在时钟信号 CLK 的控制下，数据从串行输入端 DATA 按一个时钟周期一位依次输入；当 STB=1，打开并行输出控制门，CD4094 中的 8 位数据并行输出。使用时，8051 串行口工作于方式 0，8051 的 TXD 接 CD4094 的 CLK，RXD 接 DATA，STB 用 P1.0 控制，8 位并行输出端接 8 个发光二极管。如图 4.11 所示。

设串行口采用查询方式，显示的延时依靠调用延时子程序来实现，程序如下。

汇编程序：

```
        ORG  0000H
        LJMP  MAIN
        ORG  0100H
  MAIN: MOV  SCON,#00H
        MOV  A,#01H
        CLR  P1.0
  START:MOV  SBUF,A
  LOOP: JNB  TI,LOOP
        SETB  P1.0
        ACALL  DELAY
        CLR  TI
        RL  A
        CLR  P1.0
        SJMP  START
  DELAY:MOV  R7,#05H
  LOOP2:MOV  R6,#0FFH
  LOOP1:DJNZ  R6,LOOP1
        DJNZ  R7,LOOP2
        RET
        END
```

图 4.11　用 CD4094 扩展并行输出口

C 语言程序：

```
#include  <reg51.h>  //包含特殊功能寄存器库
sbit  P1_0=P1^0;
void  main()
{
    unsigned  char  i,j;
    SCON=0x00;
    j=0x01;
    for (; ;)
      {
        P1_0=0;
        SBUF=j;
        while (!TI) { ;}
        P1_0=1;TI=0;
        for (i=0;i<=254;i++) {;}
        j=j*2;
        if (j= =0x00)  j=0x01;
      }
}
```

【例 4-29】　用 8051 单片机的串行口外接并入串出的芯片 CD4014 扩展并行输入口，输入一组相关的信息。

分析：CD4014 是一块 8 位的并入串出的芯片，带有一个控制端 P/S。当 P/S=1 时，8 位并行数据置入到内部的寄存器；当 P/S=0 时，在时钟信号 CLK 的控制下，内部寄存器的内容按低位在前从 Q_B 串行输出端依次输出。使用时，8051 串行口工作于方式 0，8051 的 TXD 接 CD4014 的 CLK，RXD 接 Q_B，P/S 用 P1.0 控制。另外，用 P1.1 控制 8 位并行数据的置入。如图 4.12 所示。

串行口方式 0 数据的接收，用 SCON 寄存器中的 REN 位来控制，采用查询 RI 的方式来判断数据是否输入，程序如下。

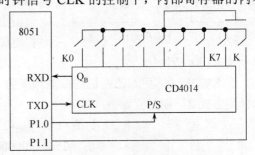

图 4.12　用 CD4014 扩展并行输入口

汇编程序：

```
        ORG  0000H
        LJMP MAIN
        ORG  0100H
 MAIN:  SETB P1.1
 START: JB  P1.1,START
        SETB P1.0
        CLR  P1.0
        MOV  SCON,#10H
 LOOP:  JNB  RI,LOOP
        CLR  RI
        MOV  A,SBUF
        ...
```

C 语言程序：

```
#include <reg51.h>  //包含特殊功能寄存器库
sbit  P1_0=P1^0;
sbit  P1_1=P1^1;
void  main()
{
    unsigned  char i;
    P1_1=1;
    while (P1_1= =1) {;}
    P1_0=1;
    P1_0=0;
    CON=0x10;
    while (!RI) {;}
    RI=0;
    i=SBUF;
    ...
}
```

（2）利用方式 1 实现点对点的双机通信

要实现甲与乙两台单片机点对点的双机通信，其线路只需将甲机的 TXD 与乙机的 RXD 相连，将甲机的 RXD 与乙机的 TXD 相连，地线与地线相连。软件方面选择相同的工作方式，设相同的波特率即可实现。

【例 4-30】 用汇编语言编程，通过串行口实现将甲机的片内 RAM 中 30H～3FH 单元的内容传送到乙机的片内 RAM 的 40H～4FH 单元中。

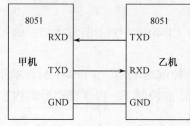

图 4.13　方式 1 双机通信线路图

线路连接如图 4.13 所示。

分析：甲、乙两机都选择方式 1，即 8 位异步通信方式，最高位用作奇偶校验，波特率为 1200bps，甲机发送，乙机接收，因此甲机的串口控制字为 40H，乙机的串口控制字为 50H。

由于选择的是方式 1，波特率由定时/计数器 T1 的溢出率和电源控制寄存器 PCON 中的 SMOD 位决定，则需对定时/计数器 T1 初始化。

设 SMOD=0，甲、乙两机的振荡频率为 12MHz，由于波特率为 1200bps。定时/计数器 T1 选择为方式 2，则初值如下：

$$初值=256-f_{osc}\times 2^{SMOD}/(12\times 波特率\times 32)$$
$$=256-12000000/(12\times 1200\times 32)\approx 230=E6H$$

根据要求，定时/计数器 T1 的方式控制字为 20H。

甲机的发送程序：　　　　　　　　　　　乙机的接收程序：

```
TSTART:MOV  TMOD,#20H              RSTART:MOV   TMOD,#20H
       MOV  TL1,#0E6H                     MOV   TL1,#0E6H
       MOV  TH1,#0E6H                     MOV   TH1,#0E6H
       MOV  PCON,#00H                     MOV   PCON,#00H
       MOV  SCON,#40H                     MOV   R0,#40H
       MOV  R0,#30H                       MOV   R7,#10H
       MOV  R7,#10H                       SETB  TR1
       SETB TR1                    LOOP:MOV   SCON,#50H
LOOP:  MOV  A,@R0                  WAIT:JNB   RI,WAIT
       MOV  C,P                          MOV   A,SBUF
       MOV  ACC.7,C                      MOV   C,P
       MOV  SBUF,A                       JC    ERROR
WAIT:  JNB  TI,WAIT                      ANL   A,#7FH
       CLR  TI                           MOV   @R0,A
       INC  R0                           INC   R0
       DJNZ R7,LOOP                      DJNZ  R7,LOOP
       RET                               RET
```

【例 4-31】　用 C 语言编程实现双机通信。

分析：线路连接，方式设置，波特率计算和例 4-30 相同。另外，在 C 语言编程中，为了保持通信的畅通与准确，在通信中双机作了如下约定：通信开始时，甲机首先发送一个信号 AA，乙机接收到后回答一个信号 BB，表示同意接收。甲机收到 BB 后，就可以发送数据了。假定发送 10 个字符，数据缓冲区为 buf，数据发送完后发送一个校验和。乙机接收到数据后，存入乙机的数据缓冲区 buf 中，并用接收的数据产生校验和与接收的校验和相比较，如相同，乙机发送 00H，回答接收正确；如不同，则发送 0FFH，请求甲机重发。

由于甲、乙两机都要发送和接收信息，所以甲、乙两机的串口控制寄存器的 REN 位都应设为 1，方式控制字都为 50H。

甲机的发送程序：

```
#include  <reg51.h>
unsigned  char  idata  buf[10];
unsigned  char  pf;
void  main(void)
{
  unsigned  char  i;
  TMOD=0x20;                        //串行口初始化
  TL1=0xe6;
  TH1=0xe6;
  PCON=0x00;
  TR1=1;
  SCON=0x50;
  do {
    SBUF=0xaa;                      //发送联络信号
    while (TI= =0);
    TI=0;
    while (RI= =0);                 //等待乙机回答
    RI=0;
    } while ((SBUF^0xbb)!=0);       //乙未准备好,继续联络
  do {
    pf=0;
    for (i=0;i<10;i++){
        SBUF=buf[i];                //发送一个数据
        pf+=buf[i];                 //求校验和
```

```
                while (TI= =0);
                TI=0;
                }
        SBUF=pf;                        //发送校验和
        while (TI= =0);
        TI=0;
        while (RI= =0);                 //等待乙机应答
        RI=0;
        } while (SBUF!=0);              //应答出错,则重发
    }
```

乙机接收程序:

```
    #include <reg51.h>
    unsigned char idata buf[10];
    unsigned char pf;
    void main(void)
    {
      unsigned char i;
      TMOD=0x20;                        //串行口初始化
      TL1=0xe6;
      TH1=0xe6;
      PCON=0x00;
      TR1=1;
      SCON=0x50;
      do {
       while (RI= =0);
       RI=0;
       }while (SBUF^0xaa!=0);          //判断甲机是否请求
      SBUF=0xbb;                        //发送应答信号
      while (TI= =0);
      TI=0;
      while (1)
        {
          pf=0;
          for (i=0;i<10;i++)
          {
          while (RI= =0);
          RI=0;
          buf[i]=SBUF;                  //接收一个数据
          pf+=buf[i];                   //求校验和
          }
      while (RI= =0);                   //接收甲机发送的校验和
      RI=0;
      if ((SBUF^pf)= =0)                //比较校验和
          {
          SBUF=0x00;break;              //校验和相同发"0x00"
          }
      else
          {
          SBUF=0xff;                    //校验和不同发"0xff",重新接收
          while (TI= =0);
          TI=0;
          }
        }
    }
```

4.5.4　MCS-51 单片机中断系统的应用

MCS-51 单片机的 51 子系列有 5 个中断源，而且全部为硬件中断。不同的中断源，所解决的问题不一样，在前面通过定时/计数器的例子和串行通信的例子已经涉及这两种中断的应用，这里仅就实际工作中经常遇到的多个外中断源的处理为例进行介绍。

【例 4-32】　某工业监控系统，具有温度 1 超限、温度 2 超限、压力超限、pH 值超限等多路监控功能。每路监控完成相应的处理。如 pH 值超限，在小于 7 时向 CPU 申请中断，CPU 响应中断后使 P3.0 引脚输出高电平，经驱动，使加碱管道电磁阀接通 1s，以调整 pH 值。

每路监控通过一个中断处理，这里就涉及多个中断源的问题。由于 MCS-51 单片机只有两个外部中断 $\overline{\text{INT0}}$ 和 $\overline{\text{INT1}}$，对于多个中断源往往通过中断加查询的方法来实现。中断源的连接情况一般如图 4.14 所示，一方面多个中断源通过"线或"接 $\overline{\text{INT0}}$ (P3.2) 引脚上；另一方面，每个中断源再与一根并口线相连，当某个中断源出现由低电平到高电平的跳变时，$\overline{\text{INT0}}$ 都会出现负跳变，向 CPU 提出中断，响应中断后，在中断服务程序中通过对 P1 口线的逐一检测来确定是哪一个中断源提出了中断请求，进一步转到对应的处理程序。

汇编程序如下（这里只涉及中断程序，注意外中断 $\overline{\text{INT0}}$ 中断允许，且为边沿触发）：

```
        ORG  0003H              ;外部中断 0 中断服务程序入口
        JB  P1.0,INT00          ;查询中断源,转对应的中断服务子程序
        JB  P1.1,INT01
        JB  P1.2,INT02
        JB  P1.3,INT03

        ORG  0080H              ;pH 值超限中断服务程序
INT02:PUSH  PSW                 ;保护现场
        PUSH  ACC
        SETB  PSW.3             ;工作寄存器设置为 1 组,以保护原 0 组的内容
        SETB  P3.0              ;接通加碱管道电磁阀
        ACALL  DELAY            ;调延时 1s 子程序
        CLR  P3.0               ;1s 到关加碱管道电磁阀
        POP  ACC
        POP  PSW
        RETI
```

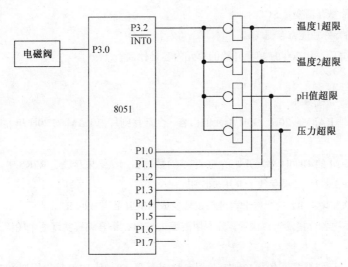

图 4.14　多个外中断源的连接

C 语言程序：

```
#include <reg51.h>    //包含特殊功能寄存器库
sbit  P1_0=P1^0;
sbit  P1_1=P1^1;
sbit  P1_2=P1^2;
sbit  P1_3=P1^3;
sbit  P3_0=P3^0;
 void  exint0()  interrup 1  using 1      //外中断 INT0 函数
{
    if (P1_0==1) {…;}                      //执行温度 1 超限的处理程序
    if (P1_1==1) {…;}                      //执行温度 2 超限的处理程序
    if (P1_2==1)                           //执行 pH 值超限的处理程序
        {P3_0=1;delay();P3_0=0;}           //delay()延时 1s 的函数
    if (P1_3==1) {…;}                      //执行压力超限的处理程序
}
```

习 题

1. C51 特有的数据类型有哪些？

2. C51 中的存储器类型有几种？它们分别表示的存储器区域是什么？

3. 在 C51 中，bit 位与 sbit 位有什么区别？

4. 在 C51 中，通过绝对地址来访问的存储器有几种？

5. 在 C51 中，中断函数与一般函数有什么不同？

6. 按给定的存储类型和数据类型，写出下列变量的说明形式。

（1）在 data 区定义字符变量 val1。

（2）在 idata 区定义整型变量 val2。

（3）在 xdata 区定义无符号字符型数组 val3[4]。

（4）在 xdata 区定义一个指向 char 类型的指针 px。

（5）定义可寻址位变量 flag。

（6）定义特殊功能寄存器变量 P3。

（7）定义特殊功能寄存器变量 SCON。

（8）定义 16 位的特殊功能寄存器 T0。

7. 下列程序段汇编后，从 2000H 单元开始的单元内容是什么？

```
     ORG  2000H
TAB: DB  01H,34H,'a', 'C'
     DW  5567H,87H
```

8. 编程实现将片外 RAM 的 20H～30H 单元的内容，全部移到片内 RAM 的 20H 单元的开始位置，并将原位置清零。

9. 编程将片外 RAM 的 1000H 单元开始的 50 字节的数据相加，结果存放于 R7R6 中。

10. 编程实现 R4R3×R2，结果存放于 R7R6R5 中。

11. 用查表的方法实现将 R2 中一位十六进制数转换成 ASCII 码并放回 R2。

12. 设 8051 的 P1 中各位接发光二极管，分别用汇编语言和 C 语言编程实现逐个轮流点亮二极管，并循环显示。

13. 8051 系统中，已知振荡频率为 12MHz，用定时/计数器 T0，使 P1.0 输出周期为 2ms 的方波。要求分别用汇编语言和 C 语言进行编程。

14．8051 系统中，已知振荡频率为 12MHz，用定时/计数器 T1，使 P1.1 输出周期为 2s 的方波。要求分别用汇编语言和 C 语言进行编程。

15．8051 系统中，已知振荡频率为 6MHz，用定时器 T0，使 P1.0 输出周期为 400μs 的方波。用定时器 T1，使 P1.1 输出周期为 1ms 的方波。要求分别用汇编语言和 C 语言进行编程。

16．8051 系统中，已知振荡频率为 6MHz，用定时/计数器 T1，使 P1.1 输出高电平宽为 10ms，低电平宽为 20ms 的矩形波。要求用 C 语言进行编程。

17．用 8051 单片机的串行口扩展并行 I/O 接口，控制 16 个发光二极管依次发光，画出电路图，用汇编语言和 C 语言分别编写相应的程序。

第5章 MCS-51单片机常用接口

主要内容：

这一章主要介绍组建一个51单片机应用系统时，除了51单片机外的常用接口，还包括外部存储器接口、外部输入/输出接口、键盘接口、显示接口等。通过本章学习，使读者能够组建一个可用、有一定实际意义的单片机应用系统。

学习重点：

◆ MCS-51单片机与外部存储器接口

◆ MCS-51单片机与LED显示器接口

◆ MCS-51单片机与键盘接口

5.1 MCS-51单片机的最小系统

所谓最小系统，是指一个真正可用的单片机的最小配置系统。对于单片机内部资源已能够满足系统需要的，可直接采用最小系统。

由于MCS-51单片机片内不能集成时钟电路所需的晶体振荡器，也没有复位电路，因此在构成最小系统时必须外接这些部件。另外，根据片内有无程序存储器，MCS-51单片机的最小系统可分为以下两种情况。

5.1.1 8051/8751的最小系统

8051/8751片内有4KB的ROM/EPROM，因此，只需要外接晶体振荡器和复位电路就可以构成最小系统，如图5.1所示。该最小系统的特点如下：

① 由于片外没有扩展存储器和外设，P0、P1、P2、P3都可以作为用户I/O接口使用。

② 片内数据存储器有128B，地址空间为00H～7FH，没有片外数据存储器。

③ 内部有4KB的程序存储器，地址空间为0000H～0FFFH，没有片外程序存储器，$\overline{EA}$应接高电平。

④ 可以使用两个定时/计数器T0和T1，一个全双工的串行通信接口，5个中断源。

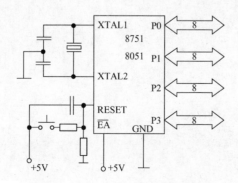

图5.1 8051/8751的最小应用系统

5.1.2　8031 的最小系统

8031 片内无程序存储器，因此，在构成最小系统时，不仅要外接晶体振荡器和复位电路，还应在外扩展程序存储器。图 5.2 就是 8031 外接程序存储器芯片 2764 构成的最小系统。该最小系统的特点如下：

①　由于 P0、P2 在扩展程序存储器时作为地址线和数据线，不能作为 I/O 线，因此，只有 P1、P3 作为用户 I/O 接口使用。

②　片内数据存储器同样有 128B，地址空间为 00H～7FH，没有片外数据存储器。

③　内部无程序存储器，片外扩展了程序存储器，其地址空间随芯片容量不同而不一样。图 5.2 中使用的是 2764 芯片，容量为 8KB，地址空间为 0000H～1FFFH。由于片内没有程序存储器，只能使用片外程序存储器，$\overline{\text{EA}}$ 只能接低电平。

④　同样可以使用两个定时/计数器 T0 和 T1，一个全双工的串行通信接口，5 个中断源。

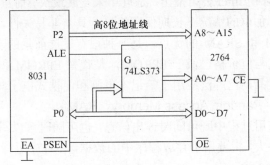

图 5.2　8031 外接程序存储器芯片 2764 构成的最小系统

5.2　存储器扩展

当单片机的存储器空间不够时，可以扩展存储器芯片来得到。无论是程序存储器扩展还是数据存储器扩展，都是通过半导体存储器芯片来扩展的。

5.2.1　半导体存储器概述

半导体存储器按读写工作方式可分为两种：只读存储器 ROM(Read Only Memory)和随机存储器 RAM(Random Access Memory)。程序存储器扩展用 ROM，数据存储器扩展用 RAM。

1. 只读存储器（Read Only Memory，ROM）

只读存储器信息写入后，就不能随意改写，特别是在程序运行中不能写入新的内容，只能读出里面的内容。信息的写入通常是在脱机状态下或在计算机处于写 ROM 状态下进行的，断电后，其中的信息不会丢失。只读存储器通常用来存放系统运行中固定不变的程序或数据。ROM 根据其不同特点又可分为：

第一类：MROM（掩模型 ROM）。利用掩模工艺制造，用定作的掩模对存储器进行编程，一旦制造完毕，内容固定，一次也不能修改，批量生产时，成本很低。因此适合于成熟产品，存储固定的程序和数据，但不适用于开发调试过程中多次擦写。

第二类：PROM（可编程 ROM）。Programable ROM，由厂家生产出"空白"存储器，用户根据需要，采用特殊方法写入程序和数据，即对存储器进行编程，但只能写入一次，写入后信息是固定的，不能更改。它类似于掩模 ROM，适合于小批量使用，也不适用于开发调试过程中多次擦写。

　　第三类：EPROM（可擦除的 PROM）。Erasable Programable ROM，如 2764（8K×8 位），这种存储器可由用户按规定的方法多次编程，如编程之后想修改，可用紫外线灯制作的擦抹器照射 15 分钟左右，芯片中的信息被擦除，成为一块"干净"的 EPROM，可再次写入信息。这类 EPROM 又称 UV EPROM。这对于研制和开发特别有利，因此应用十分广泛。

　　第四类：E^{2}PROM（电擦除的 PROM）。或称 EEPROM（Electrically Erasable PROM）如 2864（8K×8 位），这种存储器的特点是能用特定的电信号以字节为单位进行擦除和改写，不过因其写入时电压要求较高（一般为 20～25V），以及写入速度较慢而不能像 RAM 那样作随机存取存储器使用。

　　第五类：Flash Memory（快擦型存储器）。在断电情况下仍能保持所存储的数据信息，但是数据删除不是以单个的字节为单位而是以固定的区块为单位。区块大小一般为 256KB～20MB。Flash 这个词最初由东芝因为该芯片的瞬间清除能力而提出，20 世纪 80 年代末快擦型存储器（Flash Memory）才由 Intel 公司推出，是近年来发展最快、前景看好的新型存储器芯片。它的主要特点是既可在不加电的情况下长期保存信息，具有非易失性，又能在线进行快速擦除与重写，兼具有 E^{2}PROM 和 SRAM 的优点，是一种很有发展前景的半导体存储器。现有许多公司大批生产，其集成度与位价格已低于 EPROM，是代替 EPROM 和 E^{2}PROM 的理想器件，也是未来小型磁盘的替代品，已广泛应用于笔记本电脑和便携式电子与通信设备中。

　　2. 随机读写存储器（Random Access Memory，RAM）

　　随机读写存储器在使用过程中既可随时读出信息，也可随时可以写入信息，但系统断电后，其中存放的所有信息将丢失，主要用于存放程序中的数据，在程序运行过程中可能随时会改变。随机读写存储器又可分为 3 类。

　　第一类：静态 RAM（Static RAM，SRAM）。主要特点有：存储电路以双稳态触发器为基础（一般用六管构成的触发器作为基本存储单元）；集成度介于双极型 RAM 与动态 RAM 之间；不需要刷新；易于用电池作备用电源，以解决断电后继续保存信息的问题；适于不需要大存储容量的微型计算机，例如，单板机和单片机中使用的 6264（8K×8 单端口）芯片。

　　SRAM 又有单端口和双端口两种。通常的 SRAM 为单端口存储器，只有一个地址输入和一个双向的数据输入/输出。在 DMA 方式中，若再采用通常的单端口 SRAM，要外加切换控制电路，这将使系统的工作效率降低。而双端口 SRAM 设有两组独立的地址、数据和读写控制信号，使用十分方便，常用在高速数据采集及高速数字信号处理系统中，典型芯片如 IDT7132（2K×8 位）。

　　第二类：动态 RAM（Dynamic RAM，DRAM）。其存储单元以电容为基础，电路简单，集成度高。主要特点有：可用单管作基本存储单元，依靠寄生电容存储电荷来存储信息，因而存在泄漏电流，信息在一定时间内会自然丢失，故必须定时刷新，通常刷新间隔为 2ms；集成度比双极型 RAM 和静态 RAM 都高；功耗较静态 RAM 低；价格比静态 RAM 便宜。适于大存储容量的计算机。微机中常说的内存条就是由 DRAM 组成的，如 2164（64K×1 位）。

　　第三类：非易失性 RAM（Non Volatile RAM，NVRAM）。或称掉电自保护 RAM，这种 RAM 是由 SRAM 和 EEPROM 共同构成的存储器，正常运行时和 SRAM 一样，而在掉电或电源有故障的瞬间，它把 SRAM 的信息保存在 EEPROM 中，从而使信息不会丢失，NVRAM 多用于存储非常重要的信息和掉电保护，如 DS1220（2K×8）。

　　3. 典型 ROM 芯片 2764

　　单片机程序存储器扩展中通常采用 EPROM 和 EEPROM。2764 是比较典型且应用较广的 EPROM 芯片，工作电压+5V，编程电压+25V（实际使用中，这个电压低一点要安全一些）。2764 的存储容量为 8K×8 位，有 8K 个单元，每个单元 8 位，共 64K 位。这个系列还有 2716、2732、

27128、27256 等，它们分别是 2K×8 位至 32K×8 位的 EPROM 芯片。前 2 位为系列号，后面为存储容量。

该系列芯片有两种封装：24 引脚和 28 引脚，图 5.3 为该系列引脚的排列情况（2716 和 2732 为 24 引脚）。

27256	27128	2764	2732	2716			2716	2732	2764	27128	27256
32K×8	16K×8	8K×8	4K×8	2K×8	1	28	2K×8	4K×8	8K×8	16K×8	32K×8
V_{PP}	V_{PP}	V_{PP}			2	27			V_{CC}	V_{CC}	V_{CC}
A12	A12	A12			3(1)	(24)26	V_{CC}	V_{CC}	PGM 未用	PGM 未用	PGM 未用
A7	A7	A7	A7	A7	4(2)	(23)25	A8	A8	A8	A13	A13
A6	A6	A6	A6	A6	5(3)	(22)24	A9	A9	A9	A9	A9
A5	A5	A5	A5	A5	6(4)	(21)23	V_{PP}	A11	A11	A11	A11
A4	A4	A4	A4	A4	7(5)	(20)22	$\overline{OE}$	$\overline{OE}/V_{PP}$	$\overline{OE}$	$\overline{OE}$	$\overline{OE}$
A3	A3	A3	A3	A3	8(6)	(19)21	A10	A10	A10	A10	A10
A2	A2	A2	A2	A2	9(7)	(18)20	$\overline{CE}$	$\overline{CE}$	$\overline{CE}$	$\overline{CE}$	$\overline{CE}$
A1	A1	A1	A1	A1	10(8)	(17)19	O7	O7	O7	O7	O7
A0	A0	A0	A0	A0	11(9)	(16)18	O6	O6	O6	O6	O6
O0	O0	O0	O0	O0	12(10)	(15)17	O5	O5	O5	O5	O5
O1	O1	O1	O1	O1	13(11)	(14)16	O4	O4	O4	O4	O4
O2	O2	O2	O2	O2	14(12)	(13)15	O3	O3	O3	O3	O3
GND	GND	GND	GND	GND							

图 5.3　2764 系列 EPROM 引脚图

2764 采用 28 引脚封装。由于有 8K 个存储单元，所以有 13 根地址线 A12～A0（2^{13}=8192=8K），每个单元 8 位，所以有 8 根数据线 O7～O0。有 3 根控制信号线：片选信号 $\overline{CE}$、输出允许信号 $\overline{OE}$ 和编程控制信号 $\overline{PGM}$。这 3 根控制信号都为低电平有效。在片选信号 $\overline{CE}$ 为低电平的前提下，当输出允许信号 $\overline{OE}$ 为低电平，则由地址线 A12～A0 所选中的存储单元的数据通过数据线 O7～O0 送出。另外，工作电压 V_{CC} 接+5V 电源；编程电压 V_{PP}，EPROM 编程时接+25V 电源，其余时间接+5V。GND 为地。

2764 属于 EPROM，可以擦除重写，而且允许擦除的次数超过上万次。一片新的或擦除干净 EPROM 芯片，其每个存储单元的内容都是 FFH。要对一个使用过的 EPROM 进行编程，则首先应将其放到专门的擦除器上进行擦除操作。擦除器利用紫外线光照射 EPROM 的石英窗口，一般经过 15～20min 即可擦除干净。擦除完毕后可读一下 EPROM 的每个单元，若其内容均为 FFH，就认为擦除干净了。

4. 典型 RAM 芯片 6264

单片机数据存储器扩展一般采用静态随机读写存储 SRAM。Intel 6264 是一种典型的 SRAM 芯片，存储容量为 8K×8 位，有 8K 个单元，每个单元 8 位，共 64K 位。采用 CMOS 工艺制造，28 引脚双列直插式封装。它的引脚情况如图 5.4 所示。

地址线有 13 根 A12～A0，数据线有 8 根 I/O7～I/O0。片选信号有两条：片选信号 $\overline{CE1}$ 和片选信号 CE2，其中访问 6264 时 $\overline{CE1}$ 要接低电平，CE2 要接高电平。$\overline{WE}$ 为写允许信号，低电平有效。$\overline{OE}$ 为输出允许信号，低电平有效。V_{CC} 为+5V 工作电压输入端。GND 为接地端。

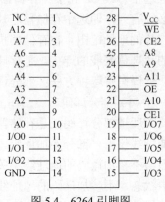

图 5.4　6264 引脚图

Intel 6264 的操作由片选信号 $\overline{CE1}$、片选信号 CE2、写允许信号 $\overline{WE}$ 和输出允许信号 $\overline{OE}$ 一

起控制。当片选信号 $\overline{\text{CE1}}$ 接低电平，片选信号 CE2 接高电平，写允许信号 $\overline{\text{WE}}$ 接低电平，输出允许信号 $\overline{\text{OE}}$ 接高电平，则数据线 I/O7～I/O0 上的数据写入到由地址线 A12～A0 选中存储单元，实现写操作；当片选信号 $\overline{\text{CE1}}$ 接低电平，片选信号 CE2 接高电平，写允许信号 $\overline{\text{WE}}$ 接高电平，输出允许信号 $\overline{\text{OE}}$ 接低电平，则由地址线 A12～A0 选中的存储单元内容送到数据线 I/O7～I/O0，实现读操作。

5.2.2　存储器扩展的一般方法

存储器芯片有很多系列，每个系列根据容量可分为多种，不同芯片它们的引脚一般不同，然而不论何种存储器芯片，其引脚都呈三总线结构。单片机与存储器芯片连接时，一般都是单片机三总线与存储器芯片的三总线对应连接。即：单片机的数据总线与存储器芯片的数据线相连；单片机的地址总线与存储器芯片的地址线相连；单片机的控制线与存储器芯片的控制线相连。另外，电源线接电源线，地线接地线。

1. 数据线的连接

存储器芯片的数据线随存储器芯片不同可能不一样，由芯片的字长决定，1 位字长的芯片数据线只有 1 根；4 位字长的芯片数据线有 4 根；8 位字长的芯片数据线有 8 根；现在单片机存储器扩展使用的芯片字长基本上都是 8 位。而 51 单片机的数据总线由 P0 口直接提供，宽度为 8 位。连接时，存储器芯片的数据线与单片机的数据总线（P0.0～P0.7）按由低位到高位的顺序顺次相接。

2. 控制线的连接

存储器芯片的控制线：对于只读存储器 ROM，一般来说，具有输出允许控制线 $\overline{\text{OE}}$，它与单片机的 PSEN 信号线相连。除此之外，对于 EPROM 芯片还有编程脉冲输入线 $\overline{\text{PGM}}$。$\overline{\text{PGM}}$ 应与单片机在编程方式下的编程脉冲输出线相接。对于随机存储器，一般都有输出允许控制线 $\overline{\text{OE}}$ 和写控制线 $\overline{\text{WE}}$，它们分别与单片机的读信号线 $\overline{\text{RD}}$ 和写信号线 $\overline{\text{WR}}$ 相连。

3. 地址线的连接

存储器芯片的地址线：地址线的数目由芯片的单元数决定。单元数（Q）与地址线数目（N）满足关系式：$Q=2^N$。存储器芯片的地址线与单片机的地址总线（A0～A15）按由低位到高位的顺序顺次相接。一般来说，存储器芯片的地址线数目总是少于单片机地址总线的数目，因此连接后，单片机的高位地址线总有剩余。剩余地址线一般作为译码线，译码输出与存储器芯片的片选信号线 $\overline{\text{CE}}$ 相接。存储器芯片有一根或几根片选信号线。对存储器芯片访问时，片选信号必须有效，即选中存储器芯片。片选信号线与单片机系统的译码输出相接后，就决定了存储器芯片的地址范围。在存储器扩展中，单片机的剩余高位地址线的译码及译码输出与存储器芯片的片选信号线的连接，是存储器扩展连接的关键问题。

译码有两种方法：部分译码法和全译码法。

（1）部分译码

所谓部分译码就是存储器芯片的地址线与单片机的地址线顺次相接后，单片机剩余的高位地址线仅用一部分参加译码。参加译码的地址线对于选中某一存储器芯片有一个确定的状态，而与不参加译码的地址线无关。也可以说，只要参加译码的地址线处于对某一存储器芯片的选中状态，不参加译码的地址线的任意状态都可以选中该芯片。正因为如此，部分译码使存储器芯片的地址空间有重叠，造成系统存储器空间的浪费。

图 5.5 中，存储器芯片单元数为 2KB，地址线有 11 根，与地址总线的低 11 位 A10～A0 相连，用于选中芯片内的单元。地址总线中 A14、A13、A12、A11 参加译码，选择芯片，设这 4

根地址总线的状态为 0010 时选中该芯片。地址总线 A15 不参加译码，当地址总线 A15 为 0、1 两种状态时都可以选中该存储器芯片。则：

A15=0 时，该芯片的地址是 0001000000000000～0001011111111111，即 1000H～17FFH；

A15=1 时，该芯片的地址是 1001000000000000～1001011111111111，即 9000H～97FFH。

←———— 地址译码线 ————→					←————————— 与存储器芯片连接的地址线 —————————→										
A15	A14	A13	A12	A11	A10	A9	A8	A7	A6	A5	A4	A3	A2	A1	A0
•	0	0	1	0	×	×	×	×	×	×	×	×	×	×	×

图 5.5　部分地址译码

可以看出，若有 N 条高位地址线不参加译码，则有 2^N 个重叠的地址范围。重叠的地址范围中每个都能访问该芯片。部分译码使存储器芯片的地址空间有重叠，造成系统存储器空间的浪费，这是部分译码的缺点。它的优点是译码电路简单。

部分译码法的一个特例是线译码。所谓线译码就是直接用一根剩余的高位地址线与一块存储器芯片的片选信号 $\overline{CE}$ 相连。这样线路最简单，但它将造成系统存储器空间的大量浪费，而且各芯片地址空间不连续。如果扩展的芯片数目较少，可以采用这种方式。

（2）全译码

所谓全译码就是存储器芯片的地址线与单片机系统的地址线顺次相接后，剩余的高位地址线全部参加译码。这种译码方法中存储器芯片的地址空间是唯一确定的，但译码电路要相对复杂。

以上这两种译码方法在单片机扩展系统中都有应用。在扩展存储器(包括 I/O 接口)容量不大的情况下，选择部分译码，可使译码电路简单，降低成本。

5.2.3　程序存储器扩展

程序存储器扩展一般可分为单片程序存储器的扩展和多片程序存储器的扩展两种，具体介绍如下。

1．单片程序存储器的扩展

图 5.6 为单片程序存储器的扩展，单片机用的是 8031，片内没有程序存储器，$\overline{EA}$ 接地。程序存储器芯片用的是 2764。连接时，2764 的 13 条地址线 A12～A0 顺次和单片机的地址总线 A12～A0 相接。由于单片连接，未用到地址译码器，所以高 3 位地址线 A13、A14、A15 不接，故有 $2^3=8$ 个重叠的 8KB 地址空间。输出允许控制线 $\overline{OE}$ 直接与单片机的 $\overline{PSEN}$ 信号线相连。因只用一片 2764，故其片选信号线 $\overline{CE}$ 直接接地。

其 8 个重叠的地址范围为：

① 0000000000000000～0001111111111111，即 0000H～1FFFH；

② 0010000000000000～0011111111111111，即 2000H～3FFFH；

③ 0100000000000000～0101111111111111，即 4000H～5FFFH；

④ 0110000000000000～0111111111111111，即 6000H～7FFFH；

⑤ 1000000000000000～1001111111111111，即 8000H～9FFFH；

⑥ 1010000000000000～1011111111111111，即 A000H～BFFFH；

⑦ 1100000000000000～1101111111111111，即 C000H～DFFFH；

⑧ 1110000000000000～1111111111111111，即 E000H～FFFFH。

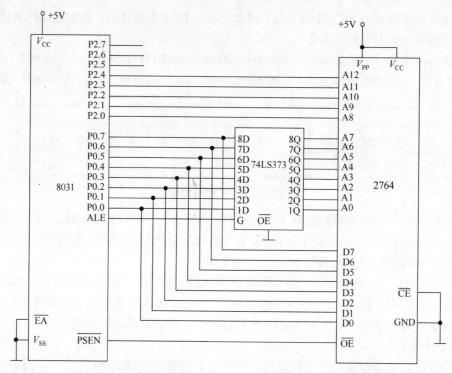

图 5.6　单片程序存储器芯片 2764 与 8031 单片机的扩展连接

2. 多片程序存储器的扩展

多片程序存储器的扩展方法比较多，芯片数目不多时可以采用部分译码法和线选法，芯片数目较多时可以采用全译码法。

图 5.7 是采用线选法实现的两片 2764 扩展成 16KB 的程序存储器。两片 2764 的地址线 A12～A0 与 8031 的地址总线 A12～A0 对应相连，2764 的数据线 D7～D0 与 8031 数据总线 D7～D0 对应相连，两片 2764 的输出允许控制线 $\overline{OE}$ 连在一起与 8031 的 $\overline{PSEN}$ 信号线相连。第一片 2764 的片信号线 $\overline{CE}$ 与 8031 地址总线的 P2.7 直接相连，第二片 2764 的片选信号线 $\overline{CE}$ 与 8031 地址总线的 P2.7 取反后相连，故当 P2.7 为 0 时选中第一片，为 1 时选中第二片。8031 地址总线的 P2.5 和 P2.6 未用，故两个芯片各有 $2^2=4$ 个重叠的地址空间。

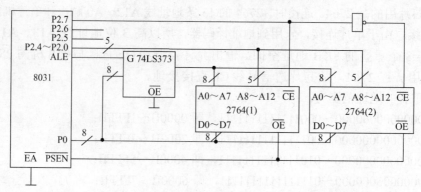

图 5.7　采用线选法实现的两片 2764 与 8031 单片机的扩展连接

其两片的地址空间分别为：

第一片：00000000000000000～0001111111111111，即 0000H～1FFFH；

　　　　00100000000000000～0011111111111111，即 2000H～3FFFH；

01000000000000000～0101111111111111，即 4000H～5FFFH；

01100000000000000～0111111111111111，即 6000H～7FFFH。

第二片：10000000000000000～1001111111111111，即 8000H～9FFFH；

10100000000000000～1011111111111111，即 A000H～BFFFH；

11000000000000000～1101111111111111，即 C000H～DFFFH；

11100000000000000～1111111111111111，即 E000H～FFFFH。

图 5.8 为采用全译码法实现的 4 片 2764 扩展成 32KB 的程序存储器。8031 剩余的高 3 位地址总线 P2.7、P2.6、P2.5 通过 74LS138 译码器形成 4 个 2764 的片选信号，其中第一片 2764 的片选信号线 $\overline{\text{CE}}$ 与 74LS138 译码器的 $\overline{\text{Y0}}$ 相连，第二片 2764 的片选信号线 $\overline{\text{CE}}$ 与 74LS138 译码器的 $\overline{\text{Y1}}$ 相连，第三片 2764 的片选信号线 $\overline{\text{CE}}$ 与 74LS138 译码器的 $\overline{\text{Y2}}$ 相连，第四片 2764 的片选信号线 $\overline{\text{CE}}$ 与 74LS138 译码器的 $\overline{\text{Y3}}$ 相连。由于采用全译码，每片 2764 的地址空间都是唯一的。

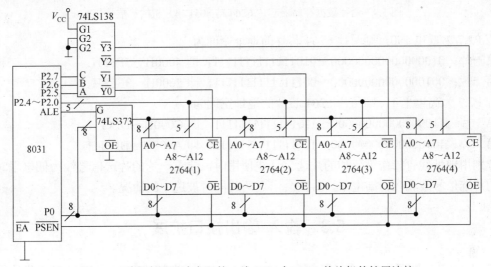

图 5.8　采用全译码法实现的 4 片 2764 与 8031 单片机的扩展连接

其地址空间分别是：

00000000000000000～0001111111111111，即 0000H～1FFFH；

00100000000000000～0011111111111111，即 2000H～3FFFH；

01000000000000000～0101111111111111，即 4000H～5FFFH；

01100000000000000～0111111111111111，即 6000H～7FFFH。

5.2.4　数据存储器扩展

数据存储器扩展与程序存储器扩展原理基本相同，只是随机存储器的控制信号一般有输出允许信号 $\overline{\text{OE}}$ 和写控制信号 $\overline{\text{WE}}$，分别与单片机的片外数据存储器的读控制信号 $\overline{\text{RD}}$ 和写控制信号 $\overline{\text{WR}}$ 相连，其他信号线的连接与程序存储器完全相同。

图 5.9 是两片随机存储器芯片 6264 与 8051 单片机的扩展连接图。连接时，两片 6264 的 13 根地址线 A12～A0 并联在一起与 8051 的地址总线低 13 位 A12～A0 依次相连；两片 6264 的 8 根数据线 I/O7～I/O0 并联在一起与 8051 的数据总线 D7～D0 对应相连；输出允许信号线 $\overline{\text{OE}}$ 与 8051 片外数据存储器读控制信号线 $\overline{\text{RD}}$ 相连；写控制信号线 $\overline{\text{WE}}$ 与 8051 片外数据存储器写控制信号线 $\overline{\text{WR}}$ 相连；第一片 6264 的片选信号线 $\overline{\text{CE1}}$ 与 8051 地址总线 A13 直接相连，第二片

6264 的片选信号线 $\overline{CE1}$ 与 8051 地址总线 A14 直接相连；两片 6264 的片选信号 CE2 都直接接高电平。A15 未用，可为高电平，也可为低电平。

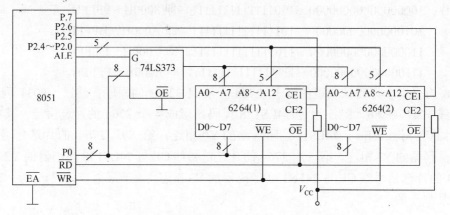

图 5.9　两片数据存储器芯片 6264 与 8051 单片机的扩展连接

若 P2.7 为低电平 0，则两片 6264 芯片的地址空间为：

第一片：0100000000000000～0101111111111111，即 4000H～5FFFH；

第二片：0010000000000000～0011111111111111，即 2000H～3FFFH。

若 P2.7 为高电平 1，则两片 6264 芯片的地址空间为：

第一片：1100000000000000～1101111111111111，即 C000H～DFFFH；

第二片：1010000000000000～1011111111111111，即 A000H～BFFFH。

分别用地址线直接作为芯片的片选信号线使用时，要求一片的片选信号线为低电平时，另一片的片选信号线就应为高电平，否则会出现两片同时被选中的情况。

5.3　输入/输出接口扩展

MCS-51 单片机有 4 个并行 I/O 接口，每个 8 位，但这些 I/O 接口并不能全部提供给用户使用，只有对于片内有程序存储器的 8051/8751 单片机，在不扩展外部资源，不使用串行口、外部中断、定时/计数器时，才能对 4 个并行 I/O 接口进行使用。如果片外要扩展，则 P0、P2 口要用来作为数据、地址总线，P3 口中的某些位也要被用来作为第二功能信号线，这时留给用户的 I/O 线就很少了。因此，在大部分的 MCS-51 单片机应用系统中都要进行 I/O 扩展。

I/O 扩展接口的种类很多，按其功能可分为简单 I/O 接口和可编程 I/O 接口。简单 I/O 扩展通过数据缓冲器、锁存器来实现，结构简单、价格便宜，但功能简单。可编程 I/O 扩展通过可编程接口芯片来实现，电路复杂、价格相对较高，但功能强、使用灵活。在 MCS-51 单片机中，不管是简单 I/O 接口还是可编程 I/O 接口，都通过片外数据存储器方式扩展，与片外数据存储器统一编址，占用片外数据存储器的地址空间，通过片外数据存储器的访问方式访问。

本节将对简单 I/O 接口扩展和可编程 I/O 接口扩展分别进行介绍。

5.3.1　简单 I/O 接口扩展

通常通过数据缓冲器、锁存器来扩展简单 I/O 接口。例如，74LS373、74LS244、74LS273、74LS245 等芯片都可以作简单 I/O 扩展。实际上，只要具有输入三态、输出锁存的电路，就可以用作 I/O 接口扩展。

　　下面利用 74LS373 和 74LS244 来扩展简单 I/O 接口。其中，74LS373 是常用的地址锁存器芯片，它实质是一个是带三态缓冲输出的 8D 触发器，它的引脚与结构如图 5.10 所示。

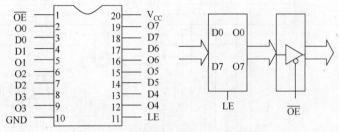

图 5.10　74LS373 引脚与内部结构图

　　D0～D7 为 8 个输入端；O0～O7 为 8 个输出端；LE 为数据锁存控制端，高电平有效，当 LE 为高电平时，8 个输入端 D0～D7 的数据锁存到 8 个 D 触发器中；$\overline{OE}$ 为输出允许端，低电平有效，当 $\overline{OE}$ 为低电平时，把锁存于 D 触发器中的数据通过输出端 O0～O7 输出。

　　74LS244 是单向数据缓冲器，它的引脚与结构如图 5.11 所示，带两个控制端 $\overline{1G}$ 和 $\overline{2G}$。当 $\overline{1G}$ 为低电平时，输入端 1A1～1A4 的数据通过 1Y1～1Y4 输出；当 $\overline{2G}$ 为低电平时，输入端 2A1～2A4 的数据通过 2Y1～2Y4 输出。通过内部结构可以看出，74LS244 只是一个三态门，控制端为低电平时，数据直接通过，不能锁存，但可增加负载的驱动能力。

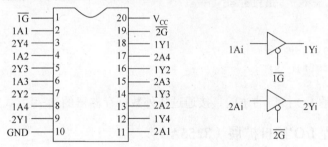

图 5.11　74LS244 引脚与内部结构图

　　图 5.12 是利用 74LS373 和 74LS244 扩展的简单 I/O 接口，其中 74LS373 扩展并行输出口，74LS244 扩展并行输入口。图中 74LS373 的数据锁存控制端 LE 是由 8051 单片机的写信号 $\overline{WR}$ 和 P2.0 通过或非门后相连，输出允许端 $\overline{OE}$ 直接接地，所以当 74LS373 输入端有数据来时直接通过输出端输出。当执行向片外数据存储器写的指令时，指令中片外数据存储器的地址使 P2.0 为低电平，则数据锁存控制端 LE 有效，数据总线上的数据就送到 74LS373 的输出端。74LS244 的控制端 $\overline{1G}$ 和 $\overline{2G}$ 连在一起与 8051 单片机的读信号 $\overline{RD}$ 和 P2.0 通过或门后相连，当执行从片外数据存储器读的指令时，指令中片外数据存储器的地址使 P2.0 为低电平，则控制端 $\overline{1G}$ 和 $\overline{2G}$ 有效，74LS244 的输入端的数据通过输出端送到数据总线，然后传送到 8051 单片机的内部。

　　在图 5.12 中，扩展的输入口接了 K0～K7 八个开关，扩展的输出口接了 L0～L7 八个发光二极管，如果要通过 L0～L7 发光二极管显示 K0～K7 开关的状态，则相应的汇编程序为：

```
LOOP:   MOV  DPTR,#0FEFFH
        MOVX A,@DPTR
        MOVX @DPTR,A
        SJMP LOOP
```

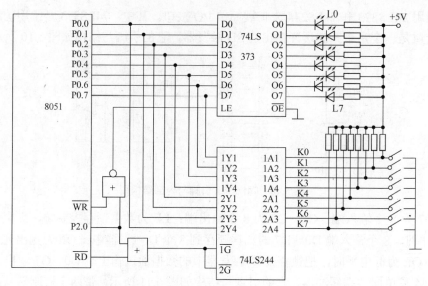

图 5.12　用 74LS373 和 74LS244 扩展的并行 I/O 接口

如果用 C 语言编程，则相应程序段为：

```
#include <absacc.h>        //定义绝对地址访问
#define uchar unsigned char
…
uchar i;
i=XBYTE[0xfeff];
XBYTE[0xfeff]= i;
…
```

程序中对扩展的 I/O 接口的访问直接通过片外数据存储器的读/写方式来进行。

5.3.2　可编程 I/O 接口扩展（8255A）

8255A 是在单片机应用系统中广泛采用的可编程 I/O 接口扩展芯片。它有 3 个 8 位并行 I/O 接口 PA、PB、PC，有 3 种基本工作方式。

1. 8255A 的结构与功能

8255A 是 Intel 公司生产的 8 位可编程并行接口芯片，广泛应用于 8 位计算机和 16 位计算机中，它的内部结构如图 5.13 所示。

8255A 内部有 3 个可编程的并行 I/O 端口：PA 口、PB 口和 PC 口。每个口 8 位，提供 24 根 I/O 信号线。每个口都有一个数据输入寄存器和一个数据输出寄存器，输入时有缓冲功能，输出时有锁存功能。其中 C 口又可分为两个独立的 4 位端口：PC0～PC3 和 PC4～PC7。A 口和 C 口的高 4 位合在一起称为 A 组，通过图中的 A 组控制部件控制；B 口和 C 口的低 4 位合在一起称为 B 组，通过图中的 B 组控制部件控制。

A 口有 3 种工作方式：无条件 I/O 方式、选通 I/O 方式和双向选通 I/O 方式。B 口有两种工作方式：无条件 I/O 方式和选通 I/O 方式。当 A 口和 B 口工作于选通 I/O 方式或双向选通 I/O 方式时，C 口当中的一部分线用作 A 口和 B 口 I/O 的应答信号线。

数据总线缓冲器是一个 8 位双向三态缓冲器，是 8255A 与系统总线之间的接口，8255A 与 CPU 之间传送的数据信息、命令信息、状态信息都通过数据总线缓冲器来实现传送。

读/写控制部件接收 CPU 发送来的控制信号、地址信号，然后经译码选中内部的端口寄存器，并指挥从这些寄存器中读出信息或向这些寄存器中写入相应的信息。8255A 有 4 个端口寄存器：A 寄存器、B 寄存器、C 寄存器和控制口寄存器，通过控制信号和地址信号对这 4 个端口寄存器的操作如表 5.1 所示。

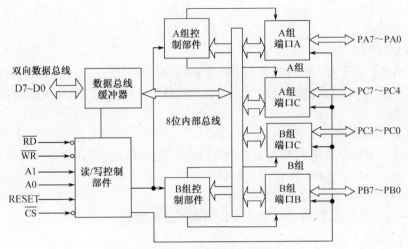

图 5.13　8255A 内部结构

表 5.1　8255A 端口寄存器选择操作表

$\overline{CS}$	A1	A0	$\overline{RD}$	$\overline{WR}$	I/O 操作
0	0	0	0	1	读 A 口寄存器内容到数据总线
0	0	1	0	1	读 B 口寄存器内容到数据总线
0	1	0	0	1	读 C 口寄存器内容到数据总线
0	0	0	1	0	数据总线上内容写到 A 口寄存器
0	0	1	1	0	数据总线上内容写到 B 口寄存器
0	1	0	1	0	数据总线上内容写到 C 口寄存器
0	1	1	1	0	数据总线上内容写到控制口寄存器

8255A 内部的各个部分是通过 8 位内部总线连接在一起的。

2. 8255A 的引脚信号

8255A 共有 40 个引脚，采用双列直插式封装，如图 5.14 所示。各引脚信号线的功能如下：

D7～D0：三态双向数据线，与单片机的数据总线相连，用来传送数据信息。

$\overline{CS}$：片选信号线，低电平有效，用于选中 8255A 芯片。

$\overline{RD}$：读信号线，低电平有效，用于控制从 8255A 端口寄存器读出信息。

$\overline{WR}$：写信号线，低电平有效，用于控制向 8255A 端口寄存器写入信息。

A1，A0：地址线，用来选择 8255A 的内部端口。

PA7～PA0：A 口的 8 根 I/O 信号线，用于与外部设备连接。

PB7～PB0：B 口的 8 根 I/O 信号线，用于与外部设备连接。

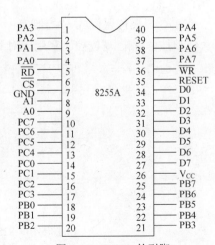

图 5.14　8255A 的引脚

PC7～PC0：C 口的 8 根 I/O 信号线，用于与外部设备连接。

RESET：复位信号线。

V_{CC}：+5V 电源线。

GND：地信号线。

3. 8255A 的控制字

8255A 有两个控制字：工作方式控制字和 C 口按位置位/复位控制字。这两个控制字都是通过向控制口寄存器写入来实现的，通过写入内容的特征位来区分是工作方式控制字还是 C 口按位置位/复位控制字。

（1）工作方式控制字

工作方式控制字用于设定 8255A 的 3 个端口的工作方式，其格式如图 5.15 所示。

D7—特征位。D7=1 表示为工作方式控制字。

D6、D5—用于设定 A 组的工作方式。

D4、D3—用于设定 A 口和 C 口的高 4 位是输入还是输出。

D2—用于设定 B 组的工作方式。

D1、D0—用于设定 B 口和 C 口的低 4 位是输入还是输出。

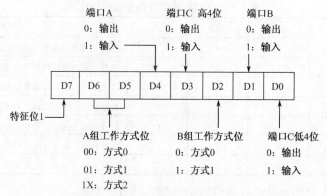

图 5.15　8255A 的工作方式控制字

（2）C 口按位置位/复位控制字

C 口按位置位/复位控制字用于对 C 口各位置 1 或清 0，其格式如图 5.16 所示。

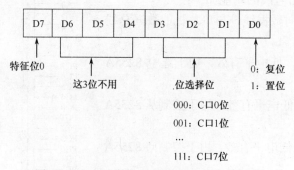

图 5.16　8255A 的 C 口按位置位/复位控制字

D7—特征位。D7=0 表示为 C 口按位置位/复位控制字。

D6、D5、D4—这 3 位不用。

D3、D2、D1—这 3 位用于选择 C 口当中的某一位。

D0—用于置位/复位设置，D0=0 则复位，D0=1 则置位。

4. 8255A 的工作方式

（1）方式 0

方式 0 是一种基本的 I/O 方式。在这种方式下，3 个端口都可以由程序设置为输入或输出，没有固定的应答信号。方式 0 的特点如下：

① 具有两个 8 位端口（A、B）和两个 4 位端口（C 口的高 4 位和 C 口的低 4 位）；

② 任何一个端口都可以设定为输入或者输出；

③ 每个端口输出时锁存，而输入时不锁存。

方式 0 输入/输出时没有专门的应答信号，通常用于无条件传送。例如，图 5.17 就是 8255A 工作于方式 0 的例子，其中 A 口输入，B 口输出。A 口接开关 K0~K7，B 口接发光二极管 L0~L7，开关 K0~K7 是一组无条件输入设备，发光二极管 L0~L7 是一组无条件输出设备，要接收开关的状态直接读 A 口即可，要把信息通过发光二极管显示只需把信息直接送到 B 口即可。

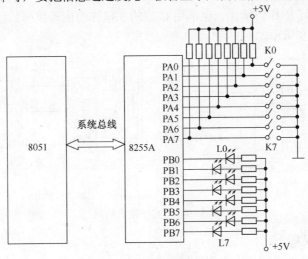

图 5.17　方式 0 无条件传送

（2）方式 1

方式 1 是一种选通 I/O 方式。在这种工作方式下，A 口和 B 口作为数据 I/O 口，C 口用作 I/O 的应答信号。A 口和 B 口既可以作输入，也可以作输出，输入和输出都具有锁存能力。

① 方式 1 输入。

无论是 A 口输入还是 B 口输入，都用 C 口的 3 位作应答信号，1 位作中断允许控制位。具体情况如图 5.18 所示。

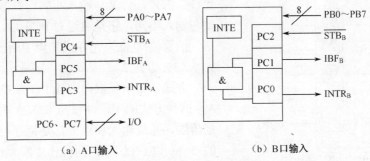

（a）A口输入　　　　　　　　　（b）B口输入

图 5.18　方式 1 输入结构

各应答信号的含义如下。

$\overline{STB}$：外设送给 8255A 的"输入选通"信号，低电平有效。当外设准备好数据时，就向

8255A 发送 $\overline{\text{STB}}$ 信号，把外设送来的数据锁存到输入数据寄存器中。

IBF：8255A 送给外设的"输入缓冲器满"信号，高电平有效。此信号是对 $\overline{\text{STB}}$ 信号的响应信号。当 IBF=1 时，8255A 告诉外设送来的数据已锁存于 8255A 的输入锁存器中，但 CPU 还未取走，通知外设还不能发送新的数据，只有当 IBF=0，输入缓冲器变空时，外设才能给 8255A 发送新的数据。

INTR：8255A 发送给 CPU 的"中断请求"信号，高电平有效。当 INTR=1 时，向 CPU 发送中断请求，请求 CPU 从 8255A 中读取数据。

INTE：8255A 内部为控制中断而设置的"中断允许"信号。当 INTE=1 时，允许 8255A 向 CPU 发送中断请求；当 INTE=0 时，禁止 8255A 向 CPU 发送中断请求。INTE 由软件通过对 PC4（A 口）和 PC2（B 口）的置位/复位来允许或禁止发送中断请求。

② 方式 1 输出。

无论是 A 口输出还是 B 口输出，也都用 C 口的 3 位作为应答信号，1 位作为中断允许控制位。具体结构如图 5.19 所示。

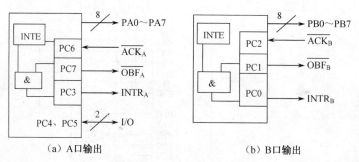

（a）A 口输出   （b）B 口输出

图 5.19　方式 1 输出结构

各应答信号的含义如下。

$\overline{\text{OBF}}$：8255A 送给外设的"输出缓冲器满"信号，低电平有效。当 $\overline{\text{OBF}}$ 有效时，表示 CPU 已将一个数据写入 8255A 的输出端口，8255A 通知外设可以将其取走。

$\overline{\text{ACK}}$：外设送给 8255A 的"应答"信号，低电平有效。当 $\overline{\text{ACK}}$ 有效时，表示外设已接收到从 8255A 端口送来的数据。

INTR：8255A 送给 CPU 的"中断请求"信号，高电平有效。当 INTR=1 时，向 CPU 发送中断请求，请求 CPU 再向 8255A 写入数据。

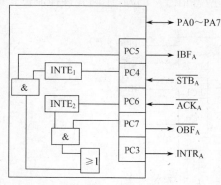

图 5.20　方式 2 结构

INTE：8255A 内部为控制中断而设置的"中断允许"信号，含义与输入相同，只是对应 C 口的位数与输入不同，它是通过对 PC6（A 口）和 PC2（B 口）的置位/复位来允许或禁止中断的。

（3）方式 2

方式 2 是一种双向选通 I/O 方式，只适合于端口 A。这种方式能实现外设与 8255A 的 A 口的双向数据传送，并且输入和输出都是锁存的。它使用 C 口的 5 位作应答信号，两位作中断允许控制位。具体结构如图 5.20 所示。

方式 2 各应答信号的含义与方式 1 相同，只是 INTR 具有双重含义，既可作为输入时向 CPU 的中断请求，也可作为输出时向 CPU 的中断请求。

5. 8255A 与 MCS-51 单片机的接口

（1）硬件接口

8255A 与 MCS-51 单片机的连接包含数据线、地址线、控制线的连接，其中，数据线直接与 MCS-51 单片机的数据总线相连；8255A 的地址线 A0 和 A1 一般与 MCS-51 单片机地址总线的低位相连，用于对 8255A 的 4 个端口进行选择；8255A 控制线中的读信号线、写信号线与 MCS-51 单片机的片外数据存储器的读/写信号线直接相连，片选信号线 $\overline{CS}$ 的连接与存储器芯片的片选信号线的连接方法相同，用于决定 8255A 内部端口地址的地址范围。图 5.21 就是 8255A 与单片机的一种连接形式。

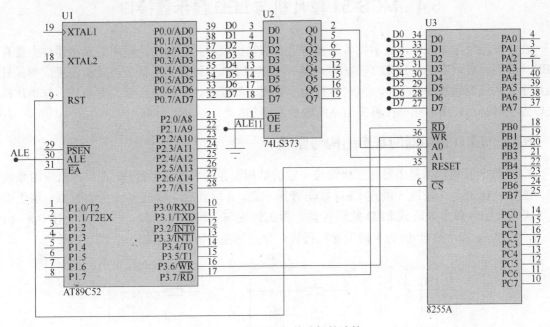

图 5.21　8255A 与单片机的连接

图 5.21 中，8255A 的数据线与 MCS-51 单片机的数据总线相连，读/写信号线对应相连，地址线 A0、A1 与 MCS-51 单片机的地址总线的 A0 和 A1 相连，片选信号线 $\overline{CS}$ 与 MCS-51 单片机的 P2.7 相连。8255A 的 A 口、B 口、C 口和控制口的地址分别是 7F00H、7F01H、7F02H 和 7F03H（高 8 位地址线未用的取 1，低 8 位地址线未用的取 0）。

（2）软件编程

设 8255A 扩展的并口连接外设的情况如图 5.17 所示，A 口接开关 K0～K7，B 口接发光二极管 L0～L7，因为开关是无条件输入设备，发光二极管是无条件输出设备，因而可设定 8255A 的 A 口为方式 0 输入，B 口为方式 0 输出，则 8255A 的工作方式控制字为 10010000B（90H），同时要求从 A 口读入开关状态通过 B 口显示出来。相应程序如下：

汇编程序段：

```
    MOV  A,#90H
    MOV  DPTR,#7F03H
    MOVX @DPTR,A           ;8255A 初始化
    MOV  DPTR,#7F00H
    MOVX A, @DPTR          ;从 A 口输入
    MOV  DPTR,#7F01H
    MOVX @DPTR,A           ;从 B 口输出
```

C 语言程序段：

```
#include  <reg51.h>
#include  <absacc.h>          //定义绝对地址访问
unsigned  char  i;
...
XBYTE[0x7f03]=0x90;           //8255A 初始化
i = XBYTE[0x7f00];            //从 A 口输入
XBYTE[0x7f01] = i;            //从 B 口输出
...
```

5.4　MCS-51 单片机与 LED 显示器接口

在单片机应用系统中，显示设备是非常重要的输出设备。目前广泛使用的显示器件主要有
LED（数码管显示器）和 LCD（液晶显示器），其中 LED 数码管显示器虽然显示信息简单，只
能显示十六进制数和少数字符，但它具有显示清晰、亮度高、使用电压低、寿命长、与单片机
接口方便等特点，所以在单片机应用系统中经常用到。

5.4.1　LED 显示器的基本结构与原理

LED 数码管显示器是由发光二极管按一定的结构组合起来的显示器件。在单片机应用系统
中，通常使用的是 7 段或 8 段式 LED 数码管显示器，8 段式比 7 段式多一个小数点。这里以
8 段式来介绍，单个 8 段式 LED 数码管显示器的外观与引脚如图 5.22（a）所示，其中 a，b，
c，d，e，f，g 和小数点 dp 为 8 段发光二极管，位置如图中所示，组成一个"8." 形状。

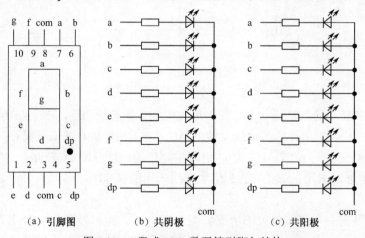

　　（a）引脚图　　　　　　（b）共阴极　　　　　　（c）共阳极

图 5.22　8 段式 LED 数码管引脚与结构

8 段发光二极管的连接有两种结构：共阴极和共阳极。如图 5.22 所示。其中，图 5.22（b）
为共阴极结构，8 段发光二极管的阴极端连接在一起，阳极端分开控制，使用时公共端接地，
要使哪个发光二极管亮，则对应的阳极端接高电平；图 5.22（c）为共阳极结构，8 段发光二极
管的阳极端连接在一起，阴极端分开控制，使用时公共端接电源，要使哪个发光二极管亮，则
对应的阴极端接地。

LED 数码管显示器显示时，公共端首先要保证有效，即共阴极结构公共端接低电平，共阳
极结构公共端接高电平，这个过程称为选通数码管。再在另外一端送要显示数字的编码，这个
编码称为字段码，8 位数码管字段码为 8 位，从高位到低位的顺序依次为 dp、g、f、e、d、c、

b、a。如共阴极数码管数字"0"的字段码为 00111111B（3FH），共阳极数码管数字"1"的字段码为 11111001B（F9H），不同数字或字符其字段码不一样，对于同一个数字或字符，共阴极结构和共阳极结构的字段码也不一样，共阴极和共阳极的字段码互为反码，常见的数字和字符的共阴极和共阳极的字段码如表 5.2 所示。

表 5.2　常见的数字和字符的共阴极和共阳极的字段码

显示字符	共阴极字段码	共阳极字段码	显示字符	共阴极字段码	共阳极字段码
0	3FH	C0H	C	39H	C6H
1	06H	F9H	D	5EH	A1H
2	5BH	A4H	E	79H	86H
3	4FH	B0H	F	71H	8EH
4	66H	99H	P	73H	8CH
5	6DH	92H	U	3EH	C1H
6	7DH	82H	T	31H	CEH
7	07H	F8H	Y	6EH	91H
8	7FH	80H	L	38H	C7H
9	6FH	90H	8.	FFH	00H
A	77H	88H	"灭"	00	FFH
B	7CH	83H	……	……	……

5.4.2　LED 数码管显示器使用的主要问题

LED 数码管显示器使用主要有两个方面的问题：译码方式和显示方式。

1．译码方式

所谓译码方式是指由显示字符转换得到对应的字段码的方式。对于 LED 数码管显示器，通常的译码方式有硬件译码方式和软件译码方式两种。

（1）硬件译码方式

硬件译码方式是指利用专门的硬件电路来实现显示字符到字段码的转换，这样的硬件电路有很多，如 Motorola 公司生产的 MC14495 芯片就是其中的一种。MC14495 是共阴极一位十六进制数——字段码转换芯片，能够输出用 4 位二进制数表示的一位十六进制数的 7 位字段码，不带小数点。它的内部结构如图 5.23 所示。

MC14495 内部由内部锁存器和译码驱动电路两部分组成，译码驱动电路部分还包含一个字段码 ROM 阵列。内部锁存器用于锁存输入的 4 位二进制数以便提供给译码电路译码。译码驱动电路对锁存器的 4 位二进制数进行译码，产生送往 LED 数码管的 7 位字段。引脚信号 $\overline{\text{LE}}$ 是数据锁存控制端，当 $\overline{\text{LE}}$ =0 时输入数据，当 $\overline{\text{LE}}$ =1 时数据锁存于锁存器中；A、B、C、D 为 4 位二进制数输入端；a～g 为 7 位字段码输出端；h+i 引脚为大于等于 10 的指示端；当输入数据大于等于 10 时，h+i 引脚为高电平；$\overline{\text{VCR}}$ 为输入为 15 的指示端，当输入数据为 15 时，$\overline{\text{VCR}}$ 为低电平。

硬件译码时，要显示一个数字，只需送出这个数字的 4 位二进制编码即可，软件开销较小，但硬件线路复杂，需要增加硬件译码芯片，因而硬件造价相对较高。

（2）软件译码方式

软件译码方式就是编写软件译码程序，通过译码程序来得到要显示的字符的字段码。译码程序通常为查表程序，软件开销较大，但硬件线路简单，因而在实际系统中经常用到。

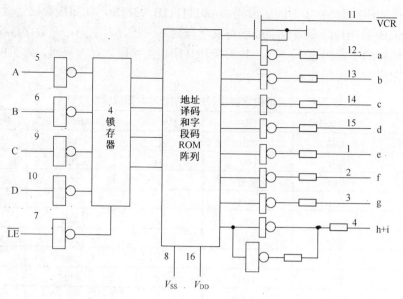

图 5.23　MC14495 的内部结构

2. LED 数码管的显示方式

LED 数码管在显示时，通常有静态显示方式和动态显示方式两种。

（1）静态显示方式

LED 静态显示时，其公共端直接接地（共阴极）或接电源（共阳极），各段选线分别与 I/O 接口线相连。要显示字符，直接在 I/O 线发送相应的字段码，如图 5.24 所示。

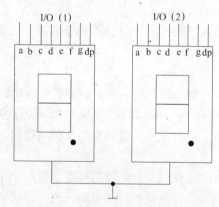

图 5.24　两位数码管静态显示

两个数码管的共阴极端直接接地，如果要在第一个数码管上显示数字 1，只要在 I/O(1)发送 1 的共阴极字段码；如果要在第二数码管上显示数字 2，只要在 I/O(2)发送 2 的字段码。

静态显示结构简单，显示方便，要显示某个字符，直接在 I/O 线上发送相应的字段码，但一个数码管需要 8 根 I/O 线，如果数码管个数少，用起来方便，但如果数码管数目较多，就要占用很多的 I/O 线，所以当数码管数目较多时，往往采用动态显示方式。

（2）动态显示方式

LED 动态显示是将所有的数码管的段选线并接在一起，用一个 I/O 接口控制，公共端不是直接接地（共阴极）或电源（共阳极），而是通过相应的 I/O 接口线控制，如图 5.25 所示。

图 5.25 是 4 位 LED 数码管动态显示图，4 个数码管的段选线并接在一起通过 I/O(1)控制，它们的公共端不直接接地（共阴极）或电源（共阳极），每个数码管的公共端与一根 I/O 线相连，通过 I/O(2)控制。设数码管为共阳极，它的工作过程为：第一步使右边第一个数码管的公共端 D0 为 1，其余的数码管的公共端为 0，同时在 I/O(1)上发送右边第一个数码管的字段码，这时，只有右边第一个数码管显示，其余不显示；第二步使右边第二个数码管的公共端 D1 为 1，其余的数码管的公共端为 0，同时在 I/O(1)上发送右边第二个数码管的字段码，这时，只有右边第二个数码管显示，其余不显示。依此类推，直到最后一个，这样 4 个数码管轮流显示相应的信息，一次循环完毕后，

下一次循环又这样轮流显示。从计算机的角度看是一个一个地显示。但由于人的视觉暂留效应，只要循环的周期足够快，则看起来所有的数码管就都是一起显示的了，这就是动态显示的原理。而这个循环周期对于计算机来说很容易实现，所以在单片机中经常用到动态显示。

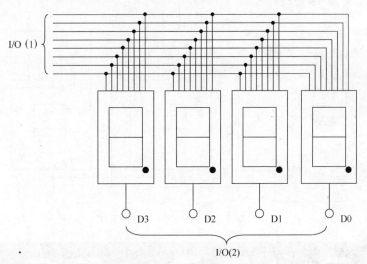

图 5.25　4 位 LED 动态显示

动态显示所用的 I/O 接口信号线少，线路简单，但软件开销大，需要 CPU 周期性地对它刷新，因此会占用 CPU 大量的时间。注意，在市场上买的 4 个或 8 个连接在一起的数码管，都是按动态方式连接的。

5.4.3　LED 显示器与单片机的接口

LED 显示器从译码方式上分可分为硬件译码方式和软件译码方式，从显示方式上分可分为静态显示方式和动态显示方式。在使用时可以把它们组合起来。在实际应用时，如果数码管个数较少，通常用硬件译码静态显示；在数码管个数较多时，则通常用软件译码动态显示。

1．硬件译码静态显示

图 5.26 是一个两位共阴极数码管硬件译码静态显示的接口电路图。其采用两片 MC14495 硬件译码芯片，它们的输入端并接在一起与 P1 中的低 4 位相连，控制端 $\overline{LE}$ 分别接 P1.4 和 P1.5，MC14495 的输出端接数码管的段选线，数码管的公共端直接接地。操作时，如果使 P1.4 为低电平，通过 P1 口的低 4 位输出一个数字，则在第一个数码管显示相应的数字。如果使 P1.5 为低电平，通过 P1 口的低 4 位输出一个数字，则在第二个数码管显示相应的数字。操作非常简单。

相应的汇编指令如下：

```
MOV  P1,#0010 0001B      ;在第一个数码管显示"1"
MOV  P1,#0001 0010B      ;在第二个数码管显示"2"
```

2．软件译码动态显示

图 5.27 是一个 8 位软件译码动态显示的接口电路图，图中用 8255A 扩展并行 I/O 接口接数码管，数码管为共阴极，采用动态显示方式，8 位数码管的段选线并联，与 8255A 的 A 口相连，8 位数码管的公共端与 8255A 的 B 口相连。也即 8255A 的 B 口输出位选码选择要显示的数码管，8255A 的 A 口输出字段码使数码管显示相应的字符，8255A 的 A 口和 B 口都工作于方式 0 输出。A 口、B 口、C 口和控制口的地址分别为 7F00H、7F01H、7F02H 和 7F03H（高 8 位地址线未用的取 1，低 8 位地址线未用的取 0）。

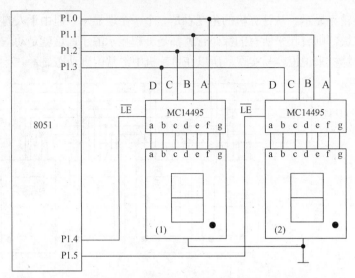

图 5.26　硬件译码静态显示电路

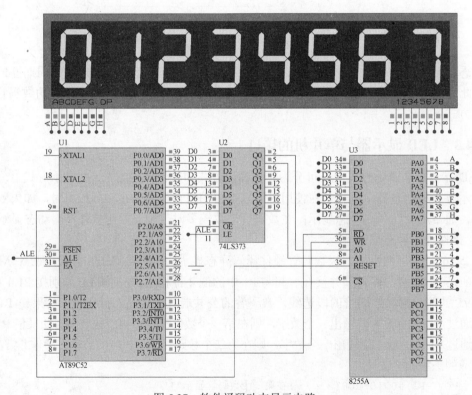

图 5.27　软件译码动态显示电路

软件译码动态显示汇编语言程序如下（设 8 个数码管的显示缓冲区为片内 RAM 的 57H～50H 单元）：

```
        ORG  0000H
        LJMP MAIN
        ORG  0100H
MAIN:MOV A,#0            ;显示缓冲区 57H～50H 单元初始化为 7～0
        MOV  R2,#8
        MOV  R0,#50H
LOOP:MOV @R0,A
```

```
            INC   R0
            INC   A
            DJNZ  R2,LOOP
    LOOP1:LCALL  DISPLAY              ;调用显示子程序
            SJMP  LOOP1
            SJMP  $
            ;显示子程序
  DISPLAY:MOV  A,#10000000B           ;8255A 初始化
            MOV   DPTR,#7F03H          ;使 DPTR 指向 8255A 控制寄存器端口
            MOVX  @DPTR,A
            MOV   R0,#57H              ;动态显示初始化,使 R0 指向缓冲区首地址
            MOV   R3,#7FH              ;首位位选字送 R3
            MOV   A,R3
      LD0:MOV   DPTR,#7F01H           ;使 DPTR 指向 PB 口
            MOVX  @DPTR,A              ;从 PB 口送出位选字
            MOV   DPTR,#7F00H          ;使 DPTR 指向 PA 口
            MOV   A,@R0                ;读要显示数
            ADD   A,#0DH               ;调整距离段选码表首的偏移量
            MOVC  A,@A+PC°             ;查表取得段选码
            MOVX  @DPTR,A              ;段选码从 PA 口输出
            ACALL DL1                  ;调用 1ms 延时子程序
            DEC   R0                   ;指向缓冲区下一单元
            MOV   A,R3                  ;位选码送累加器 A
            JNB   ACC.0,LD1            ;判断 8 位是否显示完毕,显示完返回
            RR    A                    ;未显示完,把位选字变为下一位选字
            MOV   R3,A                  ;修改后的位选字送 R3
            AJMP  LD0                  ;循环实现按位序依次显示
      LD1: RET
      TAB: DB   3FH,06H,5BH,4FH,66H,6DH,7DH,07H   ;字段码表
            DB   7FH,6FH,77H,7CH,39H,5EH,79H,71H
      DL1: MOV   R7,#02H               ;延时子程序
       DL: MOV   R6,#0FFH
      DL0: DJNZ  R6,DL0
            DJNZ  R7,DL
            RET
            END
```

软件译码动态显示 C 语言程序如下:

```c
#include <reg51.h>
#include <absacc.h>                    //定义绝对地址访问
#define uchar unsigned char
#define uint unsigned int
void delay(uint);                       //声明延时函数
void display(void);                     //声明显示函数
uchar disbuffer[8]={0,1,2,3,4,5,6,7};  //定义显示缓冲区
void main(void)
    {
    XBYTE[0x7f03]=0x80;                 //8255A 初始化
    while(1)
        {
        display();                      //设显示函数
        }
    }
//***********延时函数***********
```

```
void  delay(uint  i)                          //延时函数
{
uint  j;
for  (j=0;j<i;j++){}
}
//***********显示函数***********
void  display(void)                          //定义显示函数
{
uchar  codevalue[16]={0x3f,0x06,0x5b,0x4f,0x66,0x6d,0x7d,0x07,
0x7f,0x6f,0x77,0x7c,0x39,0x5e,0x79,0x71};  //0～F 的字段码表
uchar  chocode[8]={0xfe,0xfd,0xfb,0xf7,0xef,0xdf,0xbf,0x7f};    //位选码表
uchar  i,p,temp;
for  (i=0;i<8;i++)
    {
    temp=chocode[i];         //取当前的位选码
    XBYTE[0x7f01]=temp;      //送出位选码
    p=disbuffer[i];          //取当前显示的字符
    temp=codevalue[p];       //查得显示字符的字段码
    XBYTE[0x7f00]=temp;      //送出字段码
    delay(20);               //延时 1ms
    }
}
```

5.5　MCS-51 单片机与键盘的接口

在一个单片机应用系统中，键盘是必不可少的输入设备。单片机应用系统中，操作人员一般通过外部键盘向系统输入各种命令以指挥、调节系统的运行，掌握系统的工作状态。

5.5.1　键盘概述

1. 键盘的基本原理

键盘实际上是一组按键开关的集合，平时按键开关总是处于断开状态，当按下键时它才闭合，按下后可向计算机产生一脉冲波。按键开关的结构和产生的波形如图 5.28 所示。

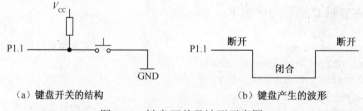

(a) 键盘开关的结构　　　　　　　　　　(b) 键盘产生的波形

图 5.28　键盘开关及波形示意图

在图 5.28(a)中，当按键开关未按下时，开关处于断开状态，向 P1.1 输入高电平；当按键开关按下时，开关处于闭合状态，向 P1.1 输入低电平。因此可通过读入 P1.1 的高低电平状态来判断按键开关是否按下。

2. 抖动的消除

在单片机应用系统中，通常按键开关为机械式开关，由于机械触点的弹性作用，一个按键开关在闭合时往往不会马上稳定地接通，断开时也不会马上断开，因而在闭合和断开的瞬间都会伴随着一串的抖动，波形如图 5.29 所示。按下键时产生的抖动称为前沿抖动，松开键时产生

的抖动称为后沿抖动。如果对抖动不作处理，会出现按一次键而输入多次，为确保按一次键只确认一次，必须消除按键抖动。消除按键抖动通常有硬件消抖和软件消抖两种方法。

硬件消抖是通过在按键输出电路上添加一定的硬件线路来消除抖动的，一般采用 RS 触发器或单稳态电路。图 5.30 是由两个与非门组成的 RS 触发器消抖电路。平时，没有按键时，开关倒向下方，上面的与非门输入高电平，下面的与非门输入低电平，输出端输出高电平。当按下按键时，开关倒向上方，上面的与非门输入低电平，下面的与非门输入高电平，由于 RS 触发器的反馈作用，使输出端迅速变为低电平，而不会产生抖动波形，而当按键松开时，开关回到下方时也一样，输出端迅速回到高电平而不会产生抖动波形。经过图中的 RS 触发器消抖后，输出端的信号就变为标准的矩形波。

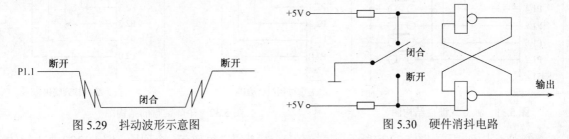

图 5.29　抖动波形示意图　　　　　　　　图 5.30　硬件消抖电路

软件消抖是利用延时程序消除抖动。由于抖动时间都比较短，因此可以这样处理：当检测到有键按下时，执行一段延时程序跳过抖动，再去检测，通过两次检测来识别一次按键，这样就可以消除前沿抖动的影响。对于后沿抖动，由于在接收一个键后，一般都要经过一定时间再去检测有无按键，这样就自然跳过后沿抖动时间而消除后沿抖动了。当然在第二次检测时有可能发现又没有键按下，这是怎么回事呢？这种情况一般是线路受到外部电路干扰使输入端产生干扰脉冲，这时就认为没有键输入。

在单片机应用系统中，一般都采用软件消抖。

3．键盘的分类

一般来说，单片机应用系统的键盘可分为两类：独立式键盘和行列键盘。

独立式键盘就是各按键相互独立，每个按键各接一根 I/O 接口线，每根 I/O 接口线上的按键都不会影响其他的 I/O 接口线。因此，通过检测各 I/O 接口线的电平状态就可以很容易地判断出哪个按键被按下了。独立式键盘如图 5.31 所示。独立式键盘的电路配置灵活，软件简单。但每个按键要占用一根 I/O 接口线，在按键数量较多时，I/O 接口线浪费很大。故在按键数量不多时，经常采用这种形式。

行列键盘往往又称为矩阵键盘。用两组 I/O 接口线排列成行、列结构，一组设定为输入，一组设定为输出，键位设置在行、列线的交点上，按键的一端接行线，一端接列线。例如，如图 5.32 是由 4 根行线和 4 根列线组成的 4×4 矩阵键盘，行线为输入，列线为输出，可管理 4×4=16 个键。矩阵键盘占用的 I/O 接口线数目少，图 5.32 中 4×4 矩阵键盘总共只用了 8 根 I/O 接口线，比独立式键盘少了一半，而且键越多，情况越明显。因此，在按键数量较多时，往往采用矩阵键盘。矩阵键盘的处理一般注意两个方面：键位的编码和键位的识别。

（1）键位的编码

矩阵键盘的编码通常有两种：二进制组合编码和顺序排列编码。

① 二进制组合编码如图 5.32(a)所示，每根行线有一个编码，每根列线也有一个编码。图 5.32(a)中行线的编码从下到上分别为 1、2、4、8，列线的编码从右到左分别为 1、2、4、8，每个键位的编码直接用该键位的行线编码和列线编码组合一起得到。图 5.32(a)中 4×4 键盘从右到

左，从下到上的键位编码分别是：11H、12H、14H、18H、21H、22H、24H、28H、41H、42H、44H、48H、81H、82H、84H、88H。这种编码过程简单，但得到的编码复杂，不连续，处理起来不方便。

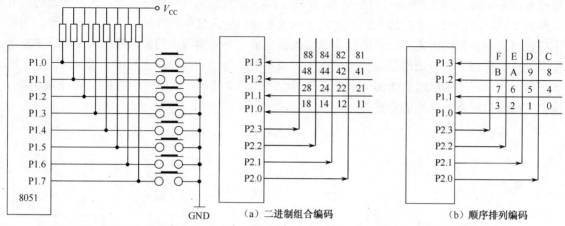

图 5.31　独立式键盘结构图　　　　　　　　图 5.32　矩阵键盘的结构图

② 顺序排列编码如图 5.32(b)所示，每行有一个行首码，每列有一个列号。图 5.32(b)中 4 行的行首码从下到上分别为 0、4、8、12，4 列的列号从右到左分别是 0、1、2、3。每个键位的编码用行首码加列号得到，即：编码=行首码+列号。这种编码虽然编码过程复杂，但得到的编码简单、连续，处理起来方便，现在矩阵键盘一般都采用顺序排列编码的方法。

（2）键位的识别

矩阵式键盘键位的识别可分为两步：第一步是首先检测键盘上是否有键按下；第二步是识别哪一个键按下。

① 检测键盘上是否有键按下的处理方法是：将列线送入全扫描字，读入行线的状态来判别。其具体过程如下：P2 口低 4 位输出都为低电平，然后读连接行线的 P1 口低 4 位，如果读入的内容都是高电平，说明没有键按下，则不用作下一步；如果读入的内容不全为 1，则说明有键按下，再做第二步，识别是哪一个键按下。

② 识别键盘中哪一个键按下的处理方法是：将列线逐列置成低电平，检查行输入状态，称为逐列扫描。其具体过程如下：从 P2.0 开始，依次输出"0"，置对应的列线为低电平，其他列为高电平，然后从 P1 低 4 位读入行线状态。在扫描某列时，如果读入的行线全为"1"，则说明按下的键不在此列；如果读入的行线不全为"1"，则按下的键必在此列，而且是该列与"0"电平行线相交的交点上的那个键。

为求取编码，在逐列扫描时，可用计数器记录下当前扫描列的列号，检测到第几行有键按下，就用该行的行首码加列号得到当前按键的编码。

5.5.2　独立式键盘与单片机的接口

独立式键盘每个键用一根 I/O 接口线管理，电路简单，通常用于键位较少的情况下。对某个键位的识别通过检测对应 I/O 线的高低电平来判断，根据判断结果直接进行相应的处理。

在 MCS-51 单片机系统中，独立式键盘可直接用 P0～P3 这 4 个并口中的 I/O 线来连接。连接时，如果用的是 P1～P3 口，因为内部带上拉电阻，则外部可省去上拉电阻；如果用的是 P0 口，则需外部带上拉电阻。图 5.33 是通过 P1 口低 4 位直接接 4 个独立式按键的电路图。直接判断 P1 口低 4 位是否为低电平即可判断相应键是否按下。

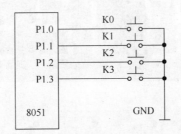

图 5.33 P1 口接 4 个独立式按键图

相应的键盘处理程序如下：

汇编程序：（这里各按键的处理程序 KEY0～KEY3 和延时程序略）

```
KEYSUB: JB  P1.0,NEXT1        ;如果 K0 没有按下检测 K1
        LCALL  DEL10MS        ;延时消抖
        JB  P1.0,NEXT1        ;再检测,判断是否为干扰
        LCALL  KEY0           ;K0 按下,调用 K0 的处理程序
NEXT1:  JB  P1.1,NEXT2        ;如果 K1 没有按下检测 K2
        LCALL  DEL10MS        ;延时消抖
        JB  P1.1,NEXT2        ;再检测,判断是否为干扰
        LCALL  KEY1           ;K1 按下,调用 K1 的处理程序
NEXT2:  JB  P1.2,NEXT3        ;如果 K2 没有按下检测 K3
        LCALL  DEL10MS        ;延时消抖
        JB  P1.2,NEXT3        ;再检测,判断是否为干扰
        LCALL  KEY2           ;K2 按下,调用 K2 的处理程序
NEXT3:  JB  P1.3,KEYEND       ;如果 K3 没有按下结束,返回主程序
        LCALL  DEL10MS        ;延时消抖
        JB  P1.3,KEYEND       ;再检测,判断是否为干扰
        LCALL  KEY3           ;K3 按下,调用 K3 的处理程序
KEYEND: RET
```

C 语言程序：（这里各按键的处理函数 key0( )～key3( )和延时函数 delay(10)略）

```
#include  <reg51.h>
sbit  K0=P1^0;
sbit  K1=P1^1;
sbit  K2=P1^2;
sbit  K3=P1^3;
...
if  (K0= =0)  { delay(10); if (K0= =0)  key0( );}
if  (K1= =0)  { delay(10); if (K1= =0)  key1( );}
if  (K2= =0)  { delay(10); if (K2= =0)  key2( );}
if  (K3= =0)  { delay(10); if (K3= =0)  key3( );}
...
```

5.5.3 矩阵式键盘与单片机的接口

矩阵式键盘的连接方法有多种，可直接连接于单片机的 I/O 接口线；可利用扩展的并行 I/O 接口连接；也可利用可编程的键盘、显示接口芯片（如 8279）进行连接等。其中，利用扩展的并行 I/O 接口连接方便灵活，在单片机应用系统中比较常用。

图 5.34 是通过 8255A 芯片扩展的并行 I/O 接口连接 2×8 的矩阵式键盘。按键设置在行、列线的交点上，行、列线分别连接到按键开关的两端。PA 口接 8 根列线，PC 口低 2 位接行线，PA 口为输出，PC 口低 2 位为输入。

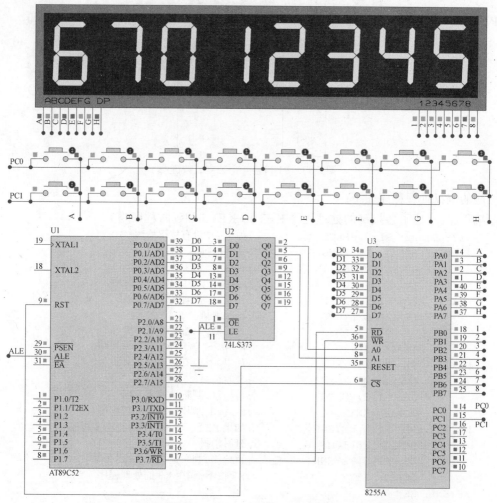

图 5.34　8255A 芯片扩展的并行 I/O 接口连接 2×8 的矩阵式键盘

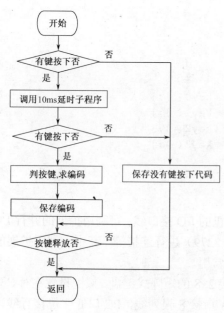

图 5.35　键盘扫描子程序流程图

根据前面介绍的内容，该矩阵键盘的处理过程如下：首先，通过 8255A 的 PA 口送全扫描字 00H，使所有的列为低电平，读入 PC 口低 2 位，判断是否有键按下。其次，如果有键按下，再通过 PA 口依次送列扫描字，将列线逐列置成低电平，读入 PC 口行线状态，判断按下的键是在哪一列的哪一行上面，然后通过行首码加列号得到前按键的编码。该矩阵式键盘的扫描子程序流程图如图 5.35 所示。

在图 5.34 中，为了便于测试键盘是否正确，还添加了 8 个 LED 数码管，它们的硬件连接与软件程序在前面已经介绍，这时不再重复。通过数码管显示按下的键，按下的键在 8 个数码管的最右边显示，而原来的内容依次左移。根据图 5.34 中 8255A 与 8051 的连接，8255A 的 A 口、B 口、C 口和控制口的地址可分别取为 7F00H、7F01H、7F02H 和 7F03H（高 8 位地址线未用的取 1，低 8 位地址线未用的取 0）。

　　8255A 在主程序中初始化。设定为 A 口方式 0 输出，B 口方式 0 输出，C 口的低 2 位方式 0 输入。

　　汇编语言程序：

```
            ORG  0000H
            LJMP MAIN
            ORG  0100H
      MAIN: MOV  A,#0                    ;显示缓冲区 57H~50H 单元初始化为 7~0·
            MOV  R2,#8
            MOV  R0,#50H
      LOOP: MOV  @R0,A
            INC  R0
            INC  A
            DJNZ R2,LOOP
            MOV  A,#10000001B            ;8255A 初始化
            MOV  DPTR,#7F03H             ;使 DPTR 指向 8255A 控制寄存器端口
            MOVX @DPTR,A
     LOOP1: ACALL KEYSUB                 ;调用键盘子程序
            CJNE R2,#0FFH,NEXT
            SJMP NEXT1
      NEXT: MOV  50H,51H                 ;显示缓冲区左移
            MOV  51H,52H
            MOV  52H,53H
            MOV  53H,54H
            MOV  54H,55H
            MOV  55H,56H
            MOV  56H,57H
            MOV  57H,R2
     NEXT1: ACALL DISPLAY                ;调用显示子程序
            SJMP LOOP1
            SJMP $
;无键按下，R2 返回 FFH，有键按下，R2 返回键码
    KEYSUB: ACALL KS1                    ;调用判断有无键按下子程序
            JNZ  LK1                     ;有键按下时,(A)≠0 转消抖延时
            AJMP NOKEY                   ;无键按下返回
       LK1: ACALL TM6                    ;调用 10ms 延时子程序
            ACALL KS1                    ;查有无键按下,若真有键按下
            JNZ  LK2                     ;键(A)≠ 0 逐列扫描
     NOKEY: MOV  R2,#0FFH                ;不是真有键按下,R2 中放无键代码 FFH
            AJMP KEYOUT                  ;返回
       LK2: MOV  R3,#0FEH                ;初始列扫描字(0 列)送入 R3
            MOV  R4,#00H                 ;初始列(0 列)号送入 R4
       LK3: MOV  DPTR,#7F00H             ;DPTR 指向 8255PA 口
            MOV  A,R3                    ;列扫描字送至 8255PA 口
            MOVX @DPTR,A
            INC  DPTR                    ;DPTR 指向 8255PC 口
            INC  DPTR
            MOVX A,@DPTR                 ;从 8255 PC 口读入行状态
            JB   ACC.0,LONE             ;查第 0 行无键按下,转查第 1 行
            MOV  A,#00H                  ;第 0 行有键按下,行首键码#00H→A
            AJMP LKP                     ;转求键码
      LONE: JB   ACC.1,KNEXT            ;查第 1 行无键按下,扫描下一列
            MOV  A,#08H                  ;第 1 行有键按下,行首键码#08H→A
```

```
        LKP: ADD   A,R4          ;求键码,键码=行首键码+列号
             MOV   R2,A          ;键码放入 R2 中
        LK4:ACALL  KS1           ;等待键释放
             JNZ   LK4           ;键未释放,等待
     KEYOUT: RET                 ;键扫描结束,出口状态 R2:无键按下为 FFH,有键按下为键码
      KNEXT: INC   R4            ;准备扫描下一列,列号加 1
             MOV   A,R3          ;取列扫描字送累加器 A
             JNB   ACC.7,NOKEY   ;判断 8 列扫描完否?
             RL    A             ;扫描字左移一位,变为下一列扫描字
             MOV   R3,A          ;扫描字送入 R3 中保存
             AJMP  LK3           ;转下一列扫描
        KS1: MOV   DPTR,#7F00H   ;DPTR 指向 8255PA 口
             MOV   A,#00H        ;全扫描字→A
             MOVX  @DPTR,A       ;全扫描字送往 8255PA 口
             INC   DPTR          ;DPTR 指向 8255PC 口
             INC   DPTR
             MOVX  A,@DPTR       ;读入 PC 口行状态
             CPL   A             ;变正逻辑,以高电平表示有键按下
             ANL   A,#03H        ;屏蔽高 6 位,只保留低 2 位行线值
             RET                 ;出口状态:(A)≠0 时有键按下

    TM12ms: MOV   R7,#14H        ;延时 10ms 子程序
        TM: MOV   R6,#0FFH
       TM6: DJNZ  R6,TM6
             DJNZ  R7,TM
             RET
;显示子程序,显示缓冲区 57H~50H 的内容在 8 个数码管上显示一次
   DISPLAY:MOV    R0,#57H        ;动态显示初始化,使 R0 指向缓冲区首地址
             MOV   R3,#7FH        ;首位位选字送 R3
             MOV   A,R3
       DP0:MOV    DPTR,#7F01H    ;使 DPTR 指向 PB 口
             MOVX  @DPTR,A       ;从 PB 口送出位选字
             MOV   DPTR,#7F00H   ;使 DPTR 指向 PA 口
             MOV   A,@R0         ;读要显示数
             ADD   A,#0DH        ;调整距离段选码表首的偏移量
             MOVC  A,@A+PC       ;查表取得段选码
             MOVX  @DPTR,A       ;段选码从 PA 口输出
             ACALL DL1           ;调用 1ms 延时子程序
             DEC   R0            ;指向缓冲区下一单元
             MOV   A,R3          ;位选码送累加器 A
             JNB   ACC.0,DP1     ;判断 8 位是否显示完毕,显示完返回
             RR    A             ;未显示完,把位选字变为下一位选字
             MOV   R3,A          ;修改后的位选字送 R3
             AJMP  DP0           ;循环实现按位序依次显示
       DP1:RET
       TAB:DB    3FH,06H,5BH,4FH,66H,6DH,7DH,07H   ;字段码表
             DB    7FH,6FH,77H,7CH,39H,5EH,79H,71H

       DL1:MOV   R7,#02H         ;延时子程序
       DL: MOV   R6,#0FFH
       DL0:DJNZ  R6,DL0
             DJNZ  R7,DL
             RET
             END
```

C 语言键盘扫描子程序：

```
#include  <reg51.h>
#include  <absacc.h>          //定义绝对地址访问
#define uchar unsigned char
#define uint  unsigned int
void  delay(uint);            //声明延时函数
void  display(void);          //声明显示函数
uchar  checkkey(void);        //检测有无键按下函数，有返回 0，无返回 0xff
uchar  keyscan(void);         //键盘扫描函数，如果有键按下，则返回该键的编码，如果无
                              //键按下，则返回 0xff
uchar  disbuffer[8]={0,1,2,3,4,5,6,7};     //定义显示缓冲区
void  main(void)
{
uchar  key;
XBYTE[0x7f03]=0x81;           //8255A 初始化
while(1)
{
key=keyscan();               //调用键盘函数
if( key!=0xff)               //显示缓冲区左移
    {disbuffer[0]=disbuffer[1];
     disbuffer[1]=disbuffer[2];
     disbuffer[2]=disbuffer[3];
     disbuffer[3]=disbuffer[4];
     disbuffer[4]=disbuffer[5];
     disbuffer[5]=disbuffer[6];
     disbuffer[6]=disbuffer[7];
     disbuffer[7]=key;
     }
display();                   //调用显示函数
}
}


//***********延时函数***********
void  delay(uint  i)          //延时函数
{ uint  j;
   for  (j=0;j<i;j++){}
}
//***********显示函数
void  display(void)           //定义显示函数
{uchar
codevalue[16]={0x3f,0x06,0x5b,0x4f,0x66,0x6d,0x7d,0x07,0x7f,0x6f,0x77,0x
7c,0x39,0x5e,0x79,0x71};      //0~F 的字段码表
uchar  chocode[8]={0xfe,0xfd,0xfb,0xf7,0xef,0xdf,0xbf,0x7f};    //位选码表
uchar  i,p,temp;
for  (i=0;i<8;i++)
  {
    XBYTE[0x7f01]=0xff;
    p=disbuffer[i];          //取当前显示的字符
    temp=codevalue[p];       //查得显示字符的字段码
    XBYTE[0x7f00]=temp;      //送出字段码
    temp=chocode[i];         //取当前的位选码
    XBYTE[0x7f01]=temp;      //送出位选码
    delay(20);               //延时 1ms
```

```c
    }
}
//************检测有无键按下函数************
uchar  checkkey()                    //检测有无键按下函数，有返回 0，无返回 0xff
{ uchar i;
  XBYTE[0x7f00]=0x00;
  i=XBYTE[0x7f02];
  i=i&0x0f;
  if (i==0x0f)  return(0xff);
  else  return(0);
}
//************键盘扫描函数************
uchar  keyscan()          //键盘扫描函数，如果有键按下，则返回该键的编码，如果无键按
                          下，则返回 0xff
{  uchar  scancode;        //定义列扫描码变量
   uchar  codevalue;       //定义返回的编码变量
   uchar  m;               //定义行首编码变量
   uchar  k;               //定义行检测码
   uchar  i,j;
   if (checkkey()==0xff)  return(0xff);        //检测有无键按下，无返回 0xff
   else
{ delay(20);                                   //延时
  if(checkkey()==0xff)  return(0xff);          //检测有无键按下，无返回 0xff
  else
   {
    scancode=0xfe;                             //列扫描码赋初值
    for  (i=0;i<8;i++)
    {  k=0x01;
       XBYTE[0x7f00]=scancode;                 //送列扫描码
       m=0x00;                                 //行首码赋初值
       for  (j=0;j<2;j++)
       { if  ((XBYTE[0x7f02]&k)==0)            //检测当前行是否有键按下
            {codevalue=m+i;                    //按下，求编码
              while (checkkey()!=0xff);         //等待键位释放
              return(codevalue);               //返回编码
            }
         else
         {k=k<<1;m=m+8;}                        //行检测码左移一位,计算下一行的行首编码
         }
         scancode=scancode<<1;                 //列扫描码左移一位，扫描下一列
    }
   }
  }
}
```

习　题

1. 什么是 MCS-51 单片机的最小系统？
2. 简述存储器扩展的一般方法。
3. 什么是部分译码法？什么是全译码法？它们各有什么特点？用于形成什么信号？
4. 采用部分译码为什么会出现地址重叠情况？它对存储器容量有何影响？

5．存储器芯片的地址引脚与容量有什么关系？

6．MCS-51 单片机的外部设备是通过什么方式访问的？

7．何为键抖动？键抖动对键位识别有什么影响？怎样消除键抖动？

8．矩阵键盘有几种编码方式？怎样编码？

9．简述对矩阵键盘的扫描过程。

10．共阴极数码管与共阳极数码管有何区别？

11．简述 LED 数码管显示器的译码方式。

12．简述 LED 动态显示过程。

13．使用 2764（8K×8 位）芯片通过部分译码法扩展 24KB 程序存储器，画出硬件连接图，指明各芯片的地址空间范围。

14．使用 6264（8K×8 位）芯片通过全译码法扩展 24KB 数据存储器，画出硬件连接图，指明各芯片的地址空间范围。

15．试用一片 74LS373 扩展一个并行输入口，画出硬件连接图，指出相应的控制命令。

16．用 8255A 扩展并行 I/O，实现把 8 个开关的状态通过 8 个发光二极管显示出来，画出硬件连接图，用汇编语言和 C 语言分别编写相应的程序。

17．用汇编语言编写出定时扫描方式下矩阵键盘的处理程序。

18．用 C 语言编写出定时扫描方式下矩阵键盘的处理程序。

19．试编制 4×4 的键盘扫描程序。

20．根据图 5.26 所示，编制一个在两个数码管上显示 1 和 2 的显示程序。

21．根据图 5.27 所示，用汇编语言或 C 语言编制一个在 8 个数码管上滚动显示 1～8 的程序。

22．根据图 5.34 所示，用汇编语言或 C 语言编制程序，要求按键从左边入右边出。

第6章　MCS-51单片机与D/A、A/D转换器的接口

主要内容:

　　在单片机应用系统中,经常会遇到连续变化的模拟量,如温度、压力、速度等物理量,这些模拟量必须先转换成数字量才能送给单片机处理,当单片机处理后,也常常需要把数字量转换成模拟量后再送给外部设备。若输入的是非电信号,还需要经过传感器转换成模拟电信号。实现模拟量转换成数字量的器件称为A/D转换器(ADC),数字量转换成模拟量的器件称为D/A转换器(DAC)。本章主要介绍A/D转换器和D/A转换器与MCS-51单片机的接口。

学习重点:

◆ A/D转换器和D/A转换器的基本原理

◆ MCS-51单片机与ADC0808/0809的接口

◆ MCS-51单片机与DAC0832的接口

6.1　MCS-51单片机与DAC的接口

6.1.1　D/A转换器的基本原理

　　D/A转换器是把输入的数字量转换为与之成正比的模拟量的器件,其输入的是数字量,输出的是模拟量。数字量由一位一位的二进制数组成,不同的位所代表的大小不一样。D/A转换过程就是把每位数字量转换成相应的模拟量,然后把所有的模拟量加起来,得到的总模拟量就是输入的数字量所对应的模拟量。

　　如输入的数字量为D,输出的模拟量为 V_O,则

$$V_O=D \times V_{REF}$$

其中,V_{REF} 为基准电压。若 $D=d_{n-1}2^{n-1}+d_{n-2}2^{n-2}+\cdots+d_1 2^1+d_0 2^0=\sum_{i=0}^{n-1} d_i 2^i$,则

$$V_O=(d_{n-1}2^{n-1}+d_{n-2}2^{n-2}+\cdots+d_1 2^1+d_0 2^0) \times V_{REF}=\sum_{i=0}^{n-1} d_i 2^i V_{REF}$$

　　D/A转换一般由电阻解码网络、模拟电子开关、基准电压、运算放大器等组成。按电阻解码网络的组成形式,将D/A转换器分成有权电阻解码网络D/A转换器、T形电阻解码网络D/A转换器和开关树形电阻解码网络D/A转换器等。其中,T形电阻解码网络D/A转换器只用到两种电阻,精度较高,容易集成化,在实际中使用最频繁。下面以T形电阻解码网络D/A转换器介绍D/A转换器的工作原理。

　　T形电阻解码网络D/A转换器的基本原理如图6.1所示。电阻解码网络由两种电阻R和2R组成,有多少位数字量就有多少个支路,每个支路由一个R电阻和2R电阻组成,形状如T形,通过一个受二进制代码 d_i 控制的电子开关控制,当代码 $d_i=0$,支路接地;当代码 $d_i=1$,支路接到运算放大器的反相输入端。由于各支路电流方向相同,所以支路电流在运算放大器的反相输入端会叠加。对于该电阻解码网络,从右往左看,节点 $n-1$、$n-2$、$\cdots$、1、0相对于地的等效电

阻都为 R，两边支路的等效电阻都是 2R，所以从右边开始，基准电压 V_{REF} 流出的电流每经过一个节点，电流就减少一半，因此各支路的电流为：

$$I_{n-1} = \frac{V_{REF}}{2R} , \quad I_{n-2} = \frac{V_{REF}}{2^2 R} , \quad \ldots, \quad I_1 = \frac{V_{REF}}{2^{n-1} R} , \quad I_0 = \frac{V_{REF}}{2^n R} \quad (n \text{ 为总位数})$$

流向运算放大器的反向端的总电流 I 为代码为 1 的各支路电流之和，即

$$I = I_0 + I_1 + I_2 + \cdots + I_{n-2} + I_{n-1} = \sum_{i=0}^{n-1} d_i I_i = \sum_{i=0}^{n-1} \frac{d_i V_{REF}}{2^{n-i} R} = D \frac{V_{REF}}{2^n R}$$

经运算放大器转换成输出电压 V_O，即

$$V_O = -I \times R_F = -D \frac{V_{REF} R_F}{2^n R}$$

从上式可以看出，输出电压与输入数字量成正比。调整 R_F 和 V_{REF} 可调整 D/A 转换器的输出电压范围和满刻度值。

另外，如取 $R_F = R$（电阻解码网络的等效电阻），则

$$V_O = -\frac{D}{2^n} V_{REF}$$

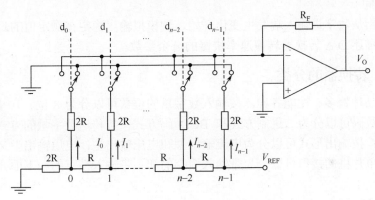

图 6.1 T 形电阻解码网络 D/A 转换器的基本原理

例如，设 T 形电阻网络 D/A 转换器为 8 位，基准电压 $V_{REF} = -10V$，令 $R_F = R$，则输入数字量为全 0 时，$V_O = 0V$。

当输入数字量为 00000001 时，$V_O = (1 \times 2^0) \times 10/2^8 \approx 0.039V$。

当输入数字量为全 1 时，$V_O = 255 \times 10/2^8 = 9.96V \approx 10V$。

由 D/A 转换器工作原理可知，把一个数字量转换成模拟量一般通过两步来实现。第一步，先把数字量转换为对应的模拟电流（I），这一步由电阻解码网络结构中的 D/A 转换器完成；第二步，将模拟电流（I）转变为模拟电压（V_O），这一步由运算放大器完成。所以，D/A 转换器通常有两种类型，一种是 D/A 转换器内只有电阻解码网络，没有运算放大器，转换器输出的是电流，这种 D/A 转换器称为电流型 D/A 转换器，若要输出模拟电压，还必须外接运算放大器。另一种内部既有电阻解码网络，又有运算放大器，转换器输出的直接是模拟电压，这种 D/A 转换称为电压型 D/A 转换器，它使用时无须外接放大器。目前大多数 D/A 转换器都属于电流型 D/A 转换器。

6.1.2 D/A 转换器的性能指标

D/A 转换器的主要性能指标主要有以下几个方面。

（1）分辨率

分辨率是指 D/A 转换器所能产生的最小模拟量的增量，是数字量最低有效位（LSB）所对应的模拟值。这个参数反映 D/A 转换器对模拟量的分辨能力。分辨率的表示方法有多种，一般用最小模拟值变化量与满量程信号值之比来表示。例如，8 位的 D/A 转换器的分辨率为满量程信号值的 1/256，12 位的 D/A 转换器的分辨率为满量程信号值的 1/4096。

（2）精度

精度用于衡量 D/A 转换器在将数字量转换成模拟量时，所得模拟量的精确程度。它表明了模拟输出实际值与理论值之间的偏差。精度可分为绝对精度和相对精度。绝对精度指在输入端加入给定数字量时，在输出端实测的模拟量与理论值之间的偏差。相对精度指当满量程信号值校准后，任何输入数字量的模拟输出值与理论值的误差，实际上是 D/A 转换器的线性度。

（3）线性度

线性度是指 D/A 转换器的实际转换特性与理想转换特性之间的误差。一般来说，D/A 转换器的线性误差应小于±1/2LSB。

（4）温度灵敏度

这个参数表明 D/A 转换器具有受温度变化影响的特性。

（5）建立时间

建立时间是指从数字量输入端发生变化开始，到模拟输出稳定在额定值的±1/2LSB 时所需要的时间。它是描述 D/A 转换器转换速率快慢的一个参数。

6.1.3　D/A 转换器的分类

D/A 转换器品种繁多、性能各异。按输入数字量的位数可以分为 8 位、10 位、12 位和 16 位等；按输入的数码可以分为二进制方式和 BCD 码方式；按传送数字量的方式可以分为并行方式和串行方式；按输出形式可以分为电流输出型和电压输出型，电压输出型又有单极性和双极性之分；按与单片机的接口可以分为带输入锁存的和不带输入锁存的。下面介绍几种常用的 D/A 转换芯片。

（1）DAC0830 系列

DAC0830 系列是美国 National Semiconductor 公司生产的具有两个数据寄存器的 8 位 D/A 转换芯片。该系列产品包括 DAC0830、DAC0831、DAC0832，引脚完全兼容，20 脚，采用双列直插式封装。

（2）DAC82 系列

DAC82 是 B-B 公司生产的 8 位能完全与微处理器兼容的 D/A 转换器芯片，片内带有基准电压和调节电阻。无须外接器件及微调即可与单片机 8 位数据线相连。芯片工作电压为±15V，可以直接输出单极性或双极性的电压（0～+10V，±10V）和电流（0～1.6mA，±0.8mA）。

（3）DAC1020/AD7520 系列

DAC1020/AD7520 为 10 位分辨率的 D/A 转换集成系列芯片。DAC1020 系列是美国 National Semiconductor 公司的产品，包括 DAC1020、DAC1021、DAC1022 产品，与美国 Analog Devices 公司的 AD7520 及其后继产品 AD7530、AD7533 完全兼容。单电源工作，电源电压为+5V～+15V，电流建立时间为 500ns，为 16 引脚双列直插式封装。

（4）DAC1220/AD7521 系列

DAC1220/AD7521 系列为 12 位分辨率的 D/A 转换集成芯片。DAC1220 系列包括 DAC1220、DAC1221、DAC1222 产品，与 AD7521 及其后继产品 AD7531 引脚完全兼容，为 18 引脚双列直插式封装。

（5）DAC1208 和 DAC1230 系列

DAC1208 和 DAC1230 系列均为美国 National Semiconductor 公司的 12 位分辨率产品。两者不同之处是 DAC1230 数据输入引脚线只有 8 根，而 DAC1208 有 12 根。DAC1208 系列为 24 引脚双列直插式封装，而 DAC1230 系列为 20 引脚双列直插式封装。DAC1208 系列包括 DAC1208、DAC1209、DAC1210 等产品，DAC1230 系列包括 DAC1230、DAC1231、DAC1232 等产品。

（6）DAC708/709 系列

DAC708/709 是 B-B 公司生产的 16 位微机完全兼容的 D/A 转换器芯片，具有双缓冲输入寄存器，片内具有基准电源及电压输出放大器。数字量可以并行或串行输入，模拟量可以以电压或电流形式输出。

6.1.4　典型的 D/A 转换器芯片 DAC0832

1．DAC0832 芯片概述

DAC0832 是采用 CMOS 工艺制成的电流型 8 位 T 形电阻解码网络 D/A 转换器芯片，是 DAC0830 系列的一种。它的分辨率为 8 位，满刻度误差±1LSB，线性误差±0.1%，建立时间为 1μs，功耗 20mW。其数字输入端具有双重缓冲功能，可以双缓冲、单缓冲或直通方式输入。由于 DAC0832 与单片机接口方便，转换控制容易，价格便宜，所以在实际工作中广泛使用。

2．DAC0832 的内部结构

DAC0832 主要由 8 位输入寄存器、8 位 DAC 寄存器、8 位 D/A 转换器和控制逻辑电路组成，内部结构如图 6.2 所示。8 位输入寄存器接收从外部发送来的 8 位数字量，锁存于内部的锁存器中，8 位 DAC 寄存器从 8 位输入寄存器中接收数据，并能把接收的数据锁存于它内部的锁存器，8 位 D/A 转换器对 8 位 DAC 寄存器发送来的数据进行转换，转换的结果通过 I_{out1} 和 I_{out2} 输出。8 位输入寄存器和 8 位 DAC 寄存器分别有自己的控制端 $\overline{LE1}$ 和 $\overline{LE2}$，$\overline{LE1}$ 和 $\overline{LE2}$ 通过相应的控制逻辑电路控制。通过它们，DAC0832 可以很方便地实现双缓冲、单缓冲或直通方式处理。

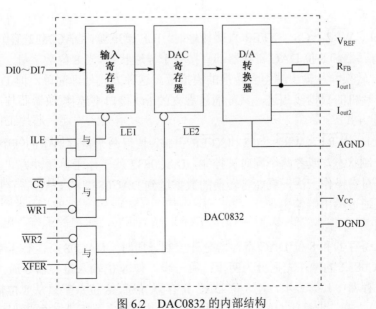

图 6.2　DAC0832 的内部结构

3. DAC0832 的引脚

DAC0832 有 20 个引脚，采用双列直插式封装，如图 6.3 所示。

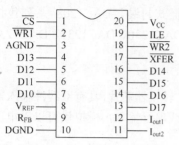

图 6.3　DAC0832 的引脚图

各引脚信号线的功能如下：

DI0～DI7（DI0 为最低位）：8 位数字量输入端。

ILE：数据允许控制输入线，高电平有效。

$\overline{\text{CS}}$：片选信号。

$\overline{\text{WR1}}$：写信号线 1。

$\overline{\text{WR2}}$：写信号线 2。

$\overline{\text{XFER}}$：数据传送控制信号输入线，低电平有效。

R_{FB}：片内反馈电阻引出线，反馈电阻集成在芯片内部，该电阻与内部的电阻网络相匹配。R_{FB} 端一般直接接到外部运算放大器的输出端，相当于将反馈电阻接在运算放大器的输入端和输出端之间，将输出的电流转换为电压输出。

I_{out1}：模拟电流输出线 1，它是数字量输入为"1"的模拟电流输出端。当输入数字量为全 1 时，其值最大，约为 V_{REF}；当输入数字量为全 0 时，其值最小，为 0。

I_{out2}：模拟电流输出线 2，它是数字量输入为"0"的模拟电流输出端。当输入数字量为全 0 时，其值最大，约为 V_{REF}；当输入数字量为全 1 时，其值最小，为 0。I_{out1} 加 I_{out2} 等于常数（V_{REF}）。采用单极性输出时，I_{out2} 常常接地。

V_{REF}：基准电压输入线。电压范围为-10V～+10V。

V_{CC}：工作电源输入端，可接+5V～+15V 电源。

AGND：模拟地。

DGND：数字地。

4. DAC0832 的工作方式

通过改变控制引脚 ILE、$\overline{\text{WR1}}$、$\overline{\text{WR2}}$、$\overline{\text{CS}}$ 和 $\overline{\text{XFER}}$ 的连接方法。DAC0832 具有直通方式、单缓冲方式和双缓冲方式 3 种工作方式。

（1）直通方式

当引脚 $\overline{\text{WR1}}$、$\overline{\text{WR2}}$、$\overline{\text{CS}}$、$\overline{\text{XFER}}$ 直接接地时，ILE 接电源，DAC0832 工作于直通方式下。此时，8 位输入寄存器和 8 位 DAC 寄存器都直接处于导通状态，当 8 位数字量一到达 DI0～DI7，就立即进行 D/A 转换，从输出端得到转换的模拟量。这种方式处理简单，但 DI0～DI7 不能直接和 MCS-51 单片机的数据线相连，只能通过独立的 I/O 接口来连接。

（2）单缓冲方式

通过连接 ILE、$\overline{\text{WR1}}$、$\overline{\text{WR2}}$、$\overline{\text{CS}}$ 和 $\overline{\text{XFER}}$ 引脚，使得两个寄存器中的一个处于直通状态，另一个处于受控状态，或者两个同时被控制，DAC0832 就工作于单缓冲方式。对于单缓冲方式，单片机只需对它操作一次，就能将转换的数据送到 DAC0832 的 DAC 寄存器，并立即开始转换，转换结果通过输出端输出。

（3）双缓冲方式

当 8 位输入寄存器和 8 位 DAC 寄存器分开控制导通时，DAC0832 工作于双缓冲方式。此时单片机对 DAC0832 的操作先后分为两步：第一步，使 8 位输入寄存器导通，将 8 位数字量写入 8 位输入寄存器中；第二步，使 8 位 DAC 寄存器导通，8 位数字量从 8 位输入寄存器送入 8 位 DAC 寄存器。第二步只使 DAC 寄存器导通，在数据输入端写入的数据无意义。

6.1.5　DAC0832 与 MCS-51 单片机的接口与应用

1．DAC0832 与 MCS-51 单片机的接口

MCS-51 单片机与 DAC0832 连接时，把 DAC0832 作为外部数据存储器的存储单元来处理。具体的连接和 DAC0832 的工作方式相关。在实际中，如果是单片 DAC0832，通常采用单缓冲方式与 MCS-51 单片机连接；如果是多片 DAC0832，通常通过双缓冲方式与 MCS-51 单片机连接。

图 6.4 是单片 DAC0832 与 MCS-51 单片机通过单缓冲方式连接的示意图。其中，DAC0832 的 $\overline{WR2}$ 和 $\overline{XFER}$ 引脚直接接地，ILE 引脚接电源，$\overline{WR1}$ 引脚接 80C51 的片外数据存储器写信号线 $\overline{WR}$，$\overline{CS}$ 引脚接 80C51 的片外数据存储器地址线最高位 A15（P2.7），DI0～DI7 与 80C51 的 P0 口（数据总线）相连。因此，DAC0832 的输入寄存器受 80C51 控制导通，DAC 寄存器直接导通，当 80C51 向 DAC0832 的输入寄存器写入转换的数据时，就直接通过 DAC 寄存器送 D/A 转换器开始转换，转换结果通过输出端输出。

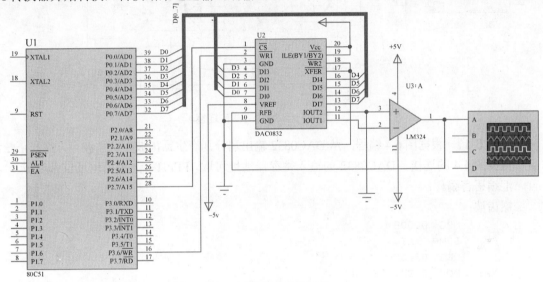

图 6.4　单缓冲方式的连接

图 6.5 是两片 DAC0832 与 MCS-51 单片机通过双缓冲方式连接的示意图。其中，两片 DAC0832 的 ILE 都接电源，数据线 DI0～DI7 并联与 80C51 的 P0 口（数据总线）相连，两片 DAC0832 的 $\overline{WR1}$ 和 $\overline{WR2}$ 连在一起与 80C51 的片外数据存储器写信号线 $\overline{WR}$ 相连，第一片 DAC0832 的 $\overline{CS}$ 引脚与 80C51 的 P2.6 相连，第二片 DAC0832 的 $\overline{CS}$ 引脚与 80C51 的 P2.7 相连，两片 DAC0832 的 $\overline{XFER}$ 连接在一起与 80C51 的 P2.5 相连。也即两片 DAC0832 的输入寄存器分开控制，而 DAC 寄存器一起控制。使用时，80C51 先分别向两片 DAC0832 的输入寄存器写入转换的数据，再让两片 DAC0832 的 DAC 寄存器一起导通，则两个输入寄存器中的数据同时写入 DAC 寄存器一起开始转换，转换结果通过输出端同时输出，这样实现两路模拟量同时输出。

2．DAC0832 的应用

D/A 转换器在实际中经常作为波形发生器使用，通过它可以产生各种各样的波形。D/A 转换器产生波形的原理如下：利用 D/A 转换器输出模拟量与输入数字量成正比这一特点，通过程序控制 CPU 向 D/A 转换器送出随时间呈一定规律变化的数字，则 D/A 转换器输出端就可以输出随时间按一定规律变化的波形。

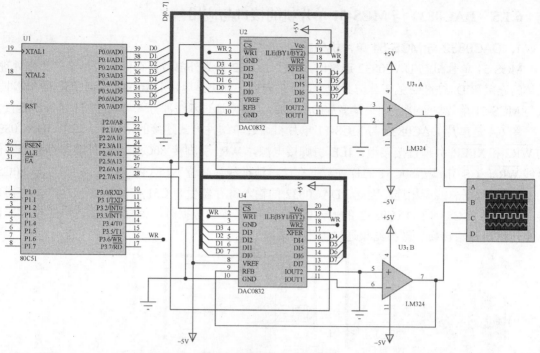

图 6.5　双缓冲方式的连接

【例 6-1】　根据图 6.4 编程。从 DAC0832 输出端分别产生锯齿波、三角波、方波和正弦波。根据图 6.4 的连接，DAC0832 的输入寄存器地址可取 7FFFH（无关的地址位都取成 1）。

汇编语言编程：

锯齿波：

```
        ORG  0000H
        LJMP MAIN
        ORG  0100H
  MAIN: MOV  DPTR,#7FFFH
        CLR  A
  LOOP: MOVX @DPTR,A
        INC  A
        SJMP LOOP
        END
```

三角波：

```
        ORG  0000H
        LJMP MAIN
        ORG  0100H
  MAIN: MOV  DPTR,#7FFFH
        CLR  A
 LOOP1: MOVX @DPTR,A
        INC  A
        CJNE A,#0FFH,LOOP1
 LOOP2: MOVX @DPTR,A
        DEC  A
        JNZ  LOOP2
        SJMP LOOP1
        END
```

方波：

```
        ORG  0000H
        LJMP  MAIN
        ORG  0100H
  MAIN: MOV  DPTR,#7FFFH
  LOOP: MOV  A,#00H
        MOVX  @DPTR,A
        ACALL  DELAY
        MOV  A,#0FFH
        MOVX  @DPTR,A
        ACALL  DELAY
        SJMP  LOOP
 DELAY: MOV  R7,#0FFH
        DJNZ  R7,$
        RET
        END
```

正弦波：

```
        ORG  0000H
        LJMP  MAIN
        ORG  0100H
  MAIN: MOV  R1,#63              ;单位周期内共 64 个采样输出
   SIN: MOV  DPTR,#TAB
        MOV  A,R1
        MOVC  A,@A+DPTR          ;查找正弦代码
        MOV  DPTR,#7FFFH
        MOVX  @DPTR,A            ;输出
        NOP
        DJNZ  R1,SIN
        SJMP  MAIN
   TAB: DB  80H,8CH,98H,0A5H,0B0H,0BCH,0C7H,0D1H      ;正弦代码表
        DB  0DAH,0E2H,0EAH,0F0H,0F6H,0FAH,0FDH,0FFH
        DB  0FFH,0FFH,0FDH,0FAH,0F6H,0F0H,0EAH,0E3H
        DB  0DAH,0D1H,0C7H,0BCH,0B1H,0A5H,99H,8CH
        DB  80H,73H,67H,5BH,4FH,43H,39H,2EH
        DB  25H,1DH,15H,0FH,09H,05H,02H,00H
        DB  00H,00H,02H,05H,09H,0EH,15H,1CH
        DB  25H,2EH,38H,43H,4EH,5AH,66H,73H
        END
```

C 语言编程：

锯齿波：

```c
#include  <absacc.h>        //定义绝对地址访问
#define  uchar  unsigned  char
#define  DAC0832  XBYTE[0x7FFF]
void  main()
{
uchar  i;
while(1)
{
for (i=0;i<0xff;i++)
{DAC0832=i;}
}
}
```

三角波：

```
#include  <absacc.h>        //定义绝对地址访问
#define  uchar  unsigned  char
#define  DAC0832  XBYTE[0x7FFF]
void  main()
{
uchar  i;
while(1)
{
for (i=0;i<0xff;i++)
{DAC0832=i;}
for (i=0xff;i>0;i--)
{DAC0832=i;}
}
}
```

方波：

```
#include  <absacc.h>        //定义绝对地址访问
#define  uchar  unsigned  char
#define  DAC0832  XBYTE[0x7FFF]
void  delay(void);
void  main()
{
uchar  i;
while(1)
{
DAC0832=0;              //输出低电平
delay();               //延时
DAC0832=0xff;          //输出高电平
delay();               //延时
}
}
void  delay()          //延时函数
{
uchar  i;
for (i=0;i<0xff;i++) {;}
}
```

正弦波：

```
#include  <absacc.h>        //定义绝对地址访问
#define  uchar  unsigned  char
#define  DAC0832  XBYTE[0x7FFF]
uchar sindata[64]=
        {0x80,0x8c,0x98,0xa5,0xb0,0xbc,0xc7,0xd1,
         0xda,0xe2,0xea,0xf0,0xf6,0xfa,0xfd,0xff,
         0xff,0xff,0xfd,0xfa,0xf6,0xf0,0xea,0xe3,
         0xda,0xd1,0xc7,0xbc,0xb1,0xa5,0x99,0x8c,
         0x80,0x73,0x67,0x5b,0x4f,0x43,0x39,0x2e,
         0x25,0x1d,0x15,0xf,0x9,0x5,0x2,0x0,0x0,
         0x0,0x2,0x5,0x9,0xe,0x15,0x1c,0x25,0x2e,
         0x38,0x43,0x4e,0x5a,0x66,0x73};    //正弦代码表
void delay(uchar m)                        // 延时函数
{ uchar i;
    for(i=0;i<m;i++);
```

```
            }
    void main(void)
    {uchar k;
     while(1)
       {   for(k=0;k<64;k++)
               { DAC0832=sindata[k];            //查找正弦代码并输出
                 delay(1);
               }
       }
    }
```

【例 6-2】　根据图 6.5 编程，从第一片 DAC0832 输出端产生锯齿波，同时从第二片 DAC0832 输出端产生正弦波。

根据图 6.5 的连接，第一片 DAC0832 的输入寄存器地址为 BFFFH。第二片 DAC0832 的输入寄存器地址为 7FFFH，两片 DAC0832 的 DAC 寄存器地址相同，为 DFFFH，其中无关的地址位都取成 1。

汇编语言编程：

```
        ORG   0000H
        LJMP  MAIN
        ORG   0100H
  MAIN: MOV   R0,#00
        MOV   R1,#00
  LOOP: MOV   DPTR,#0BFFFH      ;指向第一片 DAC0832 的输入寄存器
        MOV   A,R0
        MOVX  @DPTR,A           ;送第一片 DAC0832 的输入寄存器
        INC   R0                ;按锯齿波关系改变
        MOV   DPTR,#TAB         ;DPTR 指向正弦代码表
        MOV   A,R1
        MOVC  A, @A+DPTR        ;查表取正弦波代码
        MOV   DPTR,#7FFFH       ;指向第二片 DAC0832 的输入寄存器
        MOVX  @DPTR,A           ;送第二片 DAC0832 的输入寄存器
        INC   R1
        CJNE  R1,#63,NEXT       ;正弦波到一个周期重新开始
        MOV   R1,#00
  NEXT: MOV   DPTR,#0DFFFH      ;指向两片 DAC0832 的 DAC 寄存器
        MOVX  @DPTR,A           ;两片 DAC0832 的 DAC 寄存器送 DAC 转换器转换
        SJMP  LOOP
   TAB:DB   80H,8CH,98H,0A5H,0B0H,0BCH,0C7H,0D1H    ;正弦代码表
       DB   0DAH,0E2H,0EAH,0F0H,0F6H,0FAH,0FDH,0FFH
       DB   0FFH,0FFH,0FDH,0FAH,0F6H,0F0H,0EAH,0E3H
       DB   0DAH,0D1H,0C7H,0BCH,0B1H,0A5H,99H,8CH
       DB   80H,73H,67H,5BH,4FH,43H,39H,2EH
       DB   25H,1DH,15H,0FH,09H,05H,02H,00H
       DB   00H,00H,02H,05H,09H,0EH,15H,1CH
       DB   25H,2EH,38H,43H,4EH,5AH,66H,73H
       END
```

C 语言编程：

锯齿波：

```
    #include <absacc.h>          //定义绝对地址访问
    #define  uchar  unsigned  char
    #define  DAC0832A  XBYTE[0xBFFF]     //第一片 DAC0832 的输入寄存器地址
    #define  DAC0832B  XBYTE[0x7FFF]     //第二片 DAC0832 的输入寄存器地址
```

```
#define  DAC0832C XBYTE[0xDFFF]     //两片 DAC0832 的 DAC 寄存器地址
uchar sindata[64]=
        {0x80,0x8c,0x98,0xa5,0xb0,0xbc,0xc7,0xd1,
         0xda,0xe2,0xea,0xf0,0xf6,0xfa,0xfd,0xff,
         0xff,0xff,0xfd,0xfa,0xf6,0xf0,0xea,0xe3,
         0xda,0xd1,0xc7,0xbc,0xb1,0xa5,0x99,0x8c,
         0x80,0x73,0x67,0x5b,0x4f,0x43,0x39,0x2e,
         0x25,0x1d,0x15,0xf,0x9,0x5,0x2,0x0,0x0,
         0x0,0x2,0x5,0x9,0xe,0x15,0x1c,0x25,0x2e,
         0x38,0x43,0x4e,0x5a,0x66,0x73};    //正弦代码表
void delay(uchar m)                         //延时函数
{ uchar i;
    for(i=0;i<m;i++);
    }
void  main()
{
uchar  i=0,j=0;
while(1)
{
i++;if (i==0xff) i=0;
j++;if (j==64) j=0;
DAC0832A=i;                //给第一片 DAC0832 的输入寄存器送锯齿波代码
DAC0832B=sindata[j];       //给第二片 DAC0832 的输入寄存器送正弦波代码
DAC0832C=i;                //两片 DAC0832 的 DAC 寄存器送 DAC 转换器转换
delay(1);
}
}
```

6.2　MCS-51 单片机与 ADC 的接口

6.2.1　A/D 转换器概述

A/D 转换器（ADC）的作用是把模拟量转换成数字量，以便于计算机进行处理。

随着超大规模集成电路技术的飞速发展，现在有很多类型的 A/D 转换器芯片。不同的芯片，它们的内部结构不一样，转换原理也不同。各种 A/D 转换芯片根据转换原理可分为计数型 A/D 转换器、逐次逼近型、双重积分型和并行式 A/D 转换器等；按转换方法可分为直接 A/D 转换器和间接 A/D 转换器；按其分辨率可分为 4～16 位的 A/D 转换器芯片。

1. 计数型 A/D 转换器

计数型 A/D 转换器由 D/A 转换器、计数器和比较器组成，如图 6.6 所示。工作时，计数器由零开始加 1 计数，每计一次数，计数值送往 D/A 转换器进行转换，转换后，将转换得到的模拟信号与输入的模拟信号送比较器进行比较，若前者小于后者，则计数值继续加 1，重复 D/A 转换及比较过程，依此类推，直到当 D/A 转换后的模拟信号与输入的模拟信号相同，则停止计数，这时，计数器中的当前值就为输入模拟量对应的数字量。这种 A/D 转换器结构简单、原理清楚，但它的转换速度与精度之间存在矛盾，当提高精度时，转换的速度就慢，当提高速度时，转换的精度就低，所以在实际中很少使用。

2. 逐次逼近型 A/D 转换器

逐次逼近型 A/D 转换器由一个比较器、D/A 转换器、逐次逼近寄存器及控制电路组成，如

图 6.7 所示。逐次逼近型 A/D 转换器转换过程与计数型基本相同，也要进行比较以得到转换的数字量，但逐次逼近型是用逐次逼近寄存器从高位到低位依次开始逐位试探比较。转换过程如下：开始时逐次逼近寄存器所有位清 0，转换时，先将最高位置 1，送 D/A 转换器转换，转换结果与输入的模拟量比较，如果转换的模拟量比输入的模拟量小，则 1 保留，如果转换的模拟量比输入模拟量大，则 1 不保留，然后从次高位依次重复上述过程直至最低位，最后逐次逼近寄存器中的内容就是输入模拟量对应的数字量，转换结束后，转换结束信号有效。一个 n 位的逐次逼近型 A/D 转换器转换只需要比较 n 次，转换时间只取决于位数和时钟周期。逐次逼近型 A/D 转换器转换速度快，在实际中广泛使用。

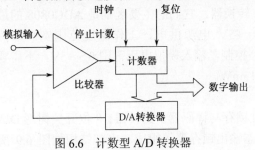

图 6.6　计数型 A/D 转换器

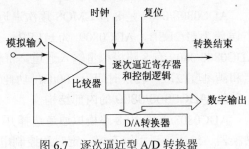

图 6.7　逐次逼近型 A/D 转换器

3．双重积分型 A/D 转换器

双重积分型 A/D 转换器将输入电压先变换成与其平均值成正比的时间间隔，然后再把此时间间隔转换成数字量，如图 6.8 所示，它属于间接型转换器。它的转换过程分为采样和比较两个过程。采样即用积分器对输入模拟电压 V_{in} 进行固定时间的积分，输入模拟电压值越大，采样值越大，采样值与输入模拟电压值成正比；比较就是用基准电压（$+V_r$ 或 $-V_r$）对积分器进行反向积分，直至积分器的值为 0。由于基准电压值大小固定，所以采样值越大，反向积分时积分时间越长，积分时间与采样值成正比；综合起来，积分时间就与输入模拟量成正比。最后把积分时间转换成数字量，则该数字量就为输入模拟量对应的数字量。由于在转换过程中进行了两次积分，所以称为双重积分型。双重积分型 A/D 转换器转换精度高，稳定性好，测量的是输入电压在一段时间的平均值，而不是输入电压的瞬间值，因此它的抗干扰能力强，但是转换速度慢，双重积分型 A/D 转换器在工业上应用比较广泛。

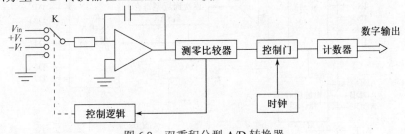

图 6.8　双重积分型 A/D 转换器

4．A/D 转换器的主要性能指标

（1）分辨率

分辨率是指 A/D 转换器能分辨的最小输入模拟量。通常用转换的数字量的位数来表示，如 8 位、10 位、12 位、16 位等。位数越高，分辨率越高。

（2）转换时间

转换时间是指 A/D 转换器完成一次转换所需要的时间，指从启动 A/D 转换器开始到转换结束并得到稳定的数字输出量为止的时间。一般来说，转换时间越短，转换速度越快。

（3）量程

量程是指所能转换的输入电压范围。

（4）转换精度

分为绝对精度和相对精度。绝对精度是指实际需要的模拟量与理论上要求的模拟量之差。相对精度是指当满刻度值校准后，任意数字量对应的实际模拟量（中间值）与理论值（中间值）之差。

6.2.2　典型的 A/D 转换器芯片 ADC0808/0809

1. ADC0808/0809 芯片概述

ADC0808/0809 是 8 位 CMOS 逐次逼近型 A/D 转换器，它们的主要区别是 ADC0808 的最小误差为 ±1/2LSB，ADC0809 为 ±1LSB。采用单一+5V 电源供电，工作温度范围宽。每片 ADC0808/0809 有 8 路模拟量输入通道，带转换启停控制，输入模拟电压范围 0～+5V，不需零点和满刻度校准，转换时间为 100μs，功耗低，约 15mW。

2. ADC0808/0809 的内部结构

ADC0808/0809 由 8 路模拟通道选择开关、地址锁存与译码器、比较器、8 位开关树形 D/A 转换器、逐次逼近型寄存器、定时和控制电路和三态输出锁存器等组成。内部结构如图 6.9 所示。其中，8 路模拟通道选择开关的功能是从 8 路输入模拟量中选择一路送给后面的比较器；地址锁存与译码器用于当 ALE 信号有效时锁存从 ADDA、ADDB、ADDC 三根地址线上送来的 3 位地址，译码后形成当前模拟通道的选择信号送给 8 路模拟通道选择开关；比较器、8 位开关树形 D/A 转换器、逐次逼近型寄存器、定时和控制电路组成 8 位 A/D 转换器。当 START 信号由高电平变为低电平，启动转换，同时 EOC 引脚由高电平变为低电平，经过 8 个 CLOCK 时钟，转换结束，转换得到的数字量送到 8 位三态锁存器，同时 EOC 引脚回到高电平。当 OE 信号输入高电平时，保存在三态输出锁存器中的转换结果可通过数据线 D0～D7 送出。

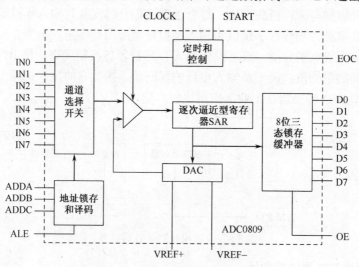

图 6.9　ADC0808/0809 的内部结构图

3. ADC0808/0809 的引脚

ADC0808/0809 芯片有 28 个引脚，采用双列直插式封装，如图 6.10 所示。

各引脚信号线的功能如下：

IN0～IN7：8 路模拟量输入端。

D0～D7：8 位数字量输出端。

ADDA、ADDB、ADDC：3 位地址输入线，用于选择 8 路模拟通道中的一路，选择情况见表 6.1。

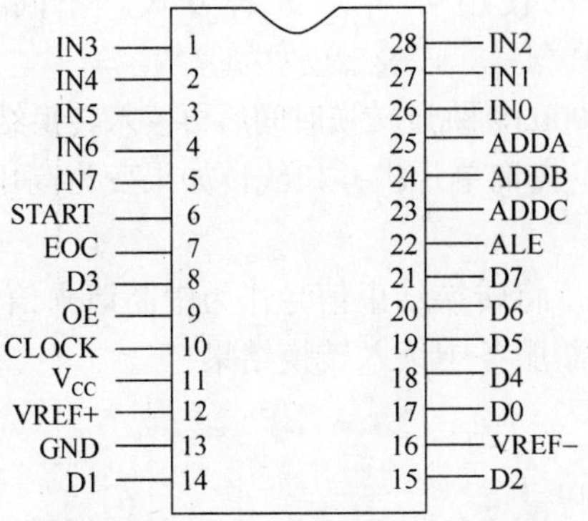

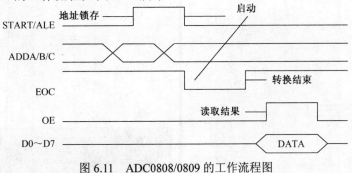

IN3	1	28	IN2
IN4	2	27	IN1
IN5	3	26	IN0
IN6	4	25	ADDA
IN7	5	24	ADDB
START	6	23	ADDC
EOC	7	22	ALE
D3	8	21	D7
OE	9	20	D6
CLOCK	10	19	D5
V_{CC}	11	18	D4
VREF+	12	17	D0
GND	13	16	VREF−
D1	14	15	D2

图 6.10　ADC0808/0809 的引脚图

表 6.1　ADC0808/0809 通道地址选择表

ADDC	ADDB	ADDA	选择通道
0	0	0	IN0
0	0	1	IN1
0	1	0	IN2
0	1	1	IN3
1	0	0	IN4
1	0	1	IN5
1	1	0	IN6
1	1	1	IN7

ALE：地址锁存允许信号，输入，高电平有效。

START：A/D 转换启动信号，输入，高电平有效。

EOC：A/D 转换结束信号，输出。当启动转换时，该引脚为低电平，当 A/D 转换结束时，该引脚输出高电平。由于 ADC0808/0809 为 8 位逐次逼近型 A/D 转换器，从启动转换到转换结束的时间固定为 8 个 CLK 时钟，因此，EOC 信号的低电平宽度也固定为 8 个 CLK 时钟。

OE：数据输出允许信号，输入，高电平有效。当转换结束后，如果从该引脚输入高电平，则打开输出三态门，输出锁存器的数据从 D0～D7 送出。

CLOCK：时钟脉冲输入端。要求时钟频率不高于 640kHz。

VREF+、VREF−：基准电压输入端。在多数情况下，VREF+接+5V，VREF−接 GND。

V_{CC}：电源，接+5V 电源。

GND：地。

4．ADC0808/0809 的工作流程

ADC0808/0809 的工作流程如图 6.11 所示。

图 6.11　ADC0808/0809 的工作流程图

① 输入 3 位地址，并使 ALE=1，将地址存入地址锁存器中，经地址译码器译码从 8 路模拟通道中选通一路模拟量送到比较器。

② 送 START 一高脉冲，START 的上升沿使逐次逼近型寄存器复位，下降沿启动 A/D 转换，并使 EOC 信号为低电平。

③ 当转换结束时，转换的结果送入三态输出锁存器，并使 EOC 信号回到高电平，通知 CPU 已转换结束。

④ 当 CPU 执行一读数据指令，使 OE 为高电平，则从输出端 D0～D7 读出数据。

5. ADC0808/0809 的工作方式

根据读入转换结果的处理方法，ADC0808/0809 的使用可分为 3 种方式。不同方式 ADC0808/0809 与单片机的连接略有不同。

① 延时方式：连接时 EOC 悬空，启动转换后延时 100μs，跳过转换时间后再读入转换结果。

② 查询方式：EOC 接单片机并口线，启动转换后，查询单片机并口线，如果变为高电平，说明转换结束，则读入转换结果。

③ 中断方式：EOC 经非门接单片机的中断请求端，将转换结束信号作为中断请求信号向单片机提出中断请求，中断后执行中断服务程序，在中断服务中读入转换结果。

6. ADC0808/0809 与 MCS-51 单片机的接口

（1）硬件连接

图 6.12 是 ADC0808/0809 与 MCS-51 的接口电路图。图中，ADC0808/0809 的数据线 D0～D7 与 MCS-51 的 P0 对应相连。地址线 ADDA、ADDB、ADDC 接地，直接选中 0 通道。锁存信号 ALE 和启动信号 START 连接在一起接 MCS-51 的 P3.0。输出允许信号 OE 接 MCS-51 的 P3.1。转换结束信号 EOC 接 MCS-51 的 P3.2，通过查询方式检测是否转换结束。时钟信号 CLK 接 MCS-51 的 P3.7，由 MCS-51 的定时/计数器 0 工作于方式 2 定时，定时时间 10μs，时间到后对 P3.7 取反，产生 50kHz 周期性信号。基准电压正端 VREF+接+5V 电源，负端 VREF−接地。在输入通道 IN0 接模拟量输入，最大值为+5V，对应数字量为 255，最小值为 0 对应数字量为 0。为了显示转换得到的数字量，在 8051 单片机的 P1 口和 P2 口接了 4 个共阳极 LED 数码管，采用动态方式显示，P1 口输出字段码，P2 口的低 4 位输出位选码，数码管通过固定定时方式显示，由 MCS-51 定时/计数器 1 产生 20ms 的周期性定时，定时时间到后对 4 个数码管依次显示一次。

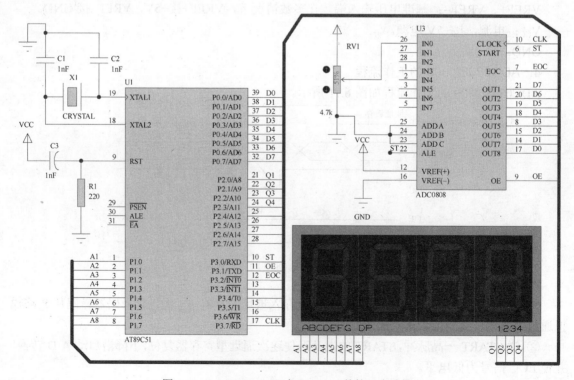

图 6.12　ADC0808/0809 与 MCS-51 的接口电路图

（2）软件编程

汇编语言编程：

　　;设系统时钟频率 12MHz，转换结果的数字量放于片内 RAM 的 30H 单元，拆分的百位放在片内 RAM
　　的 33 单元，拆分的十位放在片内 RAM 的 34 单元，拆分的个位放在片内 RAM 的 35 单元。显示时
　　百位、十位和个位显示在右边 3 个数码管上。P1 口为字段码口，P2 口为位选码口。

```
        GETDATA EQU  30H                  ;存放 ADC0808 数据输出值
            ST BIT  P3.0
            OE  BIT  P3.1
            EOC BIT  P3.2
            CLK BIT  P3.7
            ORG  0000H
            LJMP  MAIN
            ORG  000BH
            CPL  CLK                      ; 定时/计数器 0 中断,产生转换时钟
            RETI
            ORG  001BH
            LJMP  T1X                      ; 定时/计数器 1 中断,数码管显示
            ORG  0030H
    MAIN:  MOV  TMOD,#12H                 ;T0 工作在模式 2，T1 工作在模式 1
            MOV  TH0,#246
            MOV  TL0,#246
            MOV  TH1,#(65536-20000)/256 ;20ms 延时赋初值
            MOV  TL1,#(65536-20000)MOD 256
            SETB  ET0
            SETB  ET1
            SETB  TR0
            SETB  TR1
            SETB  EA
    LOOP:  CLR  ST                        ;产生启动转换的正脉冲信号
            SETB  ST
            CLR  ST
            JNB  EOC,$                     ;等待转换结束
            SETB  OE                       ;允许输出
            MOV  GETDATA,P0                ;暂存转换结果
            CLR  OE                        ;关闭输出
            MOV  A,GETDATA                 ;将转换结果转换为十进制数
            MOV  B,#100
            DIV  AB
            MOV  33H,A                     ;存放百位上的数
            MOV  A,B                        ;除以 100 后的余数
            MOV  B,#10
            DIV  AB
            MOV  34H,A                     ;十位上的数
            MOV  35H,B                     ;个位上的数
            LJMP  LOOP
    T1X:MOV  TH1,#(65536-20000)/256           ;20ms 延时赋值
            MOV  TL1,#(65536-20000) MOD 256
            MOV  DPTR,#TAB
            MOV  P2,#08H                   ;选中右边第一个 LED
            MOV  A,35H                     ;个位上的数
            MOVC  A,@A+DPTR
            MOV  P1,A
            LCALL  DELAY
```

```
            MOV  P2,#04H              ;选中右边第二个 LED
            MOV  A,34H                ;十位上的数
            MOVC A,@A+DPTR
            MOV  P1,A
            LCALL DELAY
            MOV  P2,#02H              ;选中右边第二个 LED
            MOV  A,33H                ;百位上的数
            MOVC A,@A+DPTR
            MOV  P1,A
            LCALL DELAY
            RETI
    TAB:DB  0C0H,0F9H,0A4H,0B0H,99H,92H,82H,0F8H,80H,90H    ;0～9 共阳极字段码
DELAY:MOV  R7,#255
            DJNZ R7,$
            RET
            END
```

C 语言编程：

```c
//设系统时钟频率 12MHz,P1 口为字段码口，P2 口为位选码口。
#include <reg51.H>
#define  uchar  unsigned char
uchar code dispcode[4]={0x08,0x04,0x02,0x00};//LED 显示的控制代码
uchar code codevalue[10]={0xC0,0xF9,0xA4,0xB0,0x99,0x92,
                          0x82,0xF8,0x80,0x90};//0～9 共阳极字段码
Uchar temp;              //存储 ADC0808 转换后处理过程中的临时数值
uchar dispbuf[4];        //存储十进制值
sbit ST=P3^0;
sbit OE=P3^1;
sbit EOC=P3^2;
sbit CLK=P3^7;
uchar count;             //LED 显示位控制
uchar getdata;           //ADC0808 转换后的数值

void delay(uchar m)      //延时
  { while(m--)
    {}
  }

void main(void)
{
ET0=1;
ET1=1;
EA=1;
TMOD=0x12;               //0 工作在模式 2,T1 工作在模式 1
TH0=246;
TL0=246;
TH1=(65536-20000)/256;
TL1=(65536-20000)%256;
TR1=1;
TR0=1;
while(1)
{ST=0;
ST=1;                    //产生启动转换的正脉冲信号
ST=0;
```

```
    while(EOC==0)                //等待转换结束
    {;}
    OE=1;
    getdata=P0;
    OE=0;
    temp=getdata;                //暂存转换结果
    /*将转换结果转换为十进制数*/
    dispbuf[2]=getdata/100;
    temp=temp-dispbuf[2]*100;
    dispbuf[1]=temp/10;
    temp=temp-dispbuf[1]*10;
    dispbuf[0]=temp;
    }
    }

void T0X(void)interrupt 1 using 0        //定时/计数器 0 中断,产生转换时钟
{
  CLK=~CLK;
  }

void T1X(void) interrupt 3 using 0       //定时/计数器 1 中断,数码管显示
{
    TH0=(65536-20000)/256;
    TL0=(65536-20000)%256;
    for(count=0;count<=3;count++)
    {
    P2=dispcode[count];
    P1=codevalue[dispbuf[count]];        //输出字段码
    delay(255);
    }
}
```

习　题

1. 简述 D/A 转换器的主要性能指标。

2. 简述 A/D 转换器的主要性能指标。

3. 简述 DAC0832 的基本组成。

4. DAC0832 有几种工作方式? 这几种方式是如何实现的?

5. 简述逐次逼近型 A/D 转换器的工作过程。

6. 简述 ADC0808/0809 的工作过程。

7. 简述 ADC0808/0809 的工作方式。

8. 利用 DAC0832 芯片,采用双缓冲方式,产生梯形波,分别用汇编语言和 C 语言编程实现。

9. 设计 8 路模拟量输入的巡回检测系统,使用查询的方法采样数据,采样的数据存放在片内 RAM 的 8 个单元中,分别用汇编语言和 C 语言编程实现。

第7章 MCS-51单片机的其他接口

主要内容:

在 MCS-51 单片机连接的接口电路中，除了前面介绍的常用接口电路，还有很多其他的接口电路芯片都能很方便地与它连接，实现各种各样功能的应用。如连接液晶显示器提高显示效果；连接串行存储芯片存储信息；连接各种数字传感器芯片实现对相应信号的测量等。本章将介绍几种在单片机中使用非常广泛的接口电路。

学习重点:

◆ 液晶显示器 LCD1602 与 MCS-51 单片机接口
◆ I^2C 总线芯片与 MCS-51 单片机接口
◆ 日历时钟芯片 DS1302 与 MCS-51 单片机接口
◆ 数字温度传感器 DS18B20 与 MCS-51 单片机接口

7.1 LCD1602 与 MCS-51 单片机的接口

液晶显示器（LCD）具有工作电压低、微功耗、显示信息量大和接口方便等优点，现在已被广泛应用于计算机和数字式仪表等领域，成为测量结果显示和人机对话的重要工具。液晶显示器按其功能可分为 3 类：笔段式液晶显示器、字符点阵式液晶显示器和图形点阵式液晶显示器。前两种可显示数字、字符和符号等，而图形点阵式液晶显示器还可以显示汉字和任意图形，达到图文并茂的效果，其应用越来越广泛。本节将以 RT-1602C 液晶显示模块为例，介绍液晶显示器的结构和功能，讨论其与 MCS-51 单片机的硬件接口电路及软件编程方法。

7.1.1 LCD1602 概述

LCD1602 是 2×16 字符型液晶显示模块，可以显示两行，每行 16 个字符，采用 5×7 点阵显示，工作电压 4.5～5.5V，工作电流 2.0mA(5.0V)，其控制器采用 HD44780 液晶芯片（市面上字符液晶显示器的控制器绝大多数都是基于 HD44780 液晶芯片，它们的控制原理是完全相同的）。LCD1602 采用标准的 14 引脚接口或 16 引脚接口，多出来的两条引脚是背光源正极 BLA（15 脚）和背光源负极 BLK（16 脚），其外观形状如图 7.1 所示。

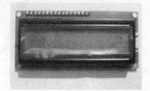 

（a）正面　　　　　　　　　　　（b）背面

图 7.1　RT-1602C 的外观

标准的 16 引脚接口如下：

第 1 脚：V_{SS}，电源地。

第 2 脚：V_{DD}，+5V 电源。

第 3 脚：V_{EE}，液晶显示对比度调整输入端。接正电源时对比度最弱，接地时对比度最高。使用时通常通过一个 10kΩ 的电位器来调整对比度。

第 4 脚：RS，数据/命令选择端，高电平时选择数据寄存器，低电平时选择指令寄存器。

第 5 脚：R/$\overline{W}$，读/写选择端，高电平时进行读操作，低电平时进行写操作。当 RS 和 R/$\overline{W}$ 同时为低电平时，可以写入指令或者显示地址；当 RS 为低电平、R/$\overline{W}$ 为高电平时，可以读忙信号；当 RS 为高电平、R/$\overline{W}$ 为低电平时，可以写入数据。

第 6 脚：E，使能端，当 E 为高电平时读取液晶模块的信息，当 E 端由高电平跳变成低电平时，液晶模块执行写操作。

第 7～14 脚：D0～D7，8 位双向数据线。

第 15 脚：BLA，背光源正极。

第 16 脚：BLK，背光源负极。

7.1.2 LCD1602 的内部结构

液晶显示模块 LCD1602 的内部结构可以分成 3 部分：LCD 控制器；LCD 驱动器；LCD 显示装备，RT-1602C 的内部结构如图 7.2 所示。

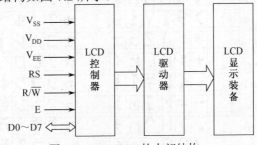

图 7.2　RT-1602C 的内部结构

控制器采用 HD44780，驱动器采用 HD44100。HD44780 是集控制器、驱动器于一体，专用于字符显示控制驱动的集成电路。HD44100 是作扩展显示字符位的。HD44780 是字符型液晶显示控制器的代表电路。

HD44780 集成电路的特点如下。

① 可选择 5×7 或 5×10 点阵字符。

② HD44780 不仅可作为控制器，而且还具有驱动 16×40 点阵液晶像素的能力，并且 HD44780 的驱动能力可通过外接驱动器扩展 360 列驱动。

HD44780 可控制的字符高达每行 80 个字，也就是 5×80=400 点，HD44780 内置有 16 路行驱动器和 40 路列驱动器，所以 HD44780 本身就具有驱动 16×40 点阵 LCD 的能力(即单行 16 个字符或两行 8 个字符)。如果在外部加一个 HD44100 再扩展 40 路/列驱动，则可驱动 16×2LCD。

③ HD44780 的显示缓冲区 DDRAM、字符发生存储器 ROM 及用户自定义的字符发生器 CGRAM 全部内置在芯片内。

HD44780 有 80 字节的显示缓冲区，分两行，地址分别为 00H～27H，40H～67H，它们实际显示位置的排列顺序与 LCD 的型号有关。LCD1602 的显示地址与实际显示位置的关系如图 7.3 所示。

HD44780 内置的字符发生存储器（ROM）已经存储了 160 个不同的点阵字符图形，如图 7.4 所示。

00	01	02	03	04	05	06	07	08	09	0A	0B	0C	0D	0E	0F
40	41	42	43	44	45	46	47	48	49	4A	4B	4C	4D	4E	4F

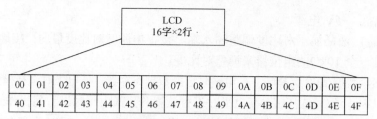

图 7.3　LCD1602 的显示地址与实际显示位置的关系图

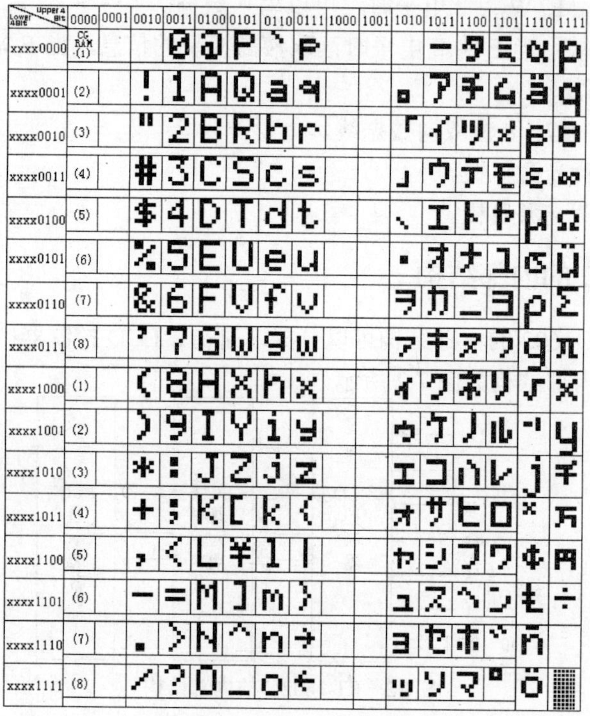

图 7.4　点阵字符图形

这些字符有阿拉伯数字、英文字母的大小写、常用的符号和日文片假名等，每个字符都有一个固定的代码。如数字“1”的代码是 00110001B(31H)，又如大写的英文字母“A”的代码是 01000001B(41H)，可以看出英文字母的代码与 ASCII 编码相同。要在 LCD 的某个位置显示符号，只需将显示的符号的 ASCII 码存入 DDRAM 的对应位置。如在 LCD1602 的第一行第二列显示“1”，只需将“1”的 ASCII 码 31H 存入 DDRAM 的 01 单元；在 LCD1602 的第二行第三列显示“A”，只需将“A”的 ASCII 码 41H 存入 DDRAM 的 42H 单元即可。

④ HD44780 具有 8 位数据和 4 位数据传输两种方式，可与 4/8 位 CPU 相连。

⑤ HD44780 具有简单而功能较强的指令集，可实现字符移动、闪烁等显示功能。

7.1.3　HD44780 的指令格式与指令功能

HD44780 控制器内有多个寄存器，通过 RS 和 R/$\overline{W}$ 引脚共同决定选择哪一个寄存器，选择情况见表 7.1。

表 7.1　HD44870 内部寄存器选择表

RS	R/$\overline{W}$	寄存器及操作
0	0	指令寄存器写入
0	1	忙标志和地址计数器读出
1	0	数据寄存器写入
1	1	数据寄存器读出

HD44780 共有 11 条指令，它们的格式和功能见下。

（1）清屏命令

格式：

RS	R/$\overline{\text{W}}$	D7	D6	D5	D4	D3	D2	D1	D0
0	0	0	0	0	0	0	0	0	1

功能：清除屏幕，将显示缓冲区 DDRAM 的内容全部写入空格(ASCII20H)；

　　　光标复位，回到显示器的左上角；

　　　地址计数器 AC 清零。

（2）光标复位命令

格式：

RS	R/$\overline{\text{W}}$	D7	D6	D5	D4	D3	D2	D1	D0
0	0	0	0	0	0	0	0	1	0

功能：光标复位，回到显示器的左上角；

　　　地址计数器 AC 清零；

　　　显示缓冲区 DDRAM 的内容不变。

（3）输入方式设置命令

格式：

RS	R/$\overline{\text{W}}$	D7	D6	D5	D4	D3	D2	D1	D0
0	0	0	0	0	0	0	1	I/D	S

功能：设定当写入一个字节后，光标的移动方向以及后面的内容是否移动。

　　　当 I/D=1 时，光标从左向右移动；I/D=0 时，光标从右向左移动。

　　　当 S=1 时，内容移动，S=0 时，内容不移动。

（4）显示开关控制命令

格式：

RS	R/$\overline{\text{W}}$	D7	D6	D5	D4	D3	D2	D1	D0
0	0	0	0	0	0	1	D	C	B

功能：控制显示的开关，当 D=1 时显示，D=0 时不显示；

　　　控制光标开关，当 C=1 时光标显示，C=0 时光标不显示；

　　　控制字符是否闪烁，当 B=1 时字符闪烁，B=0 时字符不闪烁。

（5）光标移位命令

格式：

RS	R/$\overline{\text{W}}$	D7	D6	D5	D4	D3	D2	D1	D0
0	0	0	0	0	1	S/C	R/L	*	*

功能：移动光标或整个显示字幕移位。

　　　当 S/C=1 时整个显示字幕移位，当 S/C=0 时只光标移位。

　　　当 R/L=1 时光标右移，R/L=0 时光标左移。

（6）功能设置命令

格式：

RS	R/$\overline{\text{W}}$	D7	D6	D5	D4	D3	D2	D1	D0
0	0	0	0	1	DL	N	F	*	*

功能：设置数据位数，当 DL=1 时数据位为 8 位，DL=0 时数据位为 4 位。

　　　设置显示行数，当 N=1 时双行显示，N=0 时单行显示。

　　　设置字形大小，当 F=1 时为 5×10 点阵，F=0 时为 5×7 点阵。

（7）设置字库 CGRAM 地址命令

格式：

RS	R/$\overline{W}$	D7	D6	D5	D4	D3	D2	D1	D0
0	0	0	1			CGRAM 的地址			

功能：设置用户自定义 CGRAM 的地址，对用户自定义 CGRAM 访问时，要先设定 CGRAM 的地址，地址范围为 0～63。

（8）显示缓冲区 DDRAM 地址设置命令

格式：

RS	R/$\overline{W}$	D7	D6	D5	D4	D3	D2	D1	D0
0	0	1			DDRAM 的地址				

功能：设置当前显示缓冲区 DDRAM 的地址，对 DDRAM 访问时，要先设定 DDRAM 的地址，地址范围为 0～127。

（9）读忙标志及地址计数器 AC 命令

格式：

RS	R/$\overline{W}$	D7	D6	D5	D4	D3	D2	D1	D0
0	1	BF			AC 的值				

功能：读忙标志及地址计数器 AC 命令。

当 BF=1 时表示忙，这时不能接收命令和数据；当 BF=0 时表示不忙。

低 7 位为读出的 AC 的地址，值为 0～127。

（10）写 DDRAM 或 CGRAM 命令

格式：

RS	R/$\overline{W}$	D7	D6	D5	D4	D3	D2	D1	D0
1	0				写入的数据				

功能：向 DDRAM 或 CGRAM 当前位置中写入数据，写入后地址指针自动移动到下一个位置。对 DDRAM 或 CGRAM 写入数据之前，须设定 DDRAM 或 CGRAM 的地址。

（11）读 DDRAM 或 CGRAM 命令

格式：

RS	R/$\overline{W}$	D7	D6	D5	D4	D3	D2	D1	D0
1	1				读出的数据				

功能：从 DDRAM 或 CGRAM 当前位置中读出数据。当 DDRAM 或 CGRAM 读出数据时，须先设定 DDRAM 或 CGRAM 的地址。

7.1.4　LCD1602 的编程与接口

LCD 显示器在使用之前须根据具体配置情况初始化，初始化可在复位后完成，LCD1602 初始化过程一般如下：

① 清屏。清除屏幕，将显示缓冲区 DDRAM 的内容全部写入空格（ASCII 20H）。光标复位，回到显示器的左上角。地址计数器 AC 清零。

② 功能设置。设置数据位数，根据 LCD1602 与处理器的连接选择（LCD1602 与 MCS-51 单片机连接时一般选择 8 位），设置显示行数（LCD1602 为双行显示）。设置字形大小（LCD1602 为 5×7 点阵）。

③ 开/关显示设置。控制光标显示、字符是否闪烁等。

④ 输入方式设置。设定光标的移动方向以及后面的内容是否移动。

初始化后就可用 LCD 进行显示，显示时应根据显示的位置先定位，即设置当前显示缓冲区 DDRAM 的地址，再向当前显示缓冲区写入要显示的内容，如果连续显示，则可连续写入显示的内容。由于 LCD 是外部设备，处理速度比 CPU 的速度慢，向 LCD 写入命令到完成功能需要一定的时间，在这个过程中，LCD 处于忙状态，不能向 LCD 写入新的内容。LCD 是否处于忙状态可通过读忙标志命令来了解。另外，由于 LCD 执行命令的时间基本固定，而且比较短，因此也可以通过延时等待命令完成后再写入下一个命令。

图 7.5 是 LCD1602 与 AT89C52 单片机的接口图，图中 LCD1602 的数据线与 AT89C52 的 P2 口相连，RS 与 AT89C52 的 P1.7 相连，R/$\overline{W}$ 与 AT89C52 的 P1.6 相连，E 端与 AT89C52 的 P1.5 相连。编程在 LCD 显示器的第 1 行第 1 列开始显示"HOW"，第 2 行第 5 列开始显示"ARE YOU!"。

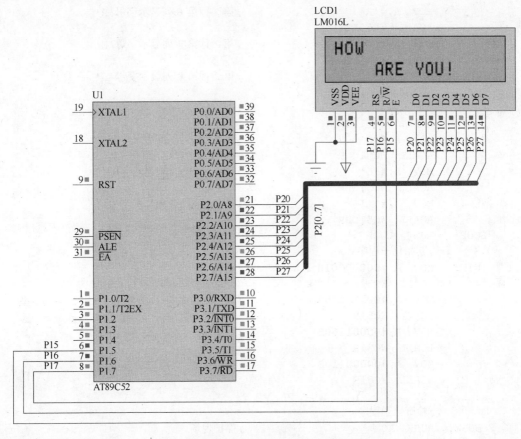

图 7.5　LCD1602 与 AT89C52 单片机的接口图

汇编语言程序：

```
RS  BIT  P1.7
RW  BIT  P1.6
E   BIT  P1.5

ORG 00H
AJMP START

ORG 50H
;主程序
```

```
       START:  MOV  SP,#50H
               ACALL  INIT
               MOV  A,#10000000B            ;写入显示缓冲区起始地址为第 1 行第 1 列
               ACALL  WC51R
               MOV  A,#'H'                  ;第 1 行第 1 列显示字母'H'
               ACALL  WC51DDR
               MOV  A,#'O'                  ;第 1 行第 2 列显示字母'O'
               ACALL  WC51DDR
               MOV  A,#'W'                  ;第 1 行第 3 列显示字母'W'
               ACALL  WC51DDR
               MOV  A,#11000100B            ;写入显示缓冲区起始地址为第 2 行第 5 列
               ACALL  WC51R
               MOV  A,#'A'                  ;第 2 行第 5 列显示字母'A'
               ACALL  WC51DDR
               MOV  A,#'R'                  ;第 2 行第 6 列显示字母'R'
               ACALL  WC51DDR
               MOV  A,#'E'                  ;第 2 行第 7 列显示字母'E'
               ACALL  WC51DDR
               MOV  A,#' '                  ;第 2 行第 8 列显示字母' '
               ACALL  WC51DDR
               MOV  A,#'Y'                  ;第 2 行第 9 列显示字母'Y'
               ACALL  WC51DDR
               MOV  A,#'O'                  ;第 2 行第 10 列显示字母'O'
               ACALL  WC51DDR
               MOV  A,#'U'                  ;第 2 行第 11 列显示字母'U'
               ACALL  WC51DDR
               MOV  A,#'!'                  ;第 2 行第 12 列显示字母'!'
               ACALL  WC51DDR
       LOOP:   AJMP  LOOP
               ;初始化子程序
       INIT:   MOV  A,#00000001H            ;清屏
               ACALL  WC51R
               MOV  A,#00111000B            ;使用 8 位数据,显示两行,使用 5×7 的字型
               LCALL  WC51R
               MOV  A,#00001100B            ;显示器开,光标关,字符不闪烁
               LCALL  WC51R
               MOV  A,#00000110B            ;字符不动,光标自动右移一格
               LCALL  WC51R
               RET
               ;检查忙子程序
     F_BUSY:   PUSH  ACC                    ;保护现场
               MOV  P2,#0FFH
               CLR  RS
               SETB  RW
       WAIT:   CLR  E
               SETB  E
               JB  P2.7,WAIT                ;忙,等待
               POP  ACC                     ;不忙,恢复现场
               RET
               ;写入命令子程序
     WC51R:    ACALL  F_BUSY
               CLR  E
               CLR  RS
```

```
        CLR  RW
        SETB E
        MOV  P2,ACC
        CLR  E
        RET
        ;写入数据子程序
WC51DDR:ACALL  F_BUSY
        CLR  E
        SETB RS
        CLR  RW
        SETB E
        MOV  P2,ACC
        CLR  E
        RET
        END
```

C 语言编程:

```c
#include <reg51.h>
#define uchar unsigned char
sbit RS=P1^7;
sbit RW=P1^6;
sbit E=P1^5;
void init(void);
void wc51r(uchar i);
void wc51ddr(uchar i);
void fbusy(void);
//主函数
void main()
{
SP=0x50;
init();
wc51r(0x80);            //写入显示缓冲区起始地址为第 1 行第 1 列
wc51ddr('H');           //第 1 行第 1 列显示字母'H'
wc51ddr('O');           //第 1 行第 2 列显示字母'O'
wc51ddr ('W');          //第 1 行第 3 列显示字母'W'
wc51r(0xc4);            //写入显示缓冲区起始地址为第 2 行第 5 列
wc51ddr('A');           //第 2 行第 5 列显示字母'A'
wc51ddr('R');           //第 2 行第 6 列显示字母'R'
wc51ddr('E');           //第 2 行第 7 列显示字母'E'
wc51ddr(' ');           //第 2 行第 8 列显示字母' '
wc51ddr('Y');           //第 2 行第 9 列显示字母'Y'
wc51ddr('O');           //第 2 行第 10 列显示字母'O'
wc51ddr('U');           //第 2 行第 11 列显示字母'U'
wc51ddr('!');           //第 2 行第 12 列显示字母'!'
while(1);
}
//初始化函数
void init()
{
wc51r(0x01);            //清屏
wc51r(0x38);            //使用 8 位数据,显示两行,使用 5×7 的字型
wc51r(0x0c);            //显示器开,光标关,字符不闪烁
wc51r(0x06);            //字符不动,光标自动右移一格
}
```

```
//检查忙函数
void  fbusy()
{
P2=0Xff;RS=0;RW=1;
E=0; E=1;
while (P2&0x80){E=0;E=1;}        //忙,等待
}
//写命令函数
void  wc51r(uchar  j)
{
fbusy();
E=0;RS=0;RW=0;
E=1;
P2=j;
E=0;
}
//写数据函数
void  wc51ddr(uchar  j)
{
fbusy();
E=0;RS=1;RW=0;
E=1;
P2=j;
E=0;
}
```

7.2　I²C 总线芯片与 MCS-51 单片机接口

　　在单片机应用系统中，带有 I²C 总线接口的电路现在使用得越来越多，主要因为采用 I²C 总线接口的器件连接线和引脚数目少，成本低。且与单片机连接简单，结构紧凑，在总线上增加器件不影响系统的正常工作，系统修改和可扩展性好，即使工作时钟不同的器件也可直接连接到总线上，使用起来很方便。

7.2.1　I²C 总线简介

1. I²C 总线的主要特点

　　I²C 总线是由 Philips 公司开发的一种简单、双向二线制同步串行总线。它只需要两根线即可在连接于总线上的器件之间传送信息。这种总线的主要特点有：

　　① 总线只有两根线，即串行时钟线（SCL）和串行数据线（SDA），这在设计中大大减少了硬件接口。

　　② 每个连接到总线上的器件都有一个用于识别的器件地址，器件地址由芯片内部硬件电路和外部地址引脚同时决定，避免了片选线的连接方法，并建立了简单的主从关系，每个器件既可以作为发送器，又可以作为接收器。

　　③ 同步时钟允许器件以不同的波特率进行通信。

　　④ 同步时钟可以作为停止或重新启动串行口发送的握手信号。

　　⑤ 串行的数据传输速率在标准模式下可达 100kbps，快速模式下可达 400kbps，高速模式下可达 3.4Mbps。

　　⑥ 连接到同一总线的集成电路数量只受 400pF 的最大总线电容的限制。

2. I^{2}C 总线的基本结构

I^{2}C 总线是由数据线 SDA 和时钟线 SCL 构成的串行总线，可发送和接收数据。各种采用 I^{2}C 总线标准的器件均并联在总线上，每个器件内部都有 I^{2}C 接口电路，用于实现与 I^{2}C 总线的连接，结构形式如图 7.6 所示。

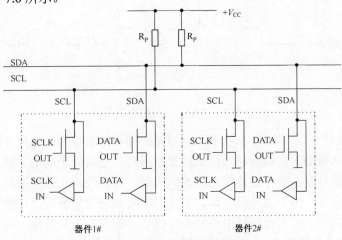

图 7.6　I^{2}C 总线接口电路图

每个器件都有唯一的地址，器件两两之间都可以进行信息传送。当某个器件向总线上发送信息时，它就是发送器（也叫主器件），而当其从总线上接收信息时，它又成为接收器（也叫从器件）。在信息的传输过程中，主器件发送的信号分为器件地址码、器件单元地址和数据 3 部分，其中器件地址码用来选择从器件，确定操作的类型（是发送信息还是接收信息）；器件单元地址用于选择器件内部的单元；数据是在各器件间传递的信息。处理过程就像打电话一样，只有拨通号码才能进行信息交流。各控制电路虽然挂在同一条总线上，却彼此独立，互不相关。

3. I^{2}C 总线的信息传送

当 I^{2}C 总线没有进行信息传送时，数据线（SDA）和时钟线（SCL）都为高电平。当主器件向某个器件传送信息时，首先应向总线传送开始信号，然后才能传送信息，当信息传送结束时应传送结束信号，开始信号和结束信号的规定如下。

开始信号：SCL 为高电平时，SDA 由高电平向低电平跳变，开始传送数据。

结束信号：SCL 为高电平时，SDA 由低电平向高电平跳变，结束传送数据。

开始信号和结束信号之间传送的是信息，信息的字节数没有限制，但每个字节必须为 8 位，高位在前，低位在后。数据线 SDA 上每位信息状态的改变只能发生在时钟线 SCL 为低电平的期间，因为 SCL 为高电平的期间 SDA 状态的改变已经被用来表示开始信号和结束信号。具体情况如图 7.7 所示。

主器件每次传送的信息的第一字节必须是器件地址码，第二字节为器件单元地址，用于实现选择所操作的器件的内部单元，从第三字节开始为传送的数据。其中器件地址码格式如下：

D7	D6	D5	D4	D3	D2	D1	D0
器件类型码				片选			R/$\overline{\text{W}}$

其中，高 4 位为器件类型识别码（不同的芯片类型有不同的定义，EEPROM 一般应为 1010）；接着 3 位为片选，同种类型器件最多可接 8 个，高 7 位用于选择对应的器件；最后一位为读写位，当为 1 时进行读操作，表示主器件将从总线上读取信息，为 0 时进行写操作，表示主器件将传送信息到总线上。

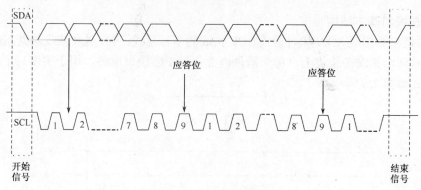

图 7.7　I²C 总线信息传送图

I²C 总线数据传送时，每传送 1 字节数据后都必须有应答信号。与应答信号相对应的时钟由主器件产生，发送器必须在这一时钟位上释放数据线，使其处于高电平状态，以便接收器在这一位上送出应答信号。从器件在接收到起始信号后，每接收一个地址编码或数据后都会回送一个低电平的应答信号，用于表示已收到。主器件接收到应答信号后，可根据实际情况作出是否继续传递信号的判断。若未收到低电平的应答信号，则判断为从器件出现故障。

当主器件从从器件读取数据时，从器件发送数据，主器件接收数据，主器件接收到数据后，也发送一个低电平的应答信号，从器件接收到后继续发送下一个数据，如主器件没有发送低电平的应答信号，而是高电平的非应答信号，则从器件结束数据传送且等待主器件的结束信号后结束读操作。

4．I²C 总线读、写操作

（1）当前地址读

该操作将从所选器件的当前地址读，读的字节数不指定，格式如下：

S	控制码(R/$\overline{W}$=1)	A	数据 1	A	数据 2	A	P

（2）指定单元读

该操作将从所选器件的指定地址读，读的字节数不指定，格式如下：

S	控制码 (R/$\overline{W}$=0)	A	器件单元 地址	A	S	控制码 (R/$\overline{W}$=1)	A	数据 1	A	数据 2	A	P

（3）指定单元写

该操作将从所选器件的指定地址写，写的字节数不指定，格式如下：

S	控制码 (R/$\overline{W}$=0)	A	器件单元 地址	A	数据 1	A	数据 2	A	P

其中，S 表示开始信号，A 表示应答信号，P 表示结束信号。

7.2.2　I²C 总线 EEPROM 芯片与单片机的接口

基于 I²C 总线的 EEPROM 芯片有很多，它们集成度高，引脚少，非常适合与单片机连接。下面以 CAT24WCXX 系列为例来介绍它们的使用。

1．串行 EEPROM CAT24WCXX 系列概述

CAT24WCXX 系列是美国 CATALYST 公司出品的，支持 I²C 总线数据传送协议的串行 CMOS EEPROM 芯片，可用电擦除，可编程自定义写周期，自动擦除时间不超过 10ms，典型时间为 5ms。采用特有的噪声保护施密特触发输入技术和 ESD 技术，强干扰下数据不易丢失，在汽车电子及电表、水表、煤气表中得到了广泛的应用。

CAT24WCXX 系列包含 9 种芯片,容量分别为 1～256K 位。这里以 CAT24WC 01/02/04/08/16 为例，介绍该系列芯片的工作原理与应用。串行 EEPROM 一般具有两种写入方式：一种是字节写入方式；另一种是页写入方式。允许在一个写周期内同时对 1 字节到一页的若干字节的编程写入，一页的大小取决于芯片内页寄存器的大小。其中，CAT24WC01 具有 8 字节数据的页面写能力，CAT24WC02/04/08/16 具有 16 字节数据的页面写能力。

2. CAT24WC01/02/04/08/16 的引脚

CAT24WC01/02/04/08/16 可采用标准的 8 脚 DIP 封装和 8 脚表面安装的 SOIC 封装。引脚排列如图 7.8 所示。

引脚功能如下：

SCL：串行时钟线。这是一个输入引脚，用于形成器件所有数据发送或接收的时钟。

SDA：串行数据线。这是一个双向传输线，用于传送地址和所有数据的发送或接收。它是一个漏极开路

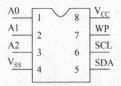

图 7.8　CAT24WC01/02/04/08/16 引脚图

端，因此要求接一个上拉电阻到 V_{CC} 端（速率为 100kHz 时电阻为 10kΩ，400kHz 时为 1kΩ）。对于一般的数据传输，仅在 SCL 为低电平期间 SDA 才允许变化。SCL 为高电平期间，留给开始信号（START）和停止信号（STOP）。

A0、A1、A2：芯片地址输入端。这些输入端用于多个芯片级联时设置器件地址，当这些脚悬空时默认值为 0（CAT24WC01 除外）。

当使用 24WC01 或 24WC02 时，一组 I²C 总线上最大可连接 8 个芯片。如果只有一个 24WC02 在总线上寻址，这些地址输入引脚（A0、A1、A2）悬空或连接到 V_{SS}，如果只有一个 24WC01 在总线上寻址，所有这些输入脚（A0、A1、A2）必须连接到 V_{SS}。

当使用 24WC04 时，一组 I²C 总线上最大可连接 4 个芯片，这个芯片仅使用 A1、A2 地址引脚，A0 引脚没有使用，可以连接到 V_{SS} 或悬空。如果只有一个 24WC04 在总线上寻址，A1 和 A2 地址引脚悬空或连接到 V_{SS}。

当使用 24WC08 时，一组 I²C 总线上最大可连接 2 个芯片。且仅使用地址引脚 A2，A0、A1 引脚没有使用，可以连接到 V_{SS} 或悬空。如果只有一个 24WC08 在总线上寻址，A2 引脚悬空或连接到 V_{SS}。

当使用 24WC16 时，一组 I²C 总线上只能连接一个芯片，所有地址引脚 A0、A1、A2 都没有使用，可以连接到 V_{SS} 或悬空。

WP：写保护。如果 WP 引脚连接到 V_{CC}，所有的内容都被写保护(只能读)。当 WP 引脚连接到 V_{SS} 或悬空，允许对器件进行正常的读/写操作。

V_{CC}：电源线。

V_{SS}：地线。

3. CAT24WC01/02/04/08/16 的器件地址

CAT24WC01/02/04/08/16 的器件地址的高 4 位 D7～D4 固定为 1010，接下来的 3 位 D3～D1(A2、A1、A0)为器件的片选地址位或作为存储器的页地址选择位，用来定义哪个器件以及器件的哪个部分被主器件访问。器件地址的最低位 D0 为读写控制位，"1"表示对器件进行读操作，"0"表示对器件进行写操作。在主器件发送起始信号和从器件地址字节后，CAT24WC01/02/04/08/16 监视总线并当其地址与发送的从地址相符时响应一个应答信号（通过 SDA 线）。CAT24WC01/02/04/08/16 再根据读写控制位（R/$\overline{W}$）的状态进行读或写操作。CAT24WC01/02/04/08/16 的器件地址的具体情况见表 7.2，其中 A0、A1 和 A2 对应芯片的引脚 1、2 和 3，a8、 a9 和 a10 对应为页地址选择位。

表 7.2　CAT24WC01/02/04/08/16 的器件地址表

型号	控制码	片选			读/写	总线访问的器件
CAT24WC01	1010	A2	A1	A0	1/0	最多 8 个
CAT24WC02	1010	A2	A1	A0	1/0	最多 8 个
CAT24WC04	1010	A2	A1	a8	1/0	最多 4 个
CAT24WC08	1010	A2	a9	a8	1/0	最多 2 个
CAT24WC16	1010	a10	a9	a8	1/0	最多 1 个

4. CAT24WC01/02/04/08/16 的写操作

（1）字节写

图 7.9 为 CAT24WC01/02/04/08/16 字节写时序图。在字节写模式下，主器件首先发送起始命令和从器件地址信息（R/W 位置 0）给从器件，然后等待从器件送回低电平应答信号。当主器件收到从器件发出的应答信号后，主器件再发送 1 个 8 位字节的器件内单元地址写入从器件的地址指针，从器件收到后写入，然后再向主器件发送一个低电平的应答信号，主器件在收到该应答信号后，再发送数据到从器件的相应存储单元，从器件收到后再次发送低电平应答信号，并在主器件产生停止信号后开始内部数据的擦写，在内部擦写过程中，从器件不再应答主器件的任何请求。

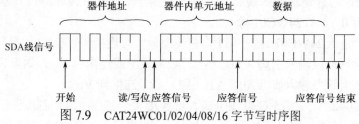

图 7.9　CAT24WC01/02/04/08/16 字节写时序图

（2）页写

图 7.10 为 CAT24WC01/02/04/08/16 页写时序图。在页写模式下，向 CAT24WC01/02 /04/08/16 一次可写入 8/16/16/16/16 字节数据。页写操作的启动和字节写一样，不同之处在于传送了 1 字节数据后并不产生停止信号，而是继续传送下一字节。每发送 1 字节数据，CAT24WC01/02/04/08/16 接收到后都会回送一个低电平的应答位，最后 1 字节发送完毕，接收到 CAT24WC01/02/04/08/16 回送的应答位后，主器件送停止信号，页写结束。

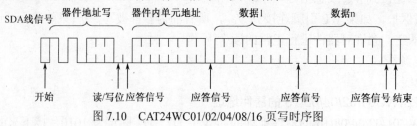

图 7.10　CAT24WC01/02/04/08/16 页写时序图

在页写过程中，CAT24WC01/02/04/08/16 接收 1 字节，内部地址计数器的低 3/4/4/4/4 位加 1，高位保持不变。如果在发送停止信号之前，主器件发送数据超过一页字节，地址计数器将自动翻转，先前写入的数据被覆盖。接收到一页字节数据和主器件发送的停止信号后，CAT24WC01/02/04/08/16 启动内部写周期将数据写到数据区。接收的数据在一个写周期内写入 CAT24WC01/ 02/04/08/16。

（3）应答查询

可以利用内部写周期时禁止数据输入这一特性，一旦主器件发送停止位指示主器件操作结束时，CAT24WC01/02/04/08/16 启动内部写周期，应答查询立即启动，包括发送一个起始信号和进行写操作的从器件地址。如果 CAT24WC01/02/04/08/16 正在进行内部写操作，就不会发送应答信号。如果 CAT24WC01/02/04/08/16 已经完成了内部写周期，将发送一个应答信号，主器件可以继续进行下一次的读/写操作。

（4）写保护

写保护操作特性可使用户避免由于不当操作而造成对存储区域内部数据的改写，当 WP 引脚接高电平时，整个寄存器区全部被保护起来而变为只可读取。CAT24WC01/02/04/08/16 可以接收从器件地址和字节地址，但是装置在接收到第一个数据字节后不发送应答信号从而避免寄存器区域被编程改写。

5．CAT24WC01/02/04/08/16 的读操作

对 CAT24WC01/02/04/08/16 读操作的初始化方式和写操作时一样，仅把 R/W 位置为 1，有 3 种不同的读操作方式：当前地址读、随机地址读和顺序地址读。

（1）当前地址读

图 7.11 为 CAT24WC01/02/04/08/16 当前地址读时序图。CAT24WC01/02/04/08/16 的地址计数器内容为最后操作字节的地址加 1。也就是说，如果上次读/写的操作地址为 N，则立即读的地址从地址 $N+1$ 开始。如果读到一页的最后字节，则计数器将翻转到 0，继续读出页开始的数据。CAT24WC01/02/04/08/16 接收到从器件地址信号后（R/W 位置 1），首先发送一个应答信号，然后发送一个 8 位字节数据。主器件接收到后发送一个高电平的非应答信号，然后产生停止信号结束当前地址读。

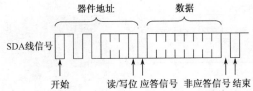

图 7.11　CAT24WC01/02/04/08/16 当前地址读时序图

（2）随机地址读

图 7.12 为 CAT24WC01/02/04/08/16 随机地址读时序图。随机读操作允许主器件对寄存器的任意字节进行读操作，主器件首先通过发送起始信号、从器件地址（R/W 位置 0）和它想读取的字节数据的器件内单元地址。在 CAT24WC01/02/04/08/16 回送低电平的应答信号之后，主器件重新发送起始信号和从器件地址，此时 R/W 位置 1，CAT24WC01/ 02/04/08/16 响应回送低电平的应答信号，然后输出所要求的一个 8 位字节数据，主器件接收到后发送高电平的非应答信号，然后产生停止信号结束随机地址读过程。

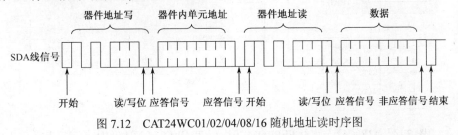

图 7.12　CAT24WC01/02/04/08/16 随机地址读时序图

（3）顺序地址读

图 7.13 为 CAT24WC01/02/04/08/16 顺序地址读时序图。顺序读操作可通过当前地址读或随机地址读操作启动。在 CAT24WC01/02/04/08/16 发送完一个 8 位字节数据后，主器件产生一个低电平的应答信号来响应，告知 CAT24WC01/02/04/08/16 主器件要求更多的数据，CAT24WC01/02/04/08/16 接收到应答信号后将继续发送下一个 8 位字节数据。直到主器件发送非应答信号，最后主器件发送停止位时结束顺序地址读操作。

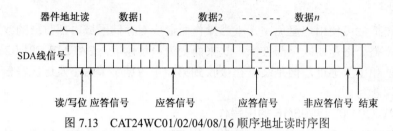

图 7.13　CAT24WC01/02/04/08/16 顺序地址读时序图

6. CAT24WC01/02/04/08/16 与单片机的接口与编程

图 7.14 是 AT89C52 单片机与串行 EEPROM 芯片 CAT24WC01/02/04/08/16 的接口电路图，图中用的 EEPROM 芯片为 CAT24WC02。AT89C52 单片机的 P1.0、P1.1 作为 I^2C 总线与 CAT24WC02 的 SCL 和 SDA 相连。P1.2 与 WP 相连，CAT24WC02 的地址线 A2、A1、A0 直接接地。片选编码为 000，CAT24WC02 的器件地址码的高 7 位为 1010000。编程向 CAT24WC02 的 00 单元开始写入 16 字节数据，然后再读出来（这里通过页写和顺序地址读方式）。

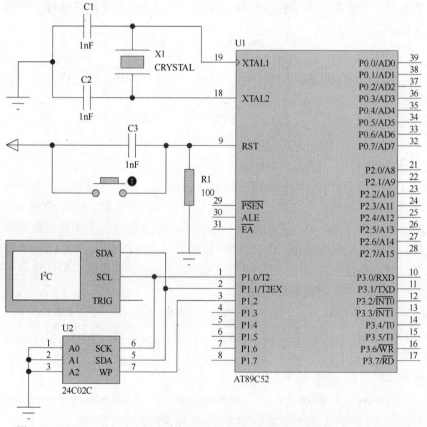

图 7.14　AT89C52 与串行 EEPROM 芯片 CAT24WC01/02/04/08/16 的接口电路

汇编语言编程：

```
    SCL  BIT P1.0          ;引脚定义
    SDA  BIT P1.1
    WP   BIT P1.2          ;定义写保护位
    TRAN_DATA EQU 30H      ;待写数据缓冲区地址定义
    RECE_DATA EQU 40H      ;接收数据缓冲区地址定义

    ACK      EQU   10H     ;定义应答位
    SLA      EQU   50H     ;定义器件地址单元
    SUBA     EQU   51H     ;定义器件子地址单元
    NUMBYTE  EQU   52H     ;读/写的字节数变量单元

    ORG  0000H
    LJMP MAIN

    ORG 0100H
MAIN:
    MOV  NUMBYTE,#10H      ;写入和读出字节数
    MOV  R0,#00H
    MOV  R1,#TRAN_DATA     ;待写数据缓冲区放入数据
    MOV  R2,NUMBYTE
    MOV  A,#00H
TRAN_RAM:
    MOV  DPTR,#TAB
    MOVC A,@A+DPTR
    MOV  @R1,A
    INC  R0
    INC  R1
    MOV  A,R0
    DJNZ R2,TRAN_RAM
    NOP

    WR24CXX:
    CLR  WP               ;写保护位清 0，允许写入
    MOV  SLA,#10100000B
    MOV  SUBA,#00H        ;从芯片 00 单元开始写
    LCALL  WRNBYTE        ;调用写 AT24C02 程序
    NOP
    LCALL  DELAY          ;写入延时
    LCALL  DELAY

    RD24CXX:
    CLR  WP
    MOV  SLA,#10100000B
    MOV  SUBA,#00H        ;从芯片 00 单元开始读
    LCALL  RDNBYTE        ;调用读 AT24C02 程序
    NOP                   ;此处设置断点，观察读出的数据
    SJMP $

;*******************************************
; 发开始信号,启动 I²C 总线子程序
;*******************************************
    START:
    SETB SDA
```

```
        NOP
        SETB  SCL
        NOP
        NOP
        NOP
        NOP
        NOP                     ;开始信号建立时间大于4.7μs，延时
        CLR  SDA                ;发送开始信号
        NOP
        NOP
        NOP
        NOP
        NOP                     ;开始信号锁定时间大于4μs
        CLR  SCL                ;钳住I²C总线，准备发送或接收数据
        NOP
        RET
;**************************************************
; 发结束信号，停止I²C总线程序
;**************************************************
 STOP:
        CLR  SDA
        NOP
        SETB  SCL
        NOP
        NOP
        NOP
        NOP
        NOP                     ;结束信号建立时间大于4μs
        SETB  SDA               ;发送I²C总线结束信号
        NOP
        NOP
        NOP
        NOP
        NOP
        RET
;**************************************************
; 主机答0程序,主机接收1字节数据应答0
;**************************************************
 MACK:
        CLR  SDA
        NOP
        NOP
        SETB  SCL
        NOP
        NOP
        NOP
        NOP
        NOP
        CLR  SCL
        NOP
        NOP
        RET
;**************************************************
```

```
;主机答 1 程序，主机接收最后 1 字节数据应答 1
;************************************************
  MNACK:
    SETB  SDA
    NOP
    NOP
    SETB  SCL
    NOP
    NOP
    NOP
    NOP
    NOP
    CLR  SCL
    NOP
    NOP
    RET
;************************************************
;检查从机应答子程序;返回值,ACK=1 时表示有应答
;************************************************
  CACK:
    SETB  SDA
    NOP
    NOP
    SETB  SCL
    CLR  ACK
    NOP
    NOP
    MOV  C,SDA
    JC  CEND
    SETB  ACK              ;接收到应答信号,ACK=1,否则,ACK=0
  CEND:
    NOP
    CLR  SCL
    NOP
    RET
;************************************************
;写 1 字节程序
;字节数据放入 ACC
;每发送 1 字节要调用一次 CACK 子程序,取应答位
;************************************************
  WRBYTE:
    MOV  R0,#08H
    WLP:
    RLC  A
    JC  WRI1              ;判断数据位
    SJMP  WRI0
    WLP1:
    DJNZ  R0,WLP
    NOP
    RET
    WRI1:                 ;发送 1
    SETB  SDA
    NOP
```

```
        SETB  SCL
        NOP
        NOP
        NOP
        NOP
        NOP
        CLR  SCL
        SJMP  WLP1
    WRI0:                      ;发送 0
        CLR  SDA
        NOP
        SETB  SCL
        NOP
        NOP
        NOP
        NOP
        NOP
        CLR  SCL
        SJMP  WLP1
;*********************************************
;读 1 字节程序
;读出的值在 ACC
;*********************************************
    RDBYTE:
        MOV  R0,#08H
    RLP:
        SETB  SDA
        NOP
        SETB  SCL
        NOP
        NOP
        MOV  C,SDA
        MOV  A,R2
        CLR  SCL
        RLC  A
        MOV  R2,A
        NOP
        NOP
        NOP
        DJNZ  R0,RLP
        RET


;*********************************************
;向 24C02 页写方式写 N 个数据子程序,
;入口参数: 器件从地址 SLA、器件子地址 SUBA、发送数据缓冲区 TRAN_DATA、发送字节数
NUMBYTE
; 占用:A、R0、R1、R3、CY
;*********************************************
    WRNBYTE:
        MOV  R3,NUMBYTE
        LCALL  START              ;启动总线
        MOV  A,SLA
        LCALL  WRBYTE             ;发送器件从地址
```

```
     LCALL  CACK
     JNB  ACK,RETWRN          ;无应答则退出
     MOV  A,SUBA
     LCALL  WRBYTE            ;指定子地址
     LCALL  CACK
     JNB  ACK,WRNBYTE         ;无应答则退出
     MOV  R1,#TRAN_DATA
 WRDA:
     MOV  A,@R1
     LCALL  WRBYTE            ;开始写入数据
     LCALL  CACK
     JNB  ACK,WRNBYTE         ;无应答则退出
     INC  R1
     DJNZ  R3,WRDA            ;判断写完没有
RETWRN:
     LCALL  STOP
     RET


;************************************
;从 24C02 顺序地址读方式读 N 个数据子程序
;从器件指定地址读取 N 个数据
;入口参数：器件从地址 SLA、器件子地址 SUBA、接收字节数 NUMBYTE
;出口参数：接收数据缓冲区 RECE_DATA
;占用:A、R0、R1、R2、R3、CY
;************************************
RDNBYTE:
     MOV  R3,NUMBYTE
     LCALL  START             ;启动总线
     MOV  A,SLA
     LCALL  WRBYTE            ;发送器件从地址
     LCALL  CACK
     JNB  ACK,RETRDN          ;无应答则退出
     MOV  A,SUBA
     LCALL  WRBYTE            ;指定子地址
     LCALL  CACK
     JNB  ACK,WRNBYTE         ;无应答则退出
     LCALL  START             ;重新启动总线
     MOV  A,SLA
     INC  A                   ;准备进行读操作
     LCALL  WRBYTE
     LCALL  CACK
     JNB  ACK,RDNBYTE         ;无应答则退出
     MOV  R1,#RECE_DATA
 RDN1:
     LCALL  RDBYTE            ;读操作开始
     MOV  @R1,A
     DJNZ  R3,SACK
     LCALL  MNACK             ;应答 1，接收完成
RETRDN:
     LCALL  STOP              ;结束总线
     RET
SACK:
     LCALL  MACK              ;应答 0,继续接收下一个
```

```
        INC  R1
        SJMP  RDN1


    TAB:DB 55h,55h,55h,55h,55h,55h,55h,55h
        DB 55h,55h,55h,55h,55h,55h,55h,55h                    ;写入的数据


    ;*********************************************
    ;延时程序
    ;*********************************************
    DELAY:  MOV  R7,#10
    D1:     MOV  R6,#248
            DJNZ  R6,$
            DJNZ  R7,D1
            RET
            END
```

C 语言编程：

```c
#include <reg51.h>
#include <intrins.h>
#define uchar  unsigned char
#define uint  unsigned int
sbit  SCL=P1^0;            //定义数据线
sbit  SDA=P1^1;            //定义时钟线
sbit  WP=P1^2;             //定义写保护线
bit  ack;                  //定义应答位

uchar
send_data[16]={0x55,0x55,0x55,0x55,0x55,0x55,0x55,0x55,0x55,0x55,0x55,0x55,0x55,0x55,0x55,0x55};     //要写入的数据
uchar receive_data[16]={0};//接收数据缓冲区

uchar sla=0xa0;            //定义器件地址
uchar suba=0x00;           //定义器件子地址，从芯片00单元开始
uchar numbyte=0x10;        //读/写的字节数

/****************************************************************
   开始信号函数
   函数原型  void  Start_i2c();
   启动 I²C 总线，即发送 I²C 开始信号
****************************************************************/
void Start_I2c()
{
  SDA=1;
  _nop_();
  SCL=1;
  _nop_();
  _nop_();
  _nop_();
  _nop_();
  _nop_();              //开始信号建立时间大于 4.7μs，延时
  SDA=0;               //发送开始信号
  _nop_();
  _nop_();
  _nop_();
```

```
  _nop_();
  _nop_();                //开始信号锁定时间大于 4μs
  SCL=0;                  //钳住 I²C 总线，准备发送或接收数据
  _nop_();
  _nop_();
}
/*******************************************************************
  结束信号函数
  函数原型  void  Stop_i2c();
  结束 I²C 总线，即发送 I²C 结束信号
*******************************************************************/
void  Stop_I2c()
{
  SDA=0;
  _nop_();
  SCL=1;
  _nop_();
  _nop_();
  _nop_();
  _nop_();
  _nop_();                //结束信号建立时间大于 4μs
  SDA=1;                  //发送 I²C 总线结束信号
  _nop_();
  _nop_();
  _nop_();
  _nop_();
}
//***********************************************
//主机答 0 程序,主机接收 1 字节数据应答 0
//***********************************************
void slave_0(void)
{
  SDA=0;
  _nop_();
  _nop_();
  _nop_();
  SCL=1;
  _nop_();
  _nop_();
  _nop_();
  _nop_();
  _nop_();
  SCL=0;
  _nop_();
  _nop_();
  _nop_();
  SDA=1;
  _nop_();
}


//***********************************************
//主机答 1 程序,主机接收最后 1 字节数据应答 1
//***********************************************
```

```
void slave_1(void)
{
    SDA=1;
    _nop_();
    _nop_();
    _nop_();
    SCL=1;
    _nop_();
    _nop_();
    _nop_();
    _nop_();
    _nop_();
    SCL=0;
    _nop_();
    _nop_();
}


//**********************************************
//检查从机应答子程序
//**********************************************
void check_ACK(void)
{
    SDA=1;
    _nop_();
    _nop_();
    _nop_();
    SCL=1;
    ack=0;
    _nop_();
    _nop_();
    if (SDA==0) ack=1;   //接收到应答信号,ACK=1,否则,ACK=0
    SCL=0;
}


/***********************************************************************
    写1字节函数
    函数原型   void  WByte(uchar  i);
***********************************************************************/
void  WByte(uchar c)
{
    uchar BitCnt;
    for(BitCnt=0;BitCnt<8;BitCnt++)          //循环传送8位
    {
        if((c<<BitCnt)&0x80) SDA=1;          //取当前发送位
          else  SDA=0;
        _nop_();
        SCL=1;                    //发送到数据线上
        _nop_(); _nop_(); _nop_(); _nop_(); _nop_();
        SCL=0;
    }
}
/***********************************************************************
    接收1字节函数
```

```
    函数原型  void  RByte();
    返回接收的 8 位数据
/*********************************************************************/
uchar  RByte()
{
  uchar  retc;
  uchar  BitCnt;
  retc=0;
  SDA=1;                  //置数据线为输入方式
  for(BitCnt=0;BitCnt<8;BitCnt++)
     {
       _nop_();
       SCL=0;           //置时钟线为低电平，准备接收数据
       _nop_(); _nop_(); _nop_(); _nop_(); _nop_();
       SCL=1;           //置时钟线为高电平，数据线上数据有效
       _nop_(); _nop_();
       retc=retc<<1;
       if(SDA==1)retc=retc+1;    //接收当前数据位，接收内容放入 retc 中
       _nop_(); _nop_();
     }
  SCL=0;
  _nop_();
  _nop_();
  return(retc);              //返回接收的 8 位数据
}


/*******************************************************************
    向器件指定地址按页写函数
    函数原型  bit  WNByte(uchar sla, uchar suba, ucahr *s, uchar no);
    入口参数有四个：器件地址码、器件单元地址、写入的数据串、写入的字节个数
    成功，返回 1, 不成功，返回 0, 使用后必须结束总线。
/*******************************************************************/
bit WNByte(uchar sla,uchar suba,uchar *s,uchar no)
{
  uchar  i;
  Start_I2c();               //发送开始信号，启动 I²C 总线
  WByte(sla);                //发送器件地址码
  check_ACK();
  if(!ack)return(0);         //无应答，返回 0
  WByte(suba);               //有应答，发送器件单元地址。
  check_ACK();
  if(!ack)return(0);         //无应答，返回 0
  for(i=0;i<no;i++)          //连续传发送数据字节
   {
    WByte(*s);               //发送数据字节
    check_ACK();
      if(!ack)return(0);     //无应答，返回 0
    s++;
   }
  Stop_I2c();                //正常结束，送结束信号，返回 1
  return(1);
}
/*******************************************************************
```

从器件指定地址读多个字节

函数原型　bit RNByte(uchar sla, uchar suba, ucahr *s, uchar no);

入口参数有四个：器件地址码、器件单元地址、写入的数据串、写入的字节个数

成功，返回 1，不成功，返回 0，使用后必须结束总线。

```
*******************************************************************/
bit RNByte(uchar sla,uchar suba,uchar *s,uchar no)
{
    uchar  i;
    Start_I2c();                      //发送开始信号，启动 I2C 总线
    WByte(sla);                       //发送器件地址码
      check_ACK();
    if(!ack)return(0);                //无应答，返回 0
    WByte(suba);                      //有应答，发送器件单元地址
      check_ACK();
    if(!ack)return(0);                //无应答，返回 0
    Start_I2c();                      //有应答，重发送开始信号，启动 I2C 总线
    WByte(sla+1);                     //发送器件地址码
    check_ACK();
       if(!ack)return(0);             //无应答，返回 0
    for(i=0;i<no-1;i++)               //连续读入字节数据
     {
      *s=RByte();                     //读当前字节送目的位置
      slave_0();                      //送应答信号 0
      s++;
     }
    *s=RByte();
     slave_1();                       //送非应答信号 0
    Stop_I2c();                       //正常结束，送结束信号，返回 1
    return(1);
}


//*********************************************
//          延时子程序
//*********************************************
void delay(uint N)
{
    uint i;
    for(i = 0;i < N;i++);
}
void  main()
{
    WP=0;                                       //写保护位清 0，允许写入
    delay(300);                                 //延时等待芯片复位
    WNByte(sla,suba,send_data,numbyte);         //从芯片 00 单元写 16 字节
    delay(1000);                                //写入延时
    RNByte(sla,suba,receive_data,numbyte);      //从芯片 00 单元读 16 字节
    while(1);
}
```

程序运行后，在 I2C 的仿真仪器中可以看到写入和读出的数据。

7.3 日历时钟芯片 DS1302 与 MCS-51 单片机接口

DS1302 是 Dallas 公司推出的高性能低功耗涓流充电时钟芯片，可通过简单的串行接口与单片机进行通信，广泛应用于电话传真、便携式仪器及电池供电的仪器仪表等产品领域中。

7.3.1 DS1302 简介

DS1302 时钟芯片内置一个实时时钟/日历和 31 字节静态 RAM，实时时钟/日历能提供 2100 年之前的秒、分、时、日、日期、月、年等信息，每月的天数和闰年的天数可自动调整，时钟操作可通过 AM/PM 指示决定采用 24 小时或 12 小时格式。内部含有 31 字节静态 RAM，可提供用户访问。

DS1302 与单片机之间能简单地采用同步串行的方式进行通信，使得引脚数量最少，与单片机通信只需 $\overline{RST}$（复位线）、I/O（数据线）和 SCLK（串行时钟）3 根信号线；对时钟、RAM 的读/写，可以采用单字节方式或多达 31 字节的字符组方式；工作电压范围宽：2.0～5.5V；与 TTL 兼容，V_{CC}=5V；温度范围宽，可在-40℃～+85℃正常工作；采用主电源和备份电源双电源供电，备份电源可由电池或大容量电容实现；DS1302 工作时功耗很低，保持数据和时钟信息时功率小于 1mW。

7.3.2 DS1302 引脚功能

DS1302 可采用 8 脚 DIP 封装或 SOIC 封装，引脚图如图 7.15 所示。

引脚功能如下。

X1、X2：32.768kHz 晶振接入引脚。

GND：地。

$\overline{RST}$：复位引脚，低电平有效。

I/O：数据输入/输出引脚，具有三态功能。

SCLK：串行时钟输入引脚。

V_{CC1}：电源 1 引脚。

V_{CC2}：电源 2 引脚。

图 7.15 DS1302 的引脚图

在单电源与电池供电的系统中，V_{CC1} 提供低电源并提供低功率的备用电源。双电源系统中，V_{CC2} 提供主电源，V_{CC1} 提供备用电源，以便在没有主电源时能保存时间信息及数据，DS1302 由 V_{CC1} 和 V_{CC2} 两者中较大的供电。

7.3.3 DS1302 的寄存器及片内 RAM

DS1302 有一个控制寄存器，12 个日历、时钟寄存器和 31 个 RAM 单元。

（1）控制寄存器

控制寄存器用于存放 DS1302 的控制命令字，DS1302 的 $\overline{RST}$ 引脚回到高电平后写入的第一个字就为控制命令。它用于对 DS1302 读写过程进行控制，它的格式如下：

D7	D6	D5	D4	D3	D2	D1	D0
1	RAM/$\overline{CK}$	A4	A3	A2	A1	A0	RD/$\overline{W}$

各项功能说明如下。

D7—固定为 1。

D6—RAM/$\overline{CK}$ 位，片内 RAM 或日历、时钟寄存器选择位。当 RAM/$\overline{CK}$ =1 时，对片内 RAM 进行读写；当 RAM/$\overline{CK}$=0 时，对日历、时钟寄存器进行读写。

D5～D1—地址位，用于选择进行读写的日历、时钟寄存器或片内 RAM。对日历、时钟寄存器或片内 RAM 的选择如表 7.3 所示。

表 7.3　日历、时钟寄存器的选择

寄存器名称	D7	D6	D5	D4	D3	D2	D1	D0
	1	RAM/$\overline{CK}$	A4	A3	A2	A1	A0	RD/$\overline{W}$
秒寄存器	1	0	0	0	0	0	0	1 或 0
分寄存器	1	0	0	0	0	0	1	1 或 0
小时寄存器	1	0	0	0	0	1	0	1 或 0
日寄存器	1	0	0	0	0	1	1	1 或 0
月寄存器	1	0	0	0	1	0	0	1 或 0
星期寄存器	1	0	0	0	1	0	1	1 或 0
年寄存器	1	0	0	0	1	1	0	1 或 0
写保护寄存器	1	0	0	0	1	1	1	1 或 0
涓流充电寄存器	1	0	0	1	0	0	0	1 或 0
时钟突发模式	1	0	1	1	1	1	1	1 或 0
RAM0	1	1	0	0	0	0	0	1 或 0
⋮	1	1	⋮	⋮	⋮	⋮	⋮	1 或 0
RAM30	1	1	1	1	1	1	0	1 或 0
RAM 突发模式	1	1	1	1	1	1	1	1 或 0

D0—读写位。当 RD/$\overline{W}$ =1 时，对日历、时钟寄存器或片内 RAM 进行读操作；当 RD/$\overline{W}$ =0 时，对日历、时钟寄存器或片内 RAM 进行写操作。

（2）日历、时钟寄存器

DS1302 共有 12 个寄存器，其中有 7 个与日历、时钟相关，存放的数据为 BCD 码形式。日历、时钟寄存器的格式如表 7.4 所示。

表 7.4　日历、时钟寄存器的格式

寄存器名称	取值范围	D7	D6	D5	D4	D3	D2	D1	D0
秒寄存器	00～59	CH	秒的十位			秒的个位			
分寄存器	00～59	0	分的十位			分的个位			
小时寄存器	01～12 或 00～23	12/24	0	A/P	HR	小时的个位			
日寄存器	01～31	0	0	日的十位		日的个位			
月寄存器	01～12	0	0	0	1 或 0	月的个位			
星期寄存器	01～07	0	0	0	0	星期几			
年寄存器	01～99	年的十位				年的个位			
写保护寄存器		WP	0	0	0	0	0	0	0
涓流充电寄存器		TCS	TCS	TCS	TCS	DS	DS	RS	RS
时钟突发寄存器									

说明:

① 数据都以 BCD 码形式表示。

② 小时寄存器的 D7 位为 12 小时制/24 小时制的选择位,当为 1 时选 12 小时制,当为 0 时选 24 小时制。当 12 小时制时,D5 位为 1 是上午,D5 位为 0 是下午,D4 位为小时的十位。当 24 小时制时,D5、D4 位为小时的十位。

③ 秒寄存器中的 CH 位为时钟暂停位。当为 1 时,时钟暂停,为 0 时,时钟开始启动。

④ 写保护寄存器中的 WP 为写保护位。当 WP=1 时,写保护,当 WP=0 时,未写保护。当对日历、时钟寄存器或片内 RAM 进行写时,WP 应清零;当对日历、时钟寄存器或片内 RAM 进行读时,WP 一般置 1。

⑤ 涓流充电寄存器的 TCS 位控制涓流充电特性,当它为 1010 时才能使涓流充电器工作。DS 为二极管选择位。DS 为 01 选择一个二极管,DS 为 10 选择两个二极管,DS 为 11 或 00 充电器被禁止,与 TCS 无关。RS 用于选择连接在 V_{CC2} 与 V_{CC1} 之间的电阻,RS 为 00,充电器被禁止,与 TCS 无关,电阻选择情况如表 7.5 所示。

表 7.5 RS 对电阻的选择情况表

RS 位	电阻	阻值
00	无	无
01	R1	2kΩ
10	R2	4kΩ
11	R3	8kΩ

(3) 片内 RAM

DS1302 片内有 31 个 RAM 单元,对片内 RAM 的操作有单字节方式和多字节方式两种。当控制命令字为 C0H~FDH 时为单字节读写方式,命令字中的 D5~D1 用于选择对应的 RAM 单元,其中奇数为读操作,偶数为写操作。当控制命令字为 FEH、FFH 时为多字节操作(见表 7.3 中的 RAM 突发模式),多字节操作可一次把所有的 RAM 单元内容进行读写。FEH 为写操作,FFH 为读操作。

(4) DS1302 的输入/输出过程

DS1302 通过 $\overline{RST}$ 引脚驱动输入/输出过程。当 $\overline{RST}$ 置高电平启动输入/输出过程,在 SCLK 时钟的控制下,首先把控制命令字写入 DS1302 的控制寄存器,其次根据写入的控制命令字,依次读/写内部寄存器或片内 RAM 单元的数据。对于日历、时钟寄存器,根据控制命令字,一次可以读/写一个日历、时钟寄存器,也可以一次读/写 8 字节,对所有的日历、时钟寄存器(见表 7.3 中的时钟突发模式),写的控制命令字为 0BEH,读的控制命令字为 0BFH;对于片内 RAM 单元,根据控制命令字,一次可读/写 1 字节,一次也可读/写 31 字节。当数据读/写完后,$\overline{RST}$ 变为低电平结束输入/输出过程。无论是命令字还是数据,1 字节传送时都是低位在前,高位在后,每位的读/写发生在时钟的上升沿。

7.3.4 DS1302 与单片机的接口

图 7.16 是 DS1302 与 MCS-51 单片机的电路连接图。DS1302 与 MCS-51 单片机通过 3 条线连接,DS1302 复位线 $\overline{RST}$ 与 MCS-51 单片机的 P1.2 相连,时钟线 SCLK 与 P1.3 相连,数据线 I/O 与 P1.4 相连。DS1302 的 X1 和 X2 接 32kHz 晶体,V_{CC2} 接主电源 V_{CC},V_{CC1} 接备用电源(3V 的电池)。为了显示时钟、日历,在电路中加了 LCD 显示器。

编制程序,先设定 DS1302 的日历时间为 2011-6-29 16:25:30,启动时钟,并通过 LCD 实时显示日历时间。

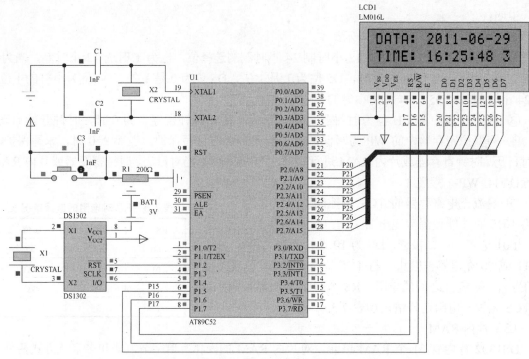

图 7.16   DS1302 与 MCS-51 单片机的电路连接图

汇编语言编程：

```
    T_RST  Bit  P1.2              ;DS1302 复位线引脚
    T_CLK  Bit  P1.3              ;DS1302 时钟线引脚
    T_IO  Bit  P1.4               ;DS1302 数据线引脚
    RS    BIT   P1.7              ;LCD1602 控制线定义
    RW    BIT   P1.6
    E     BIT   P1.5
;40h~46h 存放"秒、分、时、日、月、星期、年"的初值;格式按寄存器中的格式
;30h~3fh 存放 1302 读出的秒、分、时、日、月、星期、年;格式按寄存器中的格式
;**************************************************
    ORG  0000H
    AJMP MAIN
    ORG  0030H
MAIN: MOV  SP,#50H
    ACALL INIT
    MOV  A,#80H        ;写入显示缓冲区起始地址为第 1 行第 1 列开始显示 DATE:
    ACALL WC51R
    MOV  A,#'D'
    ACALL WC51DDR
    MOV  A,#'A'
    ACALL WC51DDR
    MOV  A,#'T'
    ACALL WC51DDR
    MOV  A,#'E'
    ACALL WC51DDR
    MOV  A,#':'
    ACALL WC51DDR
    MOV  A,#0C0H      ;写入显示缓冲区起始地址为第 2 行第 1 列开始显示 TIME:
    ACALL WC51R
```

```
        MOV  A,#'T'
        ACALL  WC51DDR
        MOV  A,#'I'
        ACALL  WC51DDR
        MOV  A,#'M'
        ACALL  WC51DDR
        MOV  A,#'E'
        ACALL  WC51DDR
        MOV  A,#':'
        ACALL  WC51DDR
        MOV  40H,#30h     ;40h～46h 赋初值
        MOV  41H,#25h
        MOV  42H,#16h
        MOV  43H,#29h
        MOV  44H,#06h
        MOV  45H,#03
        MOV  46H,#11h
        LCALL  SET1302    ;向 DS1302 写入日期 2011-06-29，时间 16:25:30 星期三
REP:LCALL  GET1302
        MOV  A,#86H       ;写入显示缓冲区起始地址为第 1 行第 7 列开始显示当前日期
        ACALL  WC51R
        MOV  A,#'2'
        ACALL  WC51DDR
        MOV  A,#'0'
        ACALL  WC51DDR
        MOV  A,36H        ;年拆分成十位与个位，转换字符显示
        MOV  B,#10H
        DIV  AB
        ADD  A,#30H
        ACALL  WC51DDR
        MOV  A,B
        ADD  A,#30H
        ACALL  WC51DDR
        MOV  A,#'-'
        ACALL  WC51DDR
        MOV  A,34H        ;月拆分成十位与个位，转换字符显示
        MOV  B,#10H
        DIV  AB
        ADD  A,#30H
        ACALL  WC51DDR
        MOV  A,B
        ADD  A,#30H
        ACALL  WC51DDR
        MOV  A,#'-'
        ACALL  WC51DDR
        MOV  A,33H        ;日拆分成十位与个位，转换字符显示
        MOV  B,#10H
        DIV  AB
        ADD  A,#30H
        ACALL  WC51DDR
        MOV  A,B
        ADD  A,#30H
        ACALL  WC51DDR
```

```
            MOV   A,#0c6H        ;写入显示缓冲区起始地址为第 2 行第 7 列开始显示当前时间
            ACALL WC51R
            MOV   A,32H          ;小时拆分成十位与个位，转换字符显示
            MOV   B,#10H
            DIV   AB
            ADD   A,#30H
            ACALL WC51DDR
            MOV   A,B
            ADD   A,#30H
            ACALL WC51DDR
            MOV   A,#':'
            ACALL WC51DDR
            MOV   A,31H          ;分拆分成十位与个位，转换字符显示
            MOV   B,#10H
            DIV   AB
            ADD   A,#30H
            ACALL WC51DDR
            MOV   A,B
            ADD   A,#30H
            ACALL WC51DDR
            MOV   A,#':'
            ACALL WC51DDR
            MOV   A,30H          ;秒拆分成十位与个位，转换字符显示
            MOV   B,#10H
            DIV   AB
            ADD   A,#30H
            ACALL WC51DDR
            MOV   A,B
            ADD   A,#30H
            ACALL WC51DDR
            MOV   A,#' '
            ACALL WC51DDR
            MOV   A,35H          ;显示星期
            ADD   A,#30H
            ACALL WC51DDR
            LJMP  REP
            ;WRITE 子程序
            ;功能:写 DS1302 一字节，写入的内容在 B 寄存器中
            ;**********************************************
WRITE:  MOV   50h,#8       ;1 字节有 8 个位，移 8 次
INBIT1: MOV   A,B
            RRC   A              ;通过 A 移入 CY 中
            MOV   B,A
            MOV   T_IO,C         ;移入芯片内
            SETB  T_CLK
            CLR   T_CLK
            DJNZ  50h,INBIT1
            RET
            ;**********************************************
            ;READ 子程序
            ;功能:读 DS1302 的 1 个字节,读出的内容在累加器 A 中
            ;**********************************************
READ:MOV   50h,#8            ;1 字节有 8 个位,移 8 次
```

```
OUTBIT1:MOV  C,T_IO              ;从芯片内移到 CY 中
        RRC  A                   ;通过 CY 移入 A 中
        SETB  T_CLK
        CLR  T_CLK
        DJNZ  50h,OUTBIT1
        RET
    ;*********************************************************
    ;SET1302 子程序名
    ;功能:设置 DS1302 初始时间,并启动计时
    ;调用:WRITE 子程序
    ;入口参数:初始时间秒、分、时、日、月、星期、年在 40h~46h 单元
    ;出口参数:无
    ;影响资源:A B R0 R1 R4 R7
    ;*********************************************************
SET1302:CLR  T_RST
        CLR  T_CLK
        SETB  T_RST
        MOV  B,#8EH              ;控制命令字
        LCALL  WRITE
        MOV  B,#00H              ;写操作前清写保护位 W
        LCALL  WRITE
        SETB  T_CLK
        CLR  T_RST
        MOV  R0,#40H             ;秒、分、时、日、月、星期、年数据在 40h~46h 单元
        MOV  R7,#7               ;共 7 字节
        MOV  R1,#80H             ;写秒寄存器命令
S13021: CLR  T_RST
        CLR  T_CLK
        SETB  T_RST
        MOV  B,R1                ;写入写秒命令
        LCALL  WRITE
        MOV  A,@R0               ;写秒数据
        MOV  B,A
        LCALL  WRITE
        INC  R0                  ;指向下一个写入的日历、时钟数据
        INC  R1                  ;指向下一个日历、时钟寄存器
        INC  R1
        SETB  T_CLK
        CLR  T_RST
        DJNZ  R7,S13021          ;未写完,继续写下一个
        CLR  T_RST
        CLR  T_CLK
        SETB  T_RST
        MOV  B,#8EH              ;控制寄存器
        LCALL  WRITE
        MOV  B,#80H              ;写完后打开写保护控制,WP 置 1
        LCALL  WRITE
        SETB  T_CLK
        CLR  T_RST               ;结束写入过程
        RET
    ;*********************************************************
    ; GET1302 子程序名
    ;功能:从 DS1302 读时间
```

```
              ;调用:WRITE 写子程序,READ 子程序
              ;入口参数:无
              ;出口参数:秒、分、时、日、月、星期、年保存在 30h～36h 单元
              ;影响资源:A B R0 R1 R4 R7
              ;*************************************************************
  GET1302:MOV  R0,#30H;
          MOV  R7,#7
          MOV  R1,#81H              ;读秒寄存器命令
   G13021:CLR  T_RST
          CLR  T_CLK
          SETB T_RST
          MOV  B,R1                 ;写入读秒寄存器命令
          LCALL WRITE
          LCALL READ
          MOV  @R0,A                ;存入读出数据
          INC  R0                   ;指向下一个存放日历、时钟的存储单元
          INC  R1                   ;指向下一个日历、时钟寄存器
          INC  R1
          SETB T_CLK
          CLR  T_RST
          DJNZ R7,G13021            ;未读完,读下一个
          RET
              ;LCD 初始化子程序
     INIT:MOV  A,#00000001H         ;清屏
          ACALL WC51R
          MOV  A,#00111000B         ;使用 8 位数据,显示两行,使用 5×7 的字型
          LCALL WC51R
          MOV  A,#00001100B         ;显示器开,光标关,字符不闪烁
          LCALL WC51R
          MOV  A,#00000110B         ;字符不动,光标自动右移一格
          LCALL WC51R
          RET
              ;检查忙子程序
        F_BUSY:PUSH ACC             ;保护现场
          MOV  P2,#0FFH
          CLR  RS
          SETB RW
     WAIT:CLR  E
          SETB E
          JB   P2.7,WAIT            ;忙,等待
          POP  ACC                  ;不忙,恢复现场
          RET
              ;写入命令子程序
    WC51R:ACALL F_BUSY
          CLR  E
          CLR  RS
          CLR  RW
          SETB E
          MOV  P2,ACC
          CLR  E
          RET
              ;写入数据子程序
  WC51DDR:ACALL F_BUSY
```

```
        CLR   E
        SETB  RS
        CLR   RW
        SETB  E
        MOV   P2,ACC
        CLR   E
        RET
        END
```

C 语言编程:

```
#include  <reg51.h>
#include  <absacc.h>        //定义绝对地址访问
#include  <intrins.h>
#define  uchar  unsigned char
#define  uint  unsigned int
sbit T_CLK = P1^3;        //DS1302 时钟线引脚
sbit T_IO = P1^4;         //DS1302 数据线引脚
sbit T_RST = P1^2;        //DS1302 复位线引脚
sbit RS=P1^7;             //定义 LCD 的控制线
sbit RW=P1^6;
sbit EN=P1^5;
sbit ACC7 =ACC^7;
sbit ACC0 =ACC^0;
uchar  datechar[]={"DATE:"};
uchar  timechar[]={"TIME:"};
uchar  datebuffer[10]={0x32,0x30,0,0,0x2d,0,0,0x2d,0,0};    //定义日历显
示缓冲区
uchar  timebuffer[8]={0,0,0x3a,0,0,0x3a,0,0};        //定义时间显示缓冲区
uchar  weekbuffer={0x30};               //定义星期显示缓冲区
/**********************************************************************
* 名称: WriteB
* 功能: 往 DS1302 写入 1 字节数据
* 输入: ucDa 写入的数据
* 返回值: 无
**********************************************************************/
void  WriteB(uchar  ucDa)
{
uchar  i;
ACC = ucDa;
for(i=8;  i>0;  i--)
{
T_IO = ACC0;          //相当于汇编中的 RRC
T_CLK = 1;
T_CLK = 0;
ACC = ACC >> 1;
}
}
/**********************************************************************
* 名称: ReadB
* 功能: 从 DS1302 读取 1 字节数据
* 返回值: ACC
**********************************************************************/
uchar  ReadB(void)
{
```

```
uchar i;
 for(i=8; i>0; i--)
 {
ACC = ACC >>1;
ACC7 = T_IO;T_CLK = 1;T_CLK = 0;      //相当于汇编中的 RRC
 }
return(ACC);
 }
/*******************************************************************
* 名称: v_W1302
* 功能: 单字节写, 向 DS1302 某地址写入命令/数据, 先写地址, 后写命令/数据
* 调用: WriteB()
* 输入: ucAddr: DS1302 地址,  ucDa: 要写的数据
* 返回值: 无
*******************************************************************/
void  v_W1302(uchar ucAddr,uchar ucDa)
 {
T_RST = 0;
T_CLK = 0;
_nop_();_nop_();
T_RST = 1;
_nop_();_nop_();
WriteB(ucAddr);            /* 地址, 命令 */
WriteB(ucDa);             /* 写1字节数据*/
T_CLK = 1;
T_RST =0;
 }
/*******************************************************************
* 名称: uc_R1302
* 功能: 单字节读, 读取 DS1302 某地址的数据, 先写地址, 后读命令/数据
* 调用: WriteB() ,  ReadB()
* 输入: ucAddr DS1302 地址
* 返回值: ucDa :读取的数据
*******************************************************************/
uchar  uc_R1302(uchar  ucAddr)
 {
uchar ucDa=0;
T_RST = 0;T_CLK = 0;
T_RST = 1;
WriteB(ucAddr);            /*写地址*/
ucDa = ReadB();            /*读1字节命令/数据 */
T_CLK = 1;T_RST =0;
return(ucDa);
 }
//检查忙函数
void  fbusy()
 {

    P2 = 0xff;
    RS = 0;
    RW = 1;
    EN = 1;
    EN = 0;
```

```
    while((P2 & 0x80))
    {
    EN = 0;
    EN = 1;
    }
}
//写命令函数
void wc51r(uchar j)
{
    fbusy();        //读状态
    EN = 0;
    RS = 0;
    RW = 0;
    EN = 1;
    P2 = j;
    EN = 0;
}
//写数据函数
void wc51ddr(uchar j)
{
    fbusy();            //读状态
    EN = 0;
    RS = 1;
    RW = 0;
    EN = 1;
    P2 = j;
    EN = 0;
}
void init()            //LCD1602 初始化
{
wc51r(0x01);           //清屏
wc51r(0x38);           //使用 8 位数据，显示两行，使用 5×7 的字型
wc51r(0x0c);           //显示器开，光标开，字符不闪烁
wc51r(0x06);           //字符不动，光标自动右移一格
}
//***********延时函数************
void delay(uint i)        //延时函数
{uint y,j;
for (j=0;j<i;j++){
for (y=0;y<0xff;y++){;}}
}
void main(void)
{
uchar i;
uchar data temp;
SP=0X50;
delay(10);
init();
wc51r(0x80);
for (i=0;i<5;i++) wc51ddr(datechar[i]);    //第一行开始显示 DATA:
wc51r(0xc0);
for (i=0;i<5;i++) wc51ddr(timechar[i]);    //第二行开始显示 TIME:
v_W1302(0x8e,0);                //打开写保护
```

```
v_W1302(0x8c,0x11);            //向 DS1302 写入日期 11-06-29，时间 16:25:30 星期三
v_W1302(0x8A,0x03);
v_W1302(0x88,0x06);
v_W1302(0x86,0x29);
v_W1302(0x84,0x16);
v_W1302(0x82,0x25);
v_W1302(0x80,0x30);
v_W1302(0x8e,0x80);            //关闭写保护
while(1)
   {
   temp=uc_R1302(0x8d);       //读年，分成十位和个位，转换成字符放入日历显示缓冲区
   datebuffer[2]=0x30+temp/16;datebuffer[3]=0x30+temp%16;
   temp=uc_R1302(0x8B);       //读星期，转换成字符放入星期显示缓冲区
   weekbuffer=0x30+temp;
   temp=uc_R1302(0x89);       //读月，分成十位和个位，转换成字符放入日历显示缓冲区
   datebuffer[5]=0x30+temp/16;datebuffer[6]=0x30+temp%16;
   temp=uc_R1302(0x87);       //读日，分成十位和个位，转换成字符放入日历显示缓冲区
   datebuffer[8]=0x30+temp/16;datebuffer[9]=0x30+temp%16;
   temp=uc_R1302(0x85);       //读小时，分成十位和个位，转换成字符放入时间显示缓冲区
   temp=temp&0x7f;
   timebuffer[0]=0x30+temp/16;timebuffer[1]=0x30+temp%16;
   temp=uc_R1302(0x83);       //读分，分成十位和个位，转换成字符放入时间显示缓冲区
   timebuffer[3]=0x30+temp/16;timebuffer[4]=0x30+temp%16;
   temp=uc_R1302(0x81);       //读秒，分成十位和个位，转换成字符放入时间显示缓冲区
   temp = temp & 0x7f;
   timebuffer[6]=0x30+temp/16;timebuffer[7]=0x30+temp%16;
   wc51r(0x86);               //第一行后面显示日历
   for (i=0;i<10;i++) wc51ddr(datebuffer[i]);
   wc51r(0xc6);               //第二行后面显示时间
   for (i=0;i<8;i++) wc51ddr(timebuffer[i]);
   wc51ddr(0x20);
   wc51ddr(weekbuffer);       //后面显示星期
   }
}
```

7.4　温度传感器 DS18B20 与 MCS-51 单片机的接口

　　数字温度传感器问世于 20 世纪 90 年代中期，它是微电子技术、计算机技术和自动测试技术的结晶。数字温度传感器具有价格低、精度高、封装小、温度范围宽、使用方便等优点，被广泛应用于工业控制、电子测温计、医疗仪器等各种温度控制系统中。数字温度传感器一般内部包含温度传感器、A/D 转换器、信号处理器、存储器和相应的接口电路，有的还带多路选择器、中央控制器（CPU）、随机存储器(RAM)和只读存储器（ROM）。数字温度传感器的种类繁多，一般按总线形式可分为单总线（1-wire）接口、双总线（I^2C）接口和三总线（SPI）接口。下面主要以单总线接口数字温度传感器芯片 DS18B20 为例来介绍数字温度传感器的使用。

7.4.1　DS18B20 简介

　　DS18B20 是 Dallas 公司生产的单总线数字温度传感器芯片，具有 3 脚 TO-92 小体积封装形式；温度测量范围为-55℃～+125℃；可编程为 9～12 位 A/D 转换精度；用户可自设定非易失

性的报警上下限值；被测温度用 16 位补码方式串行输出；测温分辨率可达 0.0625℃；其工作电源既可在远端引入，也可采用寄生电源方式产生；多个 DS18B20 可以并联到 3 根或两根线上，CPU 只需一根端口线就能与诸多 DS18B20 通信，占用微处理器的端口较少。可广泛用于工业、民用、军事等领域的温度测量及控制仪器、测控系统和大型设备中。

7.4.2　DS18B20 的外部结构

DS18B20 可采用 3 脚 TO-92 小体积封装和 8 脚 SOIC 封装，其外形和引脚图如图 7.17 所示。图中引脚定义如下。

DQ：数字信号输入/输出端。

GND：电源地。

V_{DD}：外接供电电源输入端（在寄生电源接线方式时接地）。

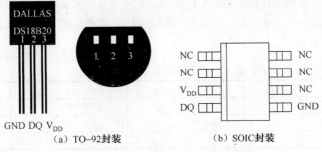

(a) TO-92封装　　　　(b) SOIC封装

图 7.17　DS18B20 的外形及引脚图

7.4.3　DS18B20 的内部结构

DS18B20 内部主要由 4 部分组成：64 位光刻 ROM、温度传感器、非易失性温度报警触发器 TH 和 TL、配置寄存器等。其内部结构图如图 7.18 所示。

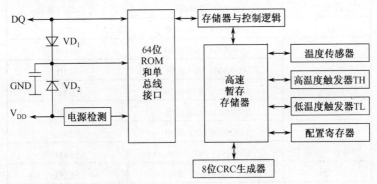

图 7.18　DS18B20 的内部结构图

DS18B20 的存储部件有以下几种。

1．光刻 ROM 存储器

光刻 ROM 中存放的是 64 位序列号，出厂前已被光刻好，它可以看作该 DS18B20 的地址序列号。不同的器件地址序列号不同。64 位序列号的排列是：开始 8 位(28H)是产品类型标号，接着的 48 位是该 DS18B20 自身的序列号，最后 8 位是前面 56 位的循环冗余校验码。光刻 ROM 的作用是使每个 DS18B20 都各不相同，这样就可以实现一根总线上挂接多个 DS18B20 的目的。

2. 高速暂存存储器

高速暂存存储器由 9 字节组成，其分配如表 7.6 所示。第 0 和第 1 字节存放转换所得的温度值；第 2 和第 3 字节分别为高温度触发器 TH 和低温度触发器 TL；第 4 字节为配置寄存器；第 5、6、7 字节保留；第 8 字节为 CRC 校验寄存器。

DS18B20 中的温度传感器可完成对温度的测量，当温度转换命令发布后，转换后的温度以补码形式存放在高速暂存存储器的第 0 和第 1 字节中。以 12 位转化为例，用 16 位符号扩展的二进制补码数形式提供，

表 7.6　DS18B20 高速暂存存储器的分配

字节序号	功能
0	温度转换后的低字节
1	温度转换后的高字节
2	高温度触发器 TH
3	低温度触发器 TL
4	配置寄存器
5	保留
6	保留
7	保留
8	CRC 校验寄存器

以 0.0625℃/LSB 形式表示，其中 S 为符号位。表 7.7 是 12 位转换后得到的 12 位数据，高字节的前面 5 位是符号位，如果测得的温度大于 0，这 5 位为 0，只要将测到的数值乘以 0.0625 即可得到实际温度；如果温度小于 0，这 5 位为 1，测到的数值需要取反加 1 再乘以 0.0625 即可得到实际温度。

表 7.7　DS18B20 温度值格式表

	D7	D6	D5	D4	D3	D2	D1	D0
LSB	2^3	2^2	2^1	2^0	2^{-1}	2^{-2}	2^{-3}	2^{-4}
	D7	D6	D5	D4	D3	D2	D1	D0
MSB	S	S	S	S	S	2^6	2^5	2^4

例如，+125℃的数字输出为 07D0H，+25.0625℃的数字输出为 0191H，−25.0625℃的数字输出为 FF6FH，−55℃的数字输出为 FC90H。表 7.8 列出了 DS18B20 部分温度值与采样数据的对应关系。

表 7.8　DS18B20 部分温度数据表

温度/℃	16 位二进制编码	十六进制表示
+125	0000 0111 1101 0000	07D0H
+85	0000 0101 0101 0000	0550H
+25.0625	0000 0001 1001 0001	0191H
+10.125	0000 0000 1010 0010	00A2H
+0.5	0000 0000 0000 1000	0008H
0	0000 0000 0000 0000	0000H
−0.5	1111 1111 1111 1000	FFF8H
−10.125	1111 1111 0101 1110	FF5EH
−25.0625	1111 1110 0110 1111	FE6FH
−55	1111 1100 1001 0000	FC90H

高温度触发器和低温度触发器分别存放温度报警的上限值 TH 和下限值 TL；DS18B20 完成温度转换后，就把转换后的温度值 T 与温度报警的上限值 TH 和下限值 TL 作比较，若 $T>$TH 或 $T<$TL，则把该器件的警告标志置位，并对主机发出的警告搜索命令作出响应。

配置寄存器用于确定温度值的数字转换分辨率，该字节各位的意义如下：

D7	D6	D5	D4	D3	D2	D1	D0
TM	R1	R0	1	1	1	1	1

其中，低 5 位一直都是 1，TM 是测试模式位，用于设置 DS18B20 是在工作模式还是在测试模式。在 DS18B20 出厂时该位被设置为 0，用户不要去改动。R1 和 R0 用来设置分辨率，如表 7.9 所示（DS18B20 出厂时被设置为 12 位）。

表 7.9　温度值分辨率设置表

R1	R0	分辨率/位	温度最大转换时间/ms
0	0	9	93.75
0	1	10	187.5
1	0	11	275.00
1	1	12	750.00

CRC 校验寄存器存放的是前 8 字节的 CRC 校验码。

7.4.4　DS18B20 的温度转换过程

根据 DS18B20 的通信协议，主机控制 DS18B20 完成温度转换必须经过 3 个步骤：每次读写之前都要对 DS18B20 进行复位，复位成功后发送一条 ROM 指令，最后发送 RAM 指令，这样才能对 DS18B20 进行预定的操作。DS18B20 的 ROM 指令和 RAM 指令见表 7.10 和表 7.11。

表 7.10　ROM 指令表

指　令	约定代码	功能
读 ROM	33H	读 DS18B20 温度传感器 ROM 中的编码(即 64 位地址)
匹配 ROM	55H	发出此命令之后，接着发出 64 位 ROM 编码，访问单总线上与该编码相对应的 DS18B20 使之作出响应，为下一步对该 DS18B20 的读写作准备
搜索 ROM	0F0H	用于确定挂接在同一总线上 DS18B20 的个数和识别 64 位 ROM 地址，为操作各器件做好准备
跳过 ROM	0CCH	忽略 64 位 ROM 地址，直接向 DS1820 发温度变换命令，适用于单片工作
告警搜索命令	0ECH	执行后只有温度超过设定值上限或下限的芯片才作出响应

表 7.11　RAM 指令表

指　令	约定代码	功能
温度变换	44H	启动 DS18B20 进行温度转换，12 位转换时最长为 750ms(9 位为 93.75ms)，结果存入内部 9 字节 RAM 中
读暂存器	0BEH	读内部 RAM 中 9 字节的内容
写暂存器	4EH	发出向内部 RAM 的 3、4 字节写上、下限温度数据命令，紧跟该命令之后，是传送两字节的数据
复制暂存器	48H	将 RAM 中第 3、4 字节的内容复制到 EEPROM 中
重调 EEPROM	0B8H	将 EEPROM 中的内容恢复到 RAM 中的第 3、4 字节
读供电方式	0B4H	读 DS18B20 的供电模式。寄生供电时 DS18B20 发送 "0"，外接电源供电时 DS18B20 发送 "1"

每个步骤都有严格的时序要求，所有时序都是将主机作为主设备，单总线器件作为从设备。而每次命令和数据的传输都是从主机主动启动写时序开始，如果要求单总线器件回送数据，在进行写命令后，主机需启动读时序完成数据接收。数据和命令的传输都是低位在前。

时序可分为初始化时序、读时序和写时序。复位时要求主 CPU 将数据线下拉 500μs，然后释放，DS18B20 收到信号后等待 15～60μs，发出 60～240μs 的低电平，主 CPU 收到此信号则表示复位成功。

读时序分为读"0"时序和读"1"时序两个过程。对于 DS18B20 的读时序是从主机把单总线拉低之后，在 15μs 之内就得释放单总线，以让 DS18B20 把数据传输到单总线上。DS18B20 完成一个读时序过程至少需要 60μs。

对于 DS18B20 的写时序，仍然分为写"0"时序和写"1"时序两个过程。DS18B20 写"0"时序和写"1"时序的要求不同，当要写"0"时，单总线要被拉低至少 60μs，以保证 DS18B20 能够在 15～45μs 之间正确地采样 I/O 总线上的"0"电平；当要写"1"时，单总线被拉低之后，在 15μs 之内就要释放单总线。

7.4.5　DS18B20 与 MCS-51 单片机的接口

DS18B20 与 MCS-51 单片机的连接非常简单，只需把 DS18B20 的数据线 DQ 与 MCS-51 单片机的一根并口线连接即可，MCS-51 单片机通过这根并口线就能实现对 DS18B20 的所有操作，这根并口线一般通过电阻接电源。

DS18B20 的电源可采用外部电源供电，也可采用内部寄生电源供电。当外部电源供电时，V_{DD} 接外部电源，GND 接地。当采用内部寄生电源供电时，V_{DD} 与 GND 一起接地。另外，也可用多片 DS18B20 连接组网形成多点测温系统，在多片连接时，DS18B20 必须采用外部电源供电方式。

图 7.19 是单片 DS18B20 与 MCS-51 单片机的连接电路，DS18B20 的数据线 DQ 连接在 MCS-51 单片机的 P1.0 上，并通过上拉电阻接电源，采用外部电源供电方式。为了便于显示温度结果，在图 7.19 中加一块 LCD 显示器用于显示 DS18B20 测量的当前温度值。由于 DS18B20 对时间非常敏感，如果延时不准确，就不能对 DS18B20 进行正确的操作。因此不同的系统时钟，编制的程序会有所区别，在这里假定系统时钟频率为 12MHz，测量的温度范围-55℃～+99℃，精度为小数点后一位，相应程序如下。

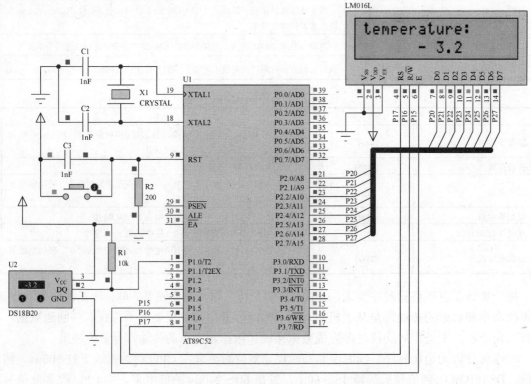

图 7.19　DS18B20 与 MCS-51 单片机的电路连接图

汇编语言程序:

```
;*****************************************************************
;程序适合单个 DS18B20 和 MCS-51 单片机的连接,晶振为 12MHz
;测量的温度范围-55℃~+99℃,温度精确到小数点后一位
;*****************************************************************
TEMPER_L    EQU    30H        ;存放从 DS18B20 中读出的高、低位温度值
TEMPER_H    EQU    31H
TEMPER_NUM  EQU    32H        ;存放温度转换后的整数部分
TEMPER_POT  EQU    33H        ;存放温度转换后的小数部分
FLAG0       EQU    34H        ;FLAG0 存放温度的符号
DQ          EQU    P1.0       ;DS18B20 数据线
RS   BIT    P1.7              ;LCD1602 控制线定义
RW   BIT    P1.6
E    BIT    P1.5
SkipDs18b20    EQU    0CCH    ;DS18B20 跳过 ROM 命令
StartDs18b20   EQU    44H     ;DS18B20 温度变换命令
ReadDs         EQU    0BEH    ;DS18B20 读暂存器命令

     ORG  0000H
     SJMP  MAIN
     ORG  0040H
MAIN: MOV  SP,#60H
      ACALL  LCD_INIT
      MOV  A,#80H             ;LCD 第 1 行第 1 列开始显示 temperature:
      ACALL  WC51R
      MOV  A,#'t'
      ACALL  WC51DDR
      MOV  A,#'e'
      ACALL  WC51DDR
      MOV  A,#'m'
      ACALL  WC51DDR
      MOV  A,#'p'
      ACALL  WC51DDR
      MOV  A,#'e'
      ACALL  WC51DDR
      MOV  A,#'r'
      ACALL  WC51DDR
      MOV  A,#'a'
      ACALL  WC51DDR
      MOV  A,#'t'
      ACALL  WC51DDR
      MOV  A,#'u'
      ACALL  WC51DDR
      MOV  A,#'r'
      ACALL  WC51DDR
      MOV  A,#'e'
      ACALL  WC51DDR
      MOV  A,#':'
      ACALL  WC51DDR
REP: LCALL  GET_TEMPER        ;读出转换后的温度值
     LCALL  TEMPER_COV
     MOV  A,#0c6H             ;LCD 第 2 行第 7 列开始显示温度
     ACALL  WC51R
```

```
            MOV  A,FLAG0              ;显示符号
            ACALL  WC51DDR
            MOV  A,TEMPER_NUM         ;温度整数拆分成十位和个位显示
            MOV  B,#10
            DIV  AB
            ADD  Λ,#30H
            CJNE  A,#30H,REP1         ;如果十位为 0 不显示
            MOV  A,#20H
    REP1:  ACALL  WC51DDR
            MOV  A,B
            ADD  A,#30H
            ACALL  WC51DDR
            MOV  A,#'.'              ;显示小数点
            ACALL  WC51DDR
            MOV  DPTR,#TABLE
            MOV  A,TEMPER_POT         ;显示小数部分
            MOVC  A,@A+DPTR
            ACALL  WC51DDR
            LJMP  REP
            ;DS18B20 复位程序
DS18B20_INIT:SETB  DQ
            NOP
            NOP
            CLR  DQ
            MOV  R7,#9
INIT_DELAY:  CALL  DELAY60US
            DJNZ  R7,INIT_DELAY
            SETB  DQ
            CALL  DELAY60US
            CALL  DELAY60US
            MQV  C,DQ
            JC  ERROR
            CALL  DELAY60US
            CALL  DELAY60US
            CALL  DELAY60US
            CALL  DELAY60US
            RET
    ERROR:  CLR  DQ
            SJMP  DS18B20_INIT
            RET
            ;读 DS18B20 的 1 字节到累加器 A 程序
READ_BYTE:MOV  R7,#08H
            SETB  DQ
            NOP
            NOP
    LOOP:  CLR  DQ
            NOP
            NOP
            NOP
            SETB  DQ
            MOV  R6,#07H
            DJNZ  R6,$
            MOV  C,DQ
```

```
              CALL  DELAY60US
              RRC   A
              SETB  DQ
              DJNZ  R7,LOOP
              CALL  DELAY60US
              CALL  DELAY60US
              RET
          ;累加器 A 写到 DS18B20 程序
WRITE_BYTE: MOV   R7,#08H
              SETB  DQ
              NOP
              NOP
    LOOP1:  CLR   DQ
              MOV   R6,#07H
              DJNZ  R6,$
              RRC   A
              MOV   DQ,C
              CALL  DELAY60US
              SETB  DQ
              DJNZ  R7,LOOP1
              RET
 DELAY60US: MOV   R6,#1EH
              DJNZ  R6,$
              RET
          ;读温度程序
GET_TEMPER: CALL  DS18B20_INIT           ;DS18B20 复位程序
              MOV   A,#0CCH               ;DS18B20 跳过 ROM 命令
              CALL  WRITE_BYTE
              CALL  DELAY60US
              CALL  DELAY60US
              MOV   A,#44H                ;DS18B20 温度变换命令
              CALL  WRITE_BYTE
              CALL  DELAY60US
              CALL  DS18B20_INIT           ;DS18B20 复位程序
              MOV   A,#0CCH               ;DS18B20 跳过 ROM 命令
              CALL  WRITE_BYTE
              CALL  DELAY60US
              MOV   A,#0BEH               ;DS18B20 读暂存器命令
              CALL  WRITE_BYTE
              CALL  DELAY60US
              CALL  READ_BYTE             ;读温度低字节
              MOV   TEMPER_L,A
              CALL  READ_BYTE             ;读温度高字节
              MOV   TEMPER_H,A
              RET
          ;将从 DS18B20 中读出的温度拆分成整数和小数
TEMPER_COV:MOV   FLAG0,#'+'              ;设当前温度为正
              MOV   A,TEMPER_H
              SUBB  A,#0F8H
              JC    TEM0                  ;看温度值是否为负？不是,转
              MOV   FLAG0,#'-'            ;是,置 FLAG0 为'-'
              MOV   A,TEMPER_L
              CPL   A
```

```
             ADD   A,#01
             MOV   TEMPER_L,A
             MOV   A,TEMPER_H
             CPL   A
             ADDC  A,#00
             MOV   TEMPER_H,A
      TEM0:  MOV   A,TEMPER_L          ;存放小数部分到 TEMPER_POT
             ANL   A,#0FH
             MOV   TEMPER_POT,A
             MOV   A,TEMPER_L          ;存放小数部分到 TEMPER_NUM
             ANL   A,#0F0H
             SWAP  A
             MOV   TEMPER_NUM,A
             MOV   A,TEMPER_H
             SWAP  A
             ORL   A,TEMPER_NUM
             MOV   TEMPER_NUM,A
             RET
             ;LCD 初始化子程序
  LCD_INIT:  MOV   A,#00000001H        ;清屏
             ACALL WC51R
             MOV   A,#00111000B        ;使用 8 位数据,显示两行,使用 5×7 的字型
             LCALL WC51R
             MOV   A,#00001100B        ;显示器开,光标关,字符不闪烁
             LCALL WC51R
             MOV   A,#00000110B        ;字符不动,光标自动右移一格
             LCALL WC51R
             RET
             ;检查忙子程序
   F_BUSY:   PUSH  ACC                 ;保护现场
             MOV   P2,#0FFH
             CLR   RS
             SETB  RW
     WAIT:   CLR   E
             SETB  E
             JB    P2.7,WAIT           ;忙,等待
             POP   ACC                 ;不忙,恢复现场
             RET
             ;写入命令子程序
   WC51R:    ACALL F_BUSY
             CLR   E
             CLR   RS
             CLR   RW
             SETB  E
             MOV   P2,ACC
             CLR   E
             RET
             ;写入数据子程序
 WC51DDR:    ACALL F_BUSY
             CLR   E
             SETB  RS
             CLR   RW
             SETB  E
```

```
        MOV  P2,ACC
        CLR  E
        RET
TABLE: DB  30H,31H,31H,32H,33H,33H,34H,34H
       DB  35H,36H,36H,37H,38H,38H,39H,39H  ;小数温度转换表
       END
```

C 语言程序：

```c
//程序适合单个 DS18B20 和 MCS-51 单片机的连接,晶振为 12MHz
//测量的温度范围-55℃～+99℃，温度精确到小数点后一位

#include <REG52.H>
#define uchar unsigned char
#define uint unsigned int
sbit  DQ =P1^0;                    //定义端口
sbit  RS=P1^7;
sbit  RW=P1^6;
sbit  EN=P1^5;
union{
    uchar c[2];
    uint x;
}temp;
uchar flag;//flag 为温度值的正负号标志单元, "1"表示为负值,"0"时表示为正值
uint cc,cc2;//变量 cc 中保存读出的温度值
float cc1;
uchar buff1[13]={"temperature:"};
uchar buff2[6]={"+00.0"};
//检查忙函数
void  fbusy()
{
    P2 = 0xff;
    RS = 0;
    RW = 1;
    EN = 1;
    EN = 0;
    while((P2 & 0x80))
    {
    EN = 0;
    EN = 1;
    }
}
//写命令函数
void  wc51r(uchar j)
{
    fbusy();
    EN = 0;
    RS = 0;
    RW = 0;
    EN = 1;
    P2 = j;
    EN = 0;
}
//写数据函数
```

```
void wc51ddr(uchar  j)
{
    fbusy();              //读状态
    EN = 0;
    RS = 1;
    RW = 0;
    EN = 1;
    P2 = j;
    EN = 0;
}
void  init()
{
wc51r(0x01);            //清屏
wc51r(0x38);            //使用 8 位数据，显示两行，使用 5×7 的字型
wc51r(0x0c);            //显示器开，光标开，字符不闪烁
wc51r(0x06);            //字符不动，光标自动右移一格
}
void delay(uint useconds)         //延时程序
{
  for(;useconds>0;useconds--);
}
uchar ow_reset(void)              //复位
{
  uchar presence;
  DQ = 0;                                 // DQ 低电平
  delay(50);                              // 480ms
  DQ = 1;                                 // DQ 高电平
  delay(3);                               // 等待
  presence = DQ;                          // presence 信号
  delay(25);
  return(presence);                       // 0 允许，1 禁止
}
uchar read_byte(void)             //从单总线上读 1 字节
{
  uchar i;
  uchar value = 0;
  for (i=8;i>0;i--)
  {
    value>>=1;
    DQ = 0;
    DQ = 1;
    delay(1);
    if(DQ)value|=0x80;
    delay(6);
  }
  return(value);
}
void write_byte(uchar val)        //向单总线上写 1 字节
{
  uchar i;
  for (i=8; i>0; i--)             // 一次写 1 字节
  {
```

```
        DQ = 0;
        DQ = val&0x01;
        delay(5);
        DQ = 1;
        val=val/2;
    }
    delay(5);
}

void Read_Temperature(void)              //读取温度
{
    ow_reset();
    write_byte(0xCC);                    // 跳过 ROM
    write_byte(0xBE);                    // 读
    temp.c[1]=read_byte();
    temp.c[0]=read_byte();
    ow_reset();
    write_byte(0xCC);
    write_byte(0x44);                    // 开始
    return;
}
void main()                              //主程序
{
uchar  k;
delay(10);
    EA=0;
    flag=0;
    init();
wc51r(0x80);                             //写入显示缓冲区起始地址为第 1 行第 1 列
for (k=0;k<13;k++)                       //第一行显示提示信息"current temp is:"
    { wc51ddr(buff1[k]);}
while(1)
 {
    delay(10000);
    Read_Temperature();                  //读取双字节温度
    cc=temp.c[0]*256.0+temp.c[1];
    if (temp.c[0]>0xf8) {flag=1;cc=~cc+1;}else flag=0;
    cc1=cc*0.0625;                       //计算出温度值

    cc2=cc1*100;                         //放大 100 倍，放在整型变量中便于取数字
    buff2[1]=cc2/1000+0x30;if ( buff2[1]==0x30) buff2[1]=0x20;//取出十位，转
换成字符，如果十位是 0 不显示
    buff2[2]=cc2/100-(cc2/1000)*10+0x30;//取出个位，转换成字符
    buff2[4]=cc2/10-(cc2/100)*10+0x30;//取出小数点后一位，转换成字符
    if (flag==1) buff2[0]='-';else buff2[0]='+';
    wc51r(0xc5);                         //写入显示缓冲区起始地址为第 2 行第 6 列
    for (k=0;k<6;k++)                     //第二行显示温度
      { wc51ddr(buff2[k]);}
 }
 }
```

习　题

1. 简述 LCD 显示器的基本工作原理。

2. 利用本章的 LCD 显示子程序编程，在 LCD1602 的第一行显示"2011 年 8 月 13 日 星期六"，第二行显示"13:30:30"。

3. 简述 I^2C 总线有何特点。

4. 简述 I^2C 总线的工作过程。

5. 介绍 CAT24WCXX 芯片的读过程。

6. 介绍 CAT24WCXX 芯片的写过程。

7. 利用本章的子程序，编写一段对 CAT24WC01 芯片初始化的程序，初始值为 CCH。

8. 利用 LCD1602 和 DS1302 以及其他电路，设计一个电子时钟。

9. 利用 DS18B20 设计一个单片机数显温度计。

第8章 单片机应用系统设计及举例

主要内容:

通过前面各章的学习,我们已经掌握了 MCS-51 单片机的工作原理、程序设计、外围芯片的扩展等,它们是单片机应用系统设计的硬件及软件基础。有了这些基础以后,就可以进行单片机应用系统的设计。本章首先介绍单片机应用系统设计的开发过程,然后以几个典型的例子介绍单片机应用系统设计。

学习重点:

◆ 单片机应用系统的开发过程
◆ 单片机电子时钟的设计
◆ 多路数字电压表的设计

8.1 单片机应用系统的开发过程

单片机应用系统是为完成某项任务而研制开发的用户系统,虽然每个系统都有很强的针对性,结构和功能各异,但它们的开发过程和方法大致相同。本节介绍单片机应用系统开发的一般方法和步骤。

8.1.1 应具备的知识和能力

单片机应用系统的开发过程主要包括理论设计和实际调试两个阶段。由于单片机系统应用场合的区别很大,所以实际的开发过程会涉及许多方面的知识,如数据采集系统会涉及各种各样传感器的应用,控制系统会涉及采用什么样的控制算法及执行机构等,所以开发单片机应用系统一般应具备以下几个方面的知识和能力。

1. 要具有一定的硬件基础知识

硬件基础知识除了单片机及其外围电路的扩展原理及方法外,还包括检测各种输入量的传感器、控制用的继电器等执行装置,与各种仪器进行通信的接口,以及打印和显示等设备的工作原理、电路连接方法和实际应用中的注意事项等。

2. 要有一定的动手能力

单片机应用系统的设计必然伴随着元器件的焊接、调试过程,这就要求开发人员能够熟练地应用各种测试仪器,熟悉各种信号的检测方法,并具有较强的分析问题与解决问题的能力。当系统出现故障时,能够及时定位故障,分析、推理故障产生的原因,找到合适、合理、全面的故障解决办法。

3. 要具备一定的软件设计能力

熟悉软件开发设计基本思想,能较好地规划、组织软件的结构。对于复杂的程序,能绘制出清晰的程序总体框图,各部分的程序流程图,根据系统要求,灵活地设计出所需的程序,并在程序的适当位置考虑系统的可扩展功能。

4．要具有综合运用新知识和新技术的能力

时代不断前进，知识和技术在不断地更新。当旧的知识和技术不能适应发展需要时，新的知识和技术便应运而生。新的知识和技术也使得系统功能更强，设计更简单、方便。所以，一个优秀的设计开发人员应该紧跟时代前进的步伐，及时更新所学知识，及时接受、掌握、应用新知识和新技术。

5．要具有搜集、检索、提炼有用知识和资料的能力

能够综合运用所学的知识，做到举一反三；能够较好地利用各种书籍、互联网等工具搜集所需要的资料，从中检索、提炼出有用的部分并将其应用于系统设计，以提高系统开发的质量和效率。设计时尽量借鉴已有的经验、成果及成熟的技术，在这些基础上，再根据具体要求反复推敲、更新设计方案，并确定最终合理的设计方案。

6．要了解生产工艺或制造工艺

不管设计开发什么样的系统，设计开发人员必须熟悉工艺流程或制造工艺，了解工艺控制的参数，根据工艺确定测量的参数、范围、精度、控制方法、控制顺序等。如药品生产线发酵环节温度的控制范围、医学手术系统指令控制的顺序、工业现场阀门开启关闭的顺序等，都必须根据工艺和实际要求确定。这是开发设计符合实际要术、控制正确、功能完善系统的基础和保证。

8.1.2　单片机应用系统开发的基本过程

设计一个单片机应用系统，一般可分为以下几个步骤。

1．明确系统的任务和功能要求

开发设计一个单片机应用系统，首先要明白具体任务是什么，要达到什么样的功能要求。不同的任务，具体的功能要求不一样。系统的任务和功能要求一般由开发系统的投资方提出，开发设计人员认可。如开发一套单片机路灯控制系统，首先要明确功能要求，如：定时开灯、关灯，根据季节的变化改变开灯、关灯时间，故障路灯的状态信息及时反馈、某些路灯的单独控制以及成本信息等。目标任务和功能要求应尽可能清晰、完善。有些目标任务在开始设计时并不是非常清楚、完善，随着系统的研制开发、现场的应用及市场的变化可能会有不断的更新和变化，设计方案要尽可能适应这些变化。

2．系统的总体方案设计

根据系统的功能技术指标要求，确定系统的总体设计方案。系统的总体方案设计包括系统总体设计思想、方案选择、单片机的选择、关键器件的选型、硬件软件功能的划分以及总体设计方案的确定等。在此阶段要对元器件市场情况有所了解。

在总体方案设计时要综合考虑硬件与软件，硬件选择上要能满足精度要求，软件采用合适的数学模型和算法。硬件、软件功能在一定程度上具有互换性，即有些硬件电路的功能可用软件实现，反之亦然。具体如何选择，要根据具体功能要求、设计难易程度及整个系统的性价比，加以综合平衡后确定。一般而言，使用硬件完成速度较快，精度高，可节省 CPU 的时间，但价格相对昂贵。用软件实现则相对经济，但占用 CPU 较多的时间，精度相对低。一般的原则是：在 CPU 时间允许的情况下，尽量采用软件。

3．系统详细设计

系统总体方案确定后，就可以进行详细的硬件系统设计和软件系统设计。硬件系统设计主要包括具体芯片的选择、单片机小系统设计和外围相应接口电路设计；软件系统设计主要包含资源分配、模块划分、模块设计与主程序设计，设计时要画出主要模块的流程图，最后给出所有软件程序。

4．系统仿真与制作

系统详细设计后，可以先进行软、硬件仿真。现在单片机软硬件仿真系统和工具很多，软件仿真工具如 Keil 51，硬件仿真工具如 Proteus。另外，很多单片机系统开发公司都提供自己的仿真和开发工具。仿真完成后，就可以进行具体实物制作。实物设计后，就可以用实物进行系统调试与修改。

5．系统调试与修改

系统调试是检测所设计系统的正确性与可靠性的必要过程。单片机应用系统设计是一个相当复杂的劳动过程，在设计、制作中，难免存在一些局部性的问题或错误。系统调试可发现存在的问题和错误，以便及时地进行修改。调试与修改的过程可能要反复多次，最终使系统试运行成功，并达到设计要求。

6．生成正式系统或产品

系统硬件、软件调试通过后，就可以把调试完毕的软件固化在 EPROM 中，然后脱机（脱离开发系统）运行。如果脱机运行正常，再在真实环境或模拟真实环境下运行，经反复运行正常，开发过程即告结束。这时的系统只能作为样机系统，给样机系统加上外壳、面板，再配上完整的文档资料，就可生成正式的系统（或产品）。

8.1.3　单片机应用系统的硬件设计

一个单片机应用系统的硬件系统设计包括 3 个部分内容：一是单片机芯片的选择，二是单片机系统扩展，三是系统配置。

现在生产单片机芯片的厂家很多，不同厂家的芯片其内部结构与功能部件各不相同，但它们的基本原理相同，指令相互兼容，选择时要根据当前情况进行。单片机芯片根据内部是否带 ROM 分成几种，在选择单片机芯片时，一般选择内部不含 ROM 的芯片比较合适，如 8031，通过外部扩展 EPROM 和 RAM 即可构成系统，这样不需专门的设备即可固化应用程序。但是当设计的应用系统批量比较大时，则可选择带 ROM、EPROM、EEPROM、Flash ROM 或 OTP ROM 等的单片机，这样可使系统更加简单。通常的做法是在软件开发过程中采用 EEPROM 或 Flash ROM 芯片，而最终产品采用 OTP ROM 芯片（一次性可编程 EPROM 芯片），这样可以提高产品的性价比。

单片机系统扩展是指单片机内部的功能单元（如程序存储器、数据存储器、I/O 口、定时/计数器、中断系统等）的容量不能满足应用系统的要求时，必须在片外进行扩展，这时应选择适当的芯片，设计相应的扩展连接电路；系统配置是按照系统功能要求来配置外围设备，如键盘、显示器、打印机、A/D 转换器、D/A 转换器等，设计相应的接口电路。

硬件系统设计在设计时通常要考虑以下几个方面。

1．程序存储器

若单片机内无片内程序存储器或存储容量不够时，需外部扩展程序存储器。外部扩展的存储器通常选用 EPROM 或 EEPROM。EPROM 集成度高、价格便宜，EEPROM 则编程容易。当程序量较小时，使用 EEPROM 较方便；当程序量较大时，采用 EPROM 更经济。

2．数据存储器

数据存储器由 RAM 构成。大多数单片机都提供了小容量的片内数据存储区，只有当片内数据存储区不够用时才扩展外部数据存储器。

存储器的设计原则是：在存储容量满足要求的前提下，尽可能减少存储芯片的数量。建议使用大容量的存储芯片以减少存储器的芯片数目，但应避免盲目地扩大存储器容量。

3. I/O 接口

由于外设多种多样，使得单片机与外设之间的接口电路也各不相同。因此，I/O 接口常常是单片机应用系统中设计最复杂也是最困难的部分之一。

I/O 接口大致可归类为并行接口、串行接口、模拟采集通道（接口）、模拟输出通道（接口）等。目前有些单片机已将上述各接口集成在其内部，使 I/O 接口的设计大大简化。系统设计时，可以选择含有所需接口的单片机。

4. 译码电路

当需要外部扩展电路时，就需要设计译码电路。译码电路要尽可能简单，这就要求存储空间分配合理，译码方式选择得当。

考虑到修改方便与保密性，译码电路除了可以使用常规的门电路、译码器实现外，还可以利用只读存储器与可编程门阵列来实现。

5. 总线驱动器

如果单片机外部扩展的器件较多，负载过重，就要考虑设计总线驱动器。比如，MCS-51单片机的 P0 口负载能力为 8 个 TTL 芯片，P2 口负载能力为 4 个 TTL 芯片，如果 P0、P2 口实际连接的芯片数目超出上述定额，就必须在 P0、P2 口增加总线驱动器来提高它们的驱动能力。P0 口应使用双向数据总线驱动器（如 74LS245），P2 口可使用单向总线驱动器（如 74LS244）。

6. 抗干扰电路

针对可能出现的各种干扰，应设计抗干扰电路。在单片机应用系统中，一个不可缺少的抗干扰电路就是抗电源干扰电路。最简单的实现方法是在系统弱电部分（以单片机为核心）的电源入口对地跨接 1 个大电容（100μF 左右）与 1 个小电容（0.1μF 左右），在系统内部芯片的电源端对地跨接 1 个小电容（0.01～0.1μF）。

另外，可以采用隔离放大器、光电隔离器件抗共地干扰，采用差分放大器抗共模干扰，采用平滑滤波器抗白噪声干扰，采用屏蔽手段抗辐射干扰等。

8.1.4　单片机应用系统的软件设计

整个单片机应用系统是一个整体。在进行应用系统总体设计时，软件设计和硬件设计应统一考虑，相结合进行。软、硬件功能可以在一定范围内变化。一些硬件电路的功能可以由软件来实现，反之亦然。在应用系统设计中，系统的软、硬件功能划分要根据系统的要求而定，若要提高速度，减少存储容量和软件研制的工作量，则多用硬件来实现；若要提高灵活性和适应性，节省硬件开支，则多用软件来实现。系统的硬件电路设计定型后，软件的功能也就基本明确了。

软件设计时，应根据系统软件功能的要求，将软件分成若干个相对独立的部分，并根据它们之间的联系和时间上的关系，设计出软件的总体结构，画出程序流程框图。画流程框图时，还要对系统资源作具体的分配和说明。根据系统特点和用户的了解情况选择编程语言，现在一般用汇编语言和 C 语言。汇编语言编写程序对硬件操作很方便，编写的程序代码短，以前单片机应用系统软件主要用汇编语言来编写；C 语言功能丰富，表达能力强，使用灵活方便，应用面广，目标程序效率高，可移植性好，现在单片机应用系统开发很多都用 C 语言来进行开发和设计。

在软件设计时要合理地分配系统资源。一个单片机应用系统的资源主要分为片内资源和片外资源。片内资源是指单片机内部的中央处理器、程序存储器、数据存储器、定时/计数器、中断、串行口、并行口等。不同的单片机芯片，内部资源的情况各不相同，在设计时就要充分利用内部资源。当内部资源不够用时，就需要有片外扩展。

在这些资源分配中，定时/计数器、中断、串行口等分配比较容易，这里介绍程序存储器和数据存储器的分配。

1．程序存储器 ROM/EPROM 资源的分配

程序存储器 ROM/EPROM 用于存放程序和数据表格。按照 MCS-51 单片机的复位及中断入口的规定，002FH 以前的地址单元作为中断、复位入口地址区。在这些单元中，一般都设置了转移指令，用于转移到相应的中断服务程序或复位启动程序。当程序存储器中存放的功能程序及子程序数量较多时，应尽可能为它们设置入口地址表。一般的常数、表格集中设置在表格区。二次开发、扩展部分尽可能放在高位地址区。

2．数据存储器 RAM 资源的分配

RAM 分为片内 RAM 和片外 RAM。片外 RAM 的容量比较大，通常用来存放批量大的数据，如采样结果数据；片内 RAM 容量较少，应尽量重叠使用，如数据暂存区与显示、打印缓冲区重叠。

对于 MCS-51 单片机来说，片内 RAM 是指 00H～7FH 的单元，这 128 个单元的功能并不完全相同，分配时应注意发挥各自的特点，做到物尽其用。

00H～1FH 这 32 字节可以作为工作寄存器组，在工作寄存器的 8 个单元中，R0 和 R1 具有指针功能，是编程的重要角色，应充分发挥其作用。系统上电复位时，PSW 等于 00H，当前工作寄存器选择 0 组，而工作寄存器组 1 为堆栈，并向工作寄存器组 2、3 延伸。若在中断服务程序中，也要使用 R1 寄存器且不将原来的数据冲掉，则可在主程序中先将堆栈空间设置在其他位置，然后在进入中断服务器程序后选择工作寄存器组 1、2 或 3，这时若再执行如 MOV　R1,#00H 指令时，就不会冲掉主程序 R1（01H 单元）中原来的内容，因为中断服务程序中 R1 的地址已改变为 09H、11H 或 19H。在中断服务程序结束时，可重新选择工作寄存器组 0。因此，通常可在应用程序中，安排主程序及调用的子程序来使用工作寄存器组 0，而安排定时器溢出中断、外部中断、串行口中断来使用工作寄存器组 1、2 或 3。

8.1.5　软、硬件仿真及开发工具的选择

一个单片机应用系统经过总体设计，完成硬件开发和软件设计后，一般都要进行软、硬件仿真，以确定系统设计是否正确。目前国内使用的通用单片机的硬件仿真开发系统很多，如复旦大学研制的 SICE 系列、启东计算机厂制造的 DVCC 系列、中国科大研制的 KDV 系列、南京伟福实业有限公司的伟福 E2000 及西安唐都科教仪器公司的 TDS51 开发及教学实验系统。它们都具有对用户程序进行输入、编辑、汇编和调试的功能。有些还具备在线仿真功能，能够直接将程序固化到 EEPROM 中。这些仿真开发系统一般都支持汇编语言编程，有的可以通过开发软件，支持 C 语言编程。例如，可以通过 Keil C51 软件来编写 C 语言源程序，编译连接生成目标文件、可执行文件，仿真、调试、生成代码并下载到应用系统中。另外，英国 Labcenter 公司开发的 Proteus 软件是一个能仿真单片机硬件的软件系统，在这个软件中可建立单片机应用系统硬件，下载应用系统软件程序到硬件上，软件程序能在仿真的硬件系统上运行，运行后可以直接了解、查看结果，应用非常方便，对单片机的仿真验证非常有用，因而现在使用非常广泛。本书的大部分例子都在 Proteus 中仿真验证通过。

8.2　单片机电子时钟的设计

在日常生活中，电子时钟与人们密切相关，在很多地方都会用到电子时钟。除了专用的时钟、计时显示牌外，许多应用系统常常也带有实时时钟显示，如各种智能化仪器仪表、工业过

程控制系统及家用电器等。实现电子时钟的方法有多种，通过前面我们对单片机基本理论及相关知识的学习，在这里要求用单片机为主控制芯片设计简单的单片机电子时钟。希望读者能将学到的理论知识与实际应用结合起来，进一步加深对单片机及相关理论的认识。

8.2.1　单片机电子时钟的功能要求

本设计电子时钟主要功能为：

① 自动计时功能；

② 能显示计时时间，显示效果良好；

③ 有校时功能，能对时间进行校准；

扩展功能（用户自己添加）：

④ 具有整点报时功能，在整点时使用蜂鸣器进行报时；

⑤ 具有定时闹钟功能，能设定定时闹钟，在时间到时能使蜂鸣器鸣叫。

8.2.2　总体方案设计

单片机电子时钟方案选择主要涉及两个方面：计时方案和显示方案。

1. 计时方案

单片机电子时钟计时有两种方法：第一种是通过单片机内部的定时/计数器，采用软件编程来实现时钟计时，这种实现的时钟一般称为软时钟，这种方法的硬件线路简单，系统的功能一般与软件设计相关，通常用在对时间精度要求不高的场合；第二种是采用专用的硬件时钟芯片计时，这种实现的时钟一般称为硬时钟。专用的时钟芯片功能比较强大，除了自动实现基本计时外，一般还具有日历和闰年补偿等功能，计时准确，软件编程简单，但硬件成本相对较高，通常用在对时钟精度要求较高的场合。

2. 显示方案

对于电子时钟而言，显示是另一个重要的环节。显示通常采用两种方式：LED 数码管显示和 LCD 液晶显示。其中 LED 数码管显示亮度高，显示内容清晰，根据具体的连接方式可分为静态显示和动态显示，在多个数码管时一般采用动态显示，动态显示时须要占用 CPU 的大量时间来执行动态显示程序，显示效果往往和显示程序的执行相关。LCD 液晶显示一般能显示的信息多，显示效果好，而且液晶显示器一般都带控制器，显示过程由自带的控制器控制，不需要CPU 参与，但液晶显示器造价相对较高。

为了便于比较与学习，这里给出两种设计方案，一种是软件计时 LED 数码管显示的单片机电子时钟，另一种是硬件定时 LCD 液晶显示的单片机电子时钟。软件计时 LED 数码管显示的单片机电子时钟总体设计框图如图 8.1 所示，硬件定时 LCD 液晶显示的单片机电子时钟总体设计框图如图 8.2 所示。

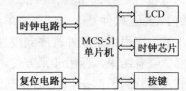

图 8.1　软件计时 LED 数码管显示的　　　　　图 8.2　硬件定时 LCD 液晶显示的
　　　单片机电子时钟总体设计框图　　　　　　　　单片机电子时钟总体设计框图

8.2.3　软件计时数码管显示时钟硬件电路

软件计时 LED 数码管显示的时钟硬件电路如图 8.3 所示，其中单片机采用应用广泛的

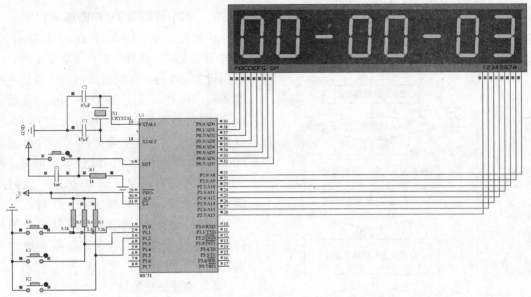

图 8.3　软件计时 LED 数码管显示的时钟硬件电路图

89C51，系统时钟采用 12MHz 的晶振，8 个数码管显示，小时与分钟、分钟与秒钟之间用短横线间隔，采用共阳极七段式数码管，由于并口上没有连接其他的硬件电路，所以 P0 口直接作段选码输出端，P2 口作位选码输出端。采用简化按键方式，只设定 3 个开关 K0、K1 和 K2，通过 P1 口低 3 位相连。其中 K0 键为调时模式选择键，K1 为加 1 键，K2 为减 1 键。

8.2.4　软件计时数码管显示时钟软件程序

软件系统程序由主程序和子程序组成，主程序包含初始化参数设置、按键处理、数码管显示模块等，在设计时各个模块都采用子程序结构设计，在主程序中调用。时钟由定时/计数器 0 产生，采用中断方式工作，因此还要编写定时/计数器 0 中断服务子程序，在定时/计数器 0 中断服务程序中形成时钟关系。

1．主程序

主程序执行流程图如图 8.4 所示，主程序先对显示单元和定时/计数器初始化，然后重复调用数码管显示模块和按键处理模块，当有键按下时，则转入相应的功能程序。

2．数码管显示模块

本系统共有 8 个数码管，从左到右依次显示时十位、时个位、横线、分十位、分个位、横线、秒十位和秒个位。数码管显示的信息用 8 个内存单元存放，这 8 个内存单元称为显示缓冲区，其中秒个位和秒十位、分个位和分十位、时个位和时十位分别由秒数据、分数据和小时数据分拆得到。在本系统中数码管显示采用软件译码动态显示。在存储器中首先建立一张显示信息的字段码表，显示时，先在 P2 口送出位选码，选中显示的数码管，然后从显示缓冲区中取出当前显示的信息，查表在字段码表中查出所显示的信息的字段码，从 P0口输出，就能在相应的数码管上显示显示缓冲区的内容。

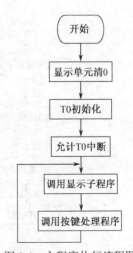

图 8.4　主程序执行流程图

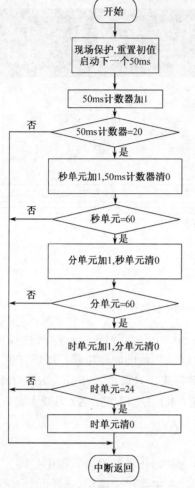

图 8.5　定时/计数器 T0 中断服务程序的流程图

3. 定时/计数器 T0 中断服务程序

计时选择定时/计数器 T0。具体处理如下：定时/计数器 T0 选择方式 1，重复定时，定时时间设为 50ms，定时时间到则中断，在中断服务程序中用一个计数器对 50ms 计数，计 20 次则对秒单元加 1，秒单元加到 60 则对分单元加 1，同时秒单元清 0；分单元加到 60 则对时单元加 1，同时分单元清 0；时单元加到 24 则对时单元清 0，标志一天时间计满，这样就形成了时钟关系。在对各单元计数的同时，把它们的值放到存储单元的指定位置。定时/计数器 T0 中断服务程序的流程图如图 8.5 所示。

4. 按键处理模块

按键处理设置为：如没有按键，则时钟正常走时。当按 K0 键一次，时钟暂停走动进入调小时状态，再按 K0 键一次，进入调分状态，再按 K0 键一次，回到正常走时；对于 K1 和 K2 按键，如果是正常走时，按 K1 和 K2 不起作用，如果进入调时或调分状态，按 K1 可对时或分进行加 1 操作，小时加到 24 则回到 0，分加到 60 则回到 0；按 K2 可对时或分进行减 1 操作，小时减到负则回到 23，分减到负则回到 59。按键处理模块流程图如图 8.6 所示。

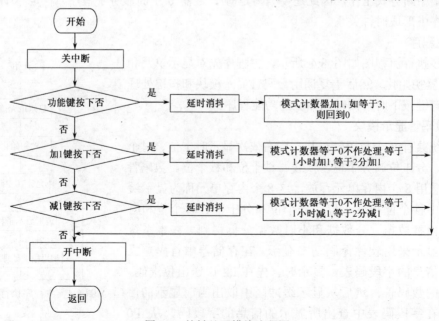

图 8.6　按键处理模块流程图

5. 汇编语言源程序清单

```
;采用 8 位 LED 软件译码动态显示程序
;使用 AT89C51 单片机,12MHz 晶振,P0 输出字段码,P2 口输出位选码
;用共阳极 LED 数码管,P1.0 为调时模式按键,P1.1 为加 1 键,P1.2 为减 1 键
;片内 RAM 的 70H～77H 单元为 LED 数码管的显示缓冲区
;78H,79H,7AH 分别为秒、分、小时计数单元
;7BH 为 50ms 计数器,7CH 为调时模式计数器


        ORG   0000H
        LJMP  START
        ORG   000BH        ;定时/计数器 T0 中断程序入口
        LJMP  INTT0

;主程序
   START: MOV R0,#70H
          MOV R7,#0CH
   INIT:  MOV @R0,#00H
          INC RO
          DJNZ R7,INIT
          MOV 72H,#10
          MOV 75H,#10
          MOV TMOD,#01H
          MOV TL0,#0B0H
          MOV TH0,#03CH
          SETB EA
          SETB ET0
          SETB TR0
   START1: LCALL SCAN
          LCALL KEYSCAN
          SJMP START1
          ;延时 1ms 子程序
   DL1MS:  MOV R6,#14H
   DL1:    MOV R7,#19H
   DL2:    DJNZ R7,DL2
          DJNZ R6,DL1
          RET
          ;延时 20ms 子程序
   DL20MS: ACALL SCAN
          ACALL SCAN
          ACALL SCAN
          RET
          ;数码管显示程序
   SCAN:  MOV A,78H      ;将小时、分和秒拆分成十位和个位
          MOV B,#0AH     ;存入显示缓冲区的相应位置
          DIV AB
```

```
          MOV   71H,A
          MOV   70H,B
          MOV   A,79H
          MOV   B,#0AH
          DIV   AB
          MOV   74H,A
          MOV   73H,B
          MOV   A,7AH
          MOV   B,#0AH
          DIV   AB
          MOV   77H,A
          MOV   76H,B
          MOV   R1,#70H      ;循环扫描显示
          MOV   R5,#0FEH
          MOV   R3,#08H
SCAN1:    MOV   A,R5
          MOV   P2,A
          MOV   A,@R1
          MOV   DPTR,#TAB
          MOVC  A,@A+DPTR
          MOV   P0,A
          MOV   A,R5
          LCALL DL1MS
          INC   R1
          MOV   A,R5
          RL    A
          MOV   R5,A
          DJNZ  R3,SCAN1
          MOV   P2,#0FFH
          MOV   P0,#0FFH
          RET
TAB:  DB  0C0H,0F9H,0A4H,0B0H,99H,92H,82H,0F8H,80H,90H,0BFH
      ;"0~9","-"的共阳极字段码


;定时/计数器 T0 中断服务程序
  INTT0:PUSH  ACC
        PUSH  PSW
        CLR   ET0
        CLR   TR0
        MOV   TL0,#0B0H
        MOV   TH0,#03CH
        SETB  TR0
        INC   7BH
        MOV   A,7BH
        CJNE  A,#14H,OUTT0
```

```
            MOV  7BH,#00
            INC  78H
            MOV  A,78H
            CJNE A,#3CH,OUTT0
            MOV  78H,#00
            INC  79H
            MOV  A,79H
            CJNE A,#3CH,OUTT0
            MOV  79H,#00
            INC  7AH
            MOV  A,7AH
            CJNE A,#18H,OUTT0
            MOV  7AH,#00
    OUTT0:
            SETB ET0
            POP  PSW
            POP  ACC
            RETI
;按键处理程序
KEYSCAN: CLR  EA
            JNB  P1.0,KEYSCAN0
            JNB  P1.1,KEYSCAN1
            JNB  P1.2,KEYSCAN2
    KEYOUT:SETB EA
            RET
KEYSCAN0:LCALL DL20MS
            JB  P1.0,KEYOUT
    WAIT0:JNB  P1.0,WAIT0
            INC  7CH
            MOV  A,7CH
            CLR  ET0
            CLR  TR0
            CJNE A,#03H,KEYOUT
            MOV  7CH,#00
            SETB ET0
            SETB TR0
            SJMP KEYOUT
KEYSCAN1:LCALL DL20MS
            JB  P1.1,KEYOUT
    WAIT1:JNB  P1.1,WAIT1
            MOV  A,7CH
            CJNE A,#02H,KSCAN11
            INC  79H
            MOV  A,79H
            CJNE A,#3CH,KEYOUT
```

```
              MOV   79H,#00
              SJMP  KEYOUT
KSCAN11: INC  7AH
              MOV   A,7AH
              CJNE  A,#18H,KEYOUT
              MOV   7AH,#00
              SJMP  KEYOUT
KEYSCAN2:LCALL  DL20MS
              JB  P1.2,KEYOUT
WAIT2:   JNB  P1.2,WAIT2
              MOV   A,7CH
              CJNE  A,#02H,KSCAN21
              DEC   79H
              MOV   A,79H
              CJNE  A,#0FFH,KEYOUT
              MOV   79H,#3BH
              SJMP  KEYOUT
KSCAN21: DEC  7AH
              MOV   A,7AH
              CJNE  A,#0FFH,KEYOUT
              MOV   7AH,#17H
              SJMP  KEYOUT
              END
```

6. C 语言源程序清单

```c
//采用 8 位 LED 软件译码动态显示程序
//使用 AT89C51 单片机,12MHz 晶振,P0 输出字段码,P2 口输出位选码
//用共阳极 LED 数码管,key0 为调时位选择键,key1 为加 1 键,key2 为减 1 键
#include  "reg51.h"
#define char unsigned char
char code
dis_7[12]={0xc0,0xf9,0xa4,0xb0,0x99,0x92,0xb2,0xf8,0x80,0x90,0xff,0xbf};
//共阳极 LED 数码管"0～9","灭"和"-"的字段码
char code scan_con[8]={0xfe,0xfd,0xfb,0xf7,0xef,0xdf,0xbf,0x7f};
//位选择码
char data dis[8]={0x00,0x00,0x0b,0x00,0x00,0x0b,0x00,0x00};
//显示缓冲区,时、分、秒初始为 0,0x0b 为"-"的编码
char data timedata[3]={0x00,0x00,0x00};
//分别为秒、分和小时的值
char data ms50=0x00,con=0x00,con1=0x00,con2=0x00;

sbit  key0=P1^0;
sbit  key1=P1^1;
sbit  key2=P1^2;


//1ms 延时函数
```

```
delay1ms(int t)
{
int i,j;
for (i=0;i<t;i++)
    for (j=0;j<120;j++)
    ;
}

//按键处理函数

keyscan()
{
EA=0;
if (key0==0)
    {
    delay1ms(10);
    while (key0==0);
    con++;TR0=0;ET0=0;
    if (con>=3)
        {con=0;TR0=1;ET0=1;}
    }
    if (con!=0)
        {
        if (key1==0)
            {
            delay1ms(10);
            while (key1==0);
            timedata[con]++;
            if (con==2) con1=24;else con1=60;
            if (timedata[con]>=con1)
                {timedata[con]=0;}
            }
        }
    if (con!=0)
        {
        if (key2==0)
            {
            delay1ms(10);
            while (key2==0);
            timedata[con]--;
            if (con==2) con2=23;else con2=59;
            if (timedata[con]<=0)
                {timedata[con]=con2;}
            }
```

```
            }
        EA=1;
    }
```

//数码管显示函数

```
    scan()
    {
    char k;
    dis[0]=timedata[0]%10;dis[1]=timedata[0]/10;
    dis[3]=timedata[1]%10;dis[4]=timedata[1]/10;
    dis[6]=timedata[2]%10;dis[7]=timedata[2]/10;
    for (k=0;k<8;k++)
        {
        P0=dis_7[dis[k]];P2=scan_con[k];delay1ms(1);P2=0xff;
        }
    }
```

//主函数

```
    main()
    {
    TH0=0x3c;TL0=0xb0;
    TMOD=0x01;ET0=1;TR0=1;EA=1;
    while (1)
        {
        scan();
        keyscan();
        }
    }
```

//定时/计数器 T0 中断服务函数

```
void time_intt0(void) interrupt 1
{
ET0=0;TR0=0;TH0=0x3c;TL0=0xb0;TR0=1;
ms50++;
if (ms50==20)
    {
    ms50=0x00;timedata[0]++;
    if (timedata[0]==60)
        {
        timedata[0]=0;timedata[1]++;
        if (timedata[1]==60)
            {
```

```
            timedata[1]=0;timedata[2]++;
            if (timedata[2]==24)
                {
                timedata[2]=0;
                }
            }
        }
    }
    ET0=1;
}
```

8.2.5 硬件定时液晶显示时钟硬件电路

硬件定时 LCD 液晶显示时钟的具体硬件电路如图 8.7 所示，其中单片机采用应用广泛的 AT89C52，系统时钟采用 12MHz 的晶振，时钟芯片采用 DS1302，显示器采用 LCD1602，DS1302 复位线 $\overline{\text{RST}}$ 与 AT89C52 单片机的 P1.2 相连，时钟线 SCLK 与 P1.3 相连，数据线 I/O 与 P1.4 相连，DS1302 的 X1 和 X2 接 32kHz 晶体，VCC2 接主电源 VCC，VCC1 接备用电源（3V 的电池）。LCD1602 的数据线与 89C52 的 P2 口相连，RS 与 P1.7 相连，R/$\overline{\text{W}}$ 与 P1.6 相连，E 端与 P1.5 相连。也只设定 3 个开关 K0、K1 和 K2，通过 P1 口低 3 位相连。其中 K0 键为模式选择键，K1 为加 1 键，K2 为减 1 键。K0 没有按下，则正常走时，K0 按第一次，则可调年，按第二次，则可调月，按第三次，则可调日，按第四次，则可调小时，按第五次，则可调分，按第六次，则又回到正常走时。

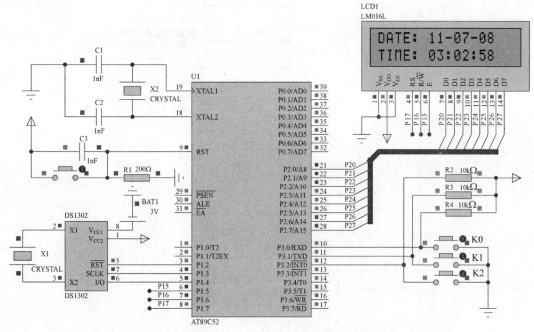

图 8.7　硬件定时 LCD 显示时钟具体硬件电路图

8.2.6 硬件定时液晶显示时钟软件程序

根据系统的功能将软件程序划分为以下几个部分：系统主程序、DS1302 驱动程序、LCD 驱动程序。在主程序中调用 DS1302 驱动程序和 LCD 驱动程序，另外在主程序中还包含按键处理。DS1302 驱动程序和 LCD 驱动程序在前面已介绍，这里主要介绍主程序。

　　主程序流程图如图 8.8 所示，先是将 LCD 初始化，其次在 LCD 显示日期和时间的提示信息，然后进入死循环，在循环中先判断是否有键按下，如按下 K0 键，则功能单元加 1；如按下 K1 键，则根据功能单元的内容把日期时间相应位加 1；如按下 K2 键，则根据功能单元的内容把日期时间相应位减 1；并把修改后的日期时间写入 DS1302（在这个过程中注意日期时间的数据格式的转换）。其次读 DS1302 日历时钟寄存器，读出的内容存入日期、时间缓冲区；最后把日期、时间缓冲区的数据转化为 ASCII 码放入 LCD 显示缓冲区并调用 LCD 显示程序显示。

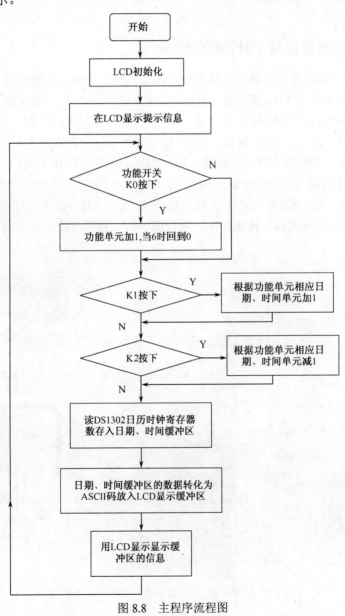

图 8.8　主程序流程图

汇编语言程序：
```
T_RST Bit  P1.2        ;DS1302 复位线引脚
T_CLK Bit  P1.3        ;DS1302 时钟线引脚
T_IO Bit  P1.4         ;DS1302 数据线引脚
```

```
RS   BIT  P1.7              ;LCD1602 控制线定义
RW   BIT  P1.6
E    BIT  P1.5
K0   BIT  P3.0              ;定义按键
K1   BIT  P3.1
K2   BIT  P3.2
;40h～46h 存放"秒、分、时、日、月、星期、年"的初值;格式按寄存器中的格式
;30h～36h 存放 DS1302 读出的秒、分、时、日、月、星期、年的大小
;37H 单元为功能计数器
;*********************************************
     ORG  0000H
     AJMP MAIN
     ORG  0030H
MAIN:MOV  SP,#50H
     ACALL INIT
     MOV A,#80H             ;写入显示缓冲区起始地址为第 1 行第 1 列开始显示 DATE:
     ACALL WC51R
     MOV A,#'D'
     ACALL WC51DDR
     MOV A,#'A'
     ACALL WC51DDR
     MOV A,#'T'
     ACALL WC51DDR
     MOV A,#'E'
     ACALL WC51DDR
     MOV A,#':'
     ACALL WC51DDR
     MOV A,#0C0H            ;写入显示缓冲区起始地址为第 2 行第 1 列开始显示 TIME:
     ACALL WC51R
     MOV A,#'T'
     ACALL WC51DDR
     MOV A,#'I'
     ACALL WC51DDR
     MOV A,#'M'
     ACALL WC51DDR
     MOV A,#'E'
     ACALL WC51DDR
     MOV A,#':'
     ACALL WC51DDR
REP: LCALL KEYSCAN          ;调键盘程序修改日期时间
     LCALL GET1302          ;读取当前日期时间到 40H～46H
     MOV R0,#40H            ;40H～46H 日期时间格式转换成日期时间数据放入 30H～36H
     MOV R1,#30H
     MOV R2,#07
REP1:MOV A,@R0
     SWAP A
     ANL A,#0FH
     MOV B,#10
     MUL AB
     MOV @R1,A
     MOV A,@R0
     ANL A,#0FH
     ADD A,@R1
```

```
        MOV  @R1,A
        INC  R0
        INC  R1
        DJNZ R2,REP1
        MOV  A,#86H            ;写入显示缓冲区起始地址为第 1 行第 7 列开始显示当前日期
        ACALL WC51R
        MOV  A,46H             ;年拆分成十位与个位,转换字符显示
        MOV  B,#10H
        DIV  AB
        ADD  A,#30H
        ACALL WC51DDR
        MOV  A,B
        ADD  A,#30H
        ACALL WC51DDR
        MOV  A,#'-'
        ACALL WC51DDR
        MOV  A,44H             ;月拆分成十位与个位,转换字符显示
        MOV  B,#10H
        DIV  AB
        ADD  A,#30H
        ACALL WC51DDR
        MOV  A,B
        ADD  A,#30H
        ACALL WC51DDR
        MOV  A,#'-'
        ACALL WC51DDR
        MOV  A,43H             ;日拆分成十位与个位,转换字符显示
        MOV  B,#10H
        DIV  AB
        ADD  A,#30H
        ACALL WC51DDR
        MOV  A,B
        ADD  A,#30H
        ACALL WC51DDR
        MOV  A,#' '
        ACALL WC51DDR
        MOV  A,#0c6H           ;写入显示缓冲区起始地址为第 2 行第 7 列开始显示当前时间
        ACALL WC51R
        MOV  A,42H             ;小时拆分成十位与个位,转换字符显示
        MOV  B,#10H
        DIV  AB
        ADD  A,#30H
        ACALL WC51DDR
        MOV  A,B
        ADD  A,#30H
        ACALL WC51DDR
        MOV  A,#':'
        ACALL WC51DDR
        MOV  A,41H             ;分拆分成十位与个位,转换字符显示
        MOV  B,#10H
        DIV  AB
        ADD  A,#30H
        ACALL WC51DDR
```

```
            MOV  A,B
            ADD  A,#30H
            ACALL  WC51DDR
            MOV  A,#':'
            ACALL  WC51DDR
            MOV  A,40H              ;秒拆分成十位与个位,转换字符显示
            MOV  B,#10H
            DIV  AB
            ADD  A,#30H
            ACALL  WC51DDR
            MOV  A,B
            ADD  A,#30H
            ACALL  WC51DDR
            LJMP  REP
;按键程序,无键按下返回,有键按下修改时间并写入 DS1302
KEYSCAN:  JNB  K0,KEYSCAN0
            JNB  K1,KEYSCAN1
            JNB  K2,KEYSCAN2
            RET
KEYSCAN0:LCALL  DL10MS
            JB  K0,KEYOUT
WAIT0:    JNB  K0,WAIT0
            INC  37H
            MOV  A,37H
            CJNE  A,#06H,KEYOUT
            MOV  37H,#00
            SJMP  KEYOUT
KEYSCAN1:LCALL  DL10MS
            JB  K1,KEYOUT
WAIT1:    JNB  K1,WAIT1
            MOV  A,37H
            CJNE  A,#01H,KSCAN11
            INC  36H
            MOV  A,36H
            CJNE  A,#100,KEYOUT
            MOV  36H,#00
            SJMP  KEYOUT
KSCAN11:  CJNE  A,#02H,KSCAN12
            INC  34H
            MOV  A,34H
            CJNE  A,#13,KEYOUT
            MOV  34H,#01
            SJMP  KEYOUT
KSCAN12:  CJNE  A,#03H,KSCAN13
            INC  33H
            MOV  A,33H
            CJNE  A,#32,KEYOUT
            MOV  33H,#01
            SJMP  KEYOUT
KSCAN13:  CJNE  A,#04H,KSCAN14
            INC  32H
            MOV  A,32H
            CJNE  A,#24,KEYOUT
```

```
                MOV  32H,#00
                SJMP KEYOUT
        KSCAN14: CJNE A,#05H,KEYOUT
                INC  31H
                MOV  A,31H
                CJNE A,#60,KEYOUT
                MOV  31H,#00
                SJMP KEYOUT
        KEYOUT:  LCALL   NUMTOTT     ;调转换程序把 30H～36H 日期时间数据转换成日期时间格式
                                      放入 40H～46H
                 LCALL   SET1302     ;设定的日期时间写入 DS1302
                 RET
        KEYSCAN2:LCALL DL10MS
                 JB K2,KEYOUT
        WAIT2:   JNB  K2,WAIT2
                 MOV  A,37H
                 CJNE A,#01H,KSCAN21
                 DEC  36H
                 MOV  A,36H
                 CJNE A,#0FFH,KEYOUT
                 MOV  36H,#99
                 SJMP KEYOUT
        KSCAN21: CJNE A,#02H,KSCAN22
                 DEC  34H
                 MOV  A,34H
                 CJNE A,#00H,KEYOUT
                 MOV  34H,#12
                 SJMP KEYOUT
        KSCAN22: CJNE A,#03H,KSCAN23
                 DEC  33H
                 MOV  A,33H
                 CJNE A,#00H,KEYOUT
                 MOV  33H,#31
                 SJMP KEYOUT
        KSCAN23: CJNE A,#04H,KSCAN24
                 DEC  32H
                 MOV  A,32H
                 CJNE A,#0FFH,KEYOUT
                 MOV  32H,#23
                 SJMP KEYOUT
        KSCAN24: CJNE A,#05H,KEYOUT
                 DEC  31H
                 MOV  A,31H
                 CJNE A,#0FFH,KEYOUT
                 MOV  31H,#59
                 SJMP KEYOUT


        NUMTOTT: MOV R0,#40H       ;30H～36H 日期时间数据转换成日期时间格式放入 40H～46H
                 MOV  R1,#30H
                 MOV  R2,#07
        REP2:    MOV  A,@R1
                 MOV  B,#10
                 DIV  AB
```

```
            SWAP  A
            ORL   A,B
            MOV   @R0,A
            INC   R0
            INC   R1
            DJNZ  R2,REP2
            ;WRITE 子程序
            ;功能:写 DS1302 一字节,写入的内容在 B 寄存器中
            ;*******************************************
WRITE:      MOV   50h,#8        ;1 字节有 8 位,移 8 次
INBIT1:     MOV   A,B
            RRC   A             ;通过 A 移入 CY 中
            MOV   B,A
            MOV   T_IO,C        ;移入芯片内
            SETB  T_CLK
            CLR   T_CLK
            DJNZ  50h,INBIT1
            RET
            ;*********************************************
            ;READ 子程序
            ;功能:读 DS1302 一字节,读出的内容在累加器 A 中
            ;*********************************************
READ:       MOV   50h,#8        ;1 字节有 8 位,移 8 次
OUTBIT1:    MOV   C,T_IO        ;从芯片内移到 CY 中
            RRC   A             ;通过 CY 移入 A 中
            SETB  T_CLK
            CLR   T_CLK
            DJNZ  50h,OUTBIT1
            RET
            ;***************************************************
            ; SET1302 子程序名
            ;功能:设置 DS1302 初始时间,并启动计时
            ;调用:WRITE 子程序
            ;入口参数:初始时间秒、分、时、日、月、星期、年数据在 40h~46h 单元
            ;出口参数:无
            ;影响资源:A B R0 R1 R4 R7
            ;***************************************************
SET1302:    CLR   T_RST
            CLR   T_CLK
            SETB  T_RST
            MOV   B,#8EH        ;控制命令字
            LCALL WRITE
            MOV   B,#00H        ;写操作前清写保护位 W
            LCALL WRITE
            SETB  T_CLK
            CLR   T_RST
            MOV   R0,#40H       ;秒、分、时、日、月、星期、年数据在 40h~46h 单元
            MOV   R7,#7         ;共 7 字节
            MOV   R1,#80H       ;写秒寄存器命令
S13021:     CLR   T_RST
            CLR   T_CLK
            SETB  T_RST
            MOV   B,R1          ;写入写秒命令
```

```
              LCALL  WRITE
              MOV  A,@R0            ;写秒数据
              MOV  B,A
              LCALL  WRITE
              INC  R0               ;指向下一个写入的日历、时钟数据
              INC  R1               ;指向下一个日历、时钟寄存器
              INC  R1
              SETB  T_CLK
              CLR  T_RST
              DJNZ  R7,S13021       ;未写完,继续写下一个
              CLR  T_RST
              CLR  T_CLK
              SETB  T_RST
              MOV  B,#8EH           控制寄存器
              LCALL  WRITE
              MOV  B,#80H           ;写完后打开写保护控制,WP 置 1
              LCALL  WRITE
              SETB  T_CLK
              CLR  T_RST            ;结束写入过程
              RET
              ;**********************************************************
              ;GET1302 子程序名
              ;功能:从 DS1302 读时间
              ;调用:WRITE 写子程序,READ 子程序
              ;入口参数:无
              ;出口参数:秒、分、时、日、月、星期、年保存在 40h~46h 单元
              ;影响资源:A B R0 R1 R4 R7
              ;**********************************************************
GET1302:      MOV  R0,#40H
              MOV  R7,#7
              MOV  R1,#81H          ;读秒寄存器命令
G13021:       CLR  T_RST
              CLR  T_CLK
              SETB  T_RST
              MOV  B,R1             ;写入读秒寄存器命令
              LCALL  WRITE
              LCALL  READ
              MOV  @R0,A            ;存入读出数据
              INC  R0               ;指向下一个存放日历、时钟的存储单元
              INC  R1               ;指向下一个日历、时钟寄存器
              INC  R1
              SETB  T_CLK
              CLR  T_RST
              DJNZ  R7,G13021       未读完,读下一个
              RET
              ;LCD 初始化子程序
INIT:         MOV  A,#00000001H     ;清屏
              ACALL  WC51R
              MOV  A,#00111000B     ;使用 8 位数据,显示两行,使用 5×7 的字型
              LCALL  WC51R
              MOV  A,#00001100B     ;显示器开,光标关,字符不闪烁
              LCALL  WC51R
              MOV  A,#00000110B     ;字符不动,光标自动右移一格
```

```
                LCALL  WC51R
                RET
                ;检查忙子程序
        F_BUSY: PUSH   ACC              ;保护现场
                MOV    P2,#0FFH
                CLR    RS
                SETB   RW
        WAIT:   CLR    E
                SETB   E
                JB     P2.7,WAIT         ;忙,等待
                POP    ACC              ;不忙,恢复现场
                RET
                ;写入命令子程序
        WC51R:  ACALL  F_BUSY
                CLR    E
                CLR    RS
                CLR    RW
                SETB   E
                MOV    P2,ACC
                CLR    E
                RET
                ;写入数据子程序
        WC51DDR: ACALL  F_BUSY
                CLR    E
                SETB   RS
                CLR    RW
                SETB   E
                MOV    P2,ACC
                CLR    E
                RET
                ;延时 10ms 子程序
        DL10MS: MOV    R6,#14H
        DL1:    MOV    R7,#0FBH
        DL2:    DJNZ   R7,DL2
                DJNZ   R6,DL1
                RET
                END
```

C 语言程序如下：

```c
#include <reg51.h>
#include <absacc.h>              //定义绝对地址访问
#include <intrins.h>
#define uchar unsigned char
#define uint unsigned int
sbit T_CLK = P1^3;         //DS1302 时钟线引脚
sbit T_IO = P1^4;          //DS1302 数据线引脚
sbit T_RST = P1^2;         //DS1302 复位线引脚
sbit RS=P1^7;              //定义 LCD 的控制线
sbit RW=P1^6;
sbit EN=P1^5;
sbit key0=P3^0;            //定义按键
sbit key1=P3^1;
sbit key2=P3^2;
```

```
sbit ACC7 =ACC^7;
sbit ACC0 =ACC^0;
uchar  datechar[]={"DATE:"};
uchar  timechar[]={"TIME:"};
uchar  datebuffer[8]={0,0,0x2d,0,0,0x2d,0,0};        //定义日历显示缓冲区
uchar  Limebuffer[8]={0,0,0x3a,0,0,0x3a,0,0};        //定义时间显示缓冲区
uchar data ttime[3]={0x00,0x00,0x00};    //分别为秒、分和小时的值
uchar data tdata[3]={0x00,0x00,0x00};   //分别为年、月、日
//往 DS1302 写 1 字节数据
void  WriteB(uchar  ucDa)
{
uchar  i;
ACC = ucDa;
for(i=8;  i>0;  i--)
{
T_IO = ACC0;           //相当于汇编中的 RRC
T_CLK = 1;
T_CLK = 0;
ACC = ACC >> 1;
}
}
//从 DS1302 读 1 字节数据
uchar  ReadB(void)
{
uchar i;
 for(i=8;  i>0;  i--)
{
ACC = ACC >>1;
ACC7 = T_IO;T_CLK = 1;T_CLK = 0;      //相当于汇编中的 RRC
}
return(ACC);
}
//DS1302 单字节写，向指定单元写命令/数据，ucAddr：DS1302 地址，ucDa:要写的命令/数据
void  v_W1302(uchar ucAddr,uchar ucDa)
{
T_RST = 0;
T_CLK = 0;
_nop_();_nop_();
T_RST = 1;
_nop_();_nop_();
WriteB(ucAddr);           /* 地址，命令 */
WriteB(ucDa);             /* 写1字节数据*/
T_CLK = 1;
T_RST =0;
}
//DS1302 单字节读，从指定地址单元读出的数据
uchar  uc_R1302(uchar  ucAddr)
{
uchar ucDa=0;
T_RST = 0;T_CLK = 0;

T_RST = 1;
WriteB(ucAddr);                /*写地址*/
```

```
ucDa = ReadB();            /*读 1 字节命令/数据 */

T_CLK = 1;T_RST =0;
return(ucDa);
}
//LCD 检查忙函数
void  fbusy()
{
    P2 = 0xff;
    RS = 0;
    RW = 1;
    EN = 1;
    EN = 0;
    while((P2 & 0x80))
    {
    EN = 0;
    EN = 1;
    }
}
//LCD 写命令函数
void  wc51r(uchar  j)
{
    fbusy();
    EN = 0;
    RS = 0;
    RW = 0;
    EN = 1;
    P2 = j;
    EN = 0;
}
//LCD 写数据函数
void  wc51ddr(uchar  j)
{
    fbusy();          //读状态;
    EN = 0;
    RS = 1;
    RW = 0;
    EN = 1;
    P2 = j;
    EN = 0;
}
void  init()          //LCD1602 初始化
{
wc51r(0x01);          //清屏
wc51r(0x38);          //使用 8 位数据，显示两行，使用 5×7 的字型
wc51r(0x0c);          //显示器开，光标开，字符不闪烁
wc51r(0x06);          //字符不动，光标自动右移一格
}
//***********延时函数***********
void  delay(uint  i)          //延时函数
{uint  y,j;
for  (j=0;j<i;j++){
for (y=0;y<0xff;y++){;}}
```

```
}
void  main(void)
{
uchar  i,set;
uchar data temp;
SP-0X50;
delay(10);
init();
wc51r(0x80);
for (i=0;i<5;i++) wc51ddr(datechar[i]);    //第一行开始显示 DATA:
wc51r(0xc0);
for (i=0;i<5;i++) wc51ddr(timechar[i]);    //第二行开始显示 TIME:
while(1)
      {P3=0XFF;
    if(key0==0) { delay(10);if (key0==0){while (key0==0);set++; if(set==6)
             set=0;}}
    if(key1==0) { delay(10);       //如果是加1键,则日历、时钟相应位加1
        if (key1==0) { while (key1==0);
               switch(set)
                {
               case 1: tdata[0]++;if (tdata[0]==100) tdata[0]=0;
               temp=(tdata[0]/10)*16+tdata[0]%10;
               v_W1302(0x8e,0);
               v_W1302(0x8c,temp);
               v_W1302(0x8e,0x80);
               break;
               case 2: tdata[1]++;if (tdata[1]==13) tdata[1]=1;
               temp=(tdata[1]/10)*16+tdata[1]%10;
               v_W1302(0x8e,0);
               v_W1302(0x88,temp);
               v_W1302(0x8e,0x80);
               break;
               case 3: tdata[2]++;if (tdata[2]==32) tdata[2]=1;
               temp=(tdata[2]/10)*16+tdata[2]%10;
               v_W1302(0x8e,0);
               v_W1302(0x86,temp);
               v_W1302(0x8e,0x80);
               break;
               case 4: ttime[2]++;if (ttime[2]==24) ttime[2]=0;
               temp=(ttime[2]/10)*16+ttime[2]%10;
               v_W1302(0x8e,0);
               v_W1302(0x84,temp);
               v_W1302(0x8e,0x80);
               break;
              case 5: ttime[1]++;if (ttime[1]==60) ttime[1]=0;
               temp=(ttime[1]/10)*16+ttime[1]%10;
               v_W1302(0x8e,0);
               v_W1302(0x82,temp);
               v_W1302(0x8e,0x80);
               break;
               }
          }
        }
```

```
if(key2==0) { delay(10);        //如果是减1键，则日历、时钟相应位减1
    if (key2==0) { while (key2==0);
        switch(set)
            {
            case 1: tdata[0]--;if (tdata[0]==0xff) tdata[0]=99;
            temp=(tdata[0]/10)*16+tdata[0]%10;
        v_W1302(0x8e,0);
            v_W1302(0x8c,temp);
        v_W1302(0x8e,0x80);
            break;
            case 2: tdata[1]--;if (tdata[1]==0x00) tdata[1]=12;
            temp=(tdata[1]/10)*16+tdata[1]%10;
        v_W1302(0x8e,0);
            v_W1302(0x88,temp);
        v_W1302(0x8e,0x80);
            break;
            case 3: tdata[2]--;if (tdata[2]==0x00) tdata[2]=31;
            temp=(tdata[2]/10)*16+tdata[2]%10;
        v_W1302(0x8e,0);
            v_W1302(0x86,temp);
        v_W1302(0x8e,0x80);
            break;
            case 4: ttime[2]--;if (ttime[2]==0xff) ttime[2]=23;
            temp=(ttime[2]/10)*16+ttime[2]%10;
        v_W1302(0x8e,0);
            v_W1302(0x84,temp);
        v_W1302(0x8e,0x80);
            break;
            case 5: ttime[1]--;if (ttime[1]==0xff) ttime[1]=59;
            temp=(ttime[1]/10)*16+ttime[1]%10;
        v_W1302(0x8e,0);
            v_W1302(0x82,temp);
        v_W1302(0x8e,0x80);
            break;
            }
        }
    }
temp=uc_R1302(0x8d);     //读年，分成十位和个位，转换成字符放入日历显示缓冲区
tdata[0]=(temp/16)*10+temp%16; //存入年单元
datebuffer[0]=0x30+temp/16;datebuffer[1]=0x30+temp%16;
temp=uc_R1302(0x89);     //读月，分成十位和个位，转换成字符放入日历显示缓冲区
tdata[1]=(temp/16)*10+temp%16; //存入月单元
datebuffer[3]=0x30+temp/16;datebuffer[4]=0x30+temp%16;
temp=uc_R1302(0x87);     //读日，分成十位和个位，转换成字符放入日历显示缓冲区
tdata[2]=(temp/16)*10+temp%16; //存入日单元
datebuffer[6]=0x30+temp/16;datebuffer[7]=0x30+temp%16;
temp=uc_R1302(0x85); //读小时，分成十位和个位，转换成字符放入时间显示缓冲区
temp=temp&0x7f;
ttime[2]=(temp/16)*10+temp%16; //存入小时单元
timebuffer[0]=0x30+temp/16;timebuffer[1]=0x30+temp%16;
temp=uc_R1302(0x83);     //读分，分成十位和个位，转换成字符放入时间显示缓冲区
ttime[1]=(temp/16)*10+temp%16; //存入分单元
timebuffer[3]=0x30+temp/16;timebuffer[4]=0x30+temp%16;
```

```
temp=uc_R1302(0x81);        //读秒,分成十位和个位,转换成字符放入时间显示缓冲区
temp = temp & 0x7f;
ttime[0]=(temp/16)*10+temp%16;
timebuffer[6]=0x30+temp/16;timebuffer[7]=0x30+temp%16;
wc51r(0x86);                //第一行后面显示日历
for (i=0;i<8;i++) wc51ddr(datebuffer[i]);
wc51r(0xc6);                //第二行后面显示时间
for (i=0;i<8;i++) wc51ddr(timebuffer[i]);
}
}
```

8.3   多路数字电压表的设计

数字电压表是电子测量中经常用到的电子器件,传统的指针式电压表功能单一、精度低,不能满足数字时代的要求。而采用单片机的数字电压表精度高、抗干扰能力强、可扩展性强、使用方便,在日常生活中广泛应用。

8.3.1   多路数字电压表的功能要求

多路数字电压表的功能要求如下:
① 输入电压为 8 路;
② 电压值的范围为 0~5V;
③ 测量的最小分辨率为 0.019V,测量误差为±0.02V;
④ 能通过显示器显示通道和通道电压,有效位数为小数点后两位。

8.3.2   多路数字电压表的总体设计

多路数字电压表的总体结构如图 8.9 所示,处理过程如下:先用 A/D 转换器(ADC)对各路电压值进行采样,得到相应的数字量,再按数字量与模拟量成正比关系运算得到对应的模拟电压值,然后把模拟值通过显示器显示出来,另外可以通过按键选择通道。

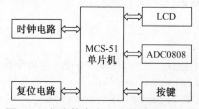

图 8.9   多路数字电压表的总体结构图

根据系统的功能要求,控制系统采用 AT89C52 单片机,A/D 转换器采用 ADC0808(0809)。ADC0808(0809)是 8 位的 A/D 转换器。当输入电压为 5.00V 时,输出的数据值为 255(0FFH),因此最大分辨率为 0.0196V(5/255)。ADC0808(0809)具有 8 路模拟量输入端口,通过 3 位地址输入端能从 8 路中选择一路进行转换。如每隔一段时间依次轮流改变 3 位地址输入端的地址,就能依次对 8 路输入电压进行测量。显示器采用 LCD 显示器,显示效果好。按键可只设定一个,用于选择显示的当前通道。

8.3.3   多路数字电压表硬件电路

多路数字电压表具体硬件电路如图 8.10 所示。

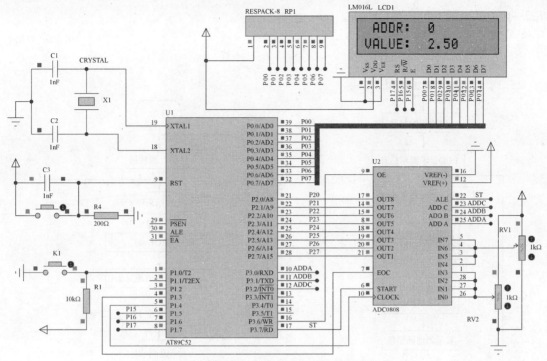

图 8.10　多路数字电压表具体硬件电路原理图

其中，ADC0808(0809)的数据线 D0~D7 与 AT89C52 的 P2 口相连，地址输入端 ADDA、ADDB、ADDC 与 AT89C52 的 P3 口的低 3 位 P3.0、P3.1、P3.2 相连，地址锁存控制端 ALE 和启动信号 START 连接在一起与 P3.7 相连，数据输出允许控制端 OE 与 P3.6 相连，转换结束信号 EOC 与 P1.3 相连。ADC0808 的时钟信号输入端 CLOCK 与 P1.4 相连，而 P1.4 由定时/计数器 0 控制，每 10μs 取反一次，则 CLOCK 的时钟周期为 20μs，频率为 50kHz，满足 ADC0808(0809) 的时钟要求。参考电压 VREF+接+5V 电源，参考电压 VREF−接地，则当输入电压为 5.00V 时，输出的数据值为 255(0FFH)，当输入电压为 0V 时，输出的数据值为 0(00H)，最大分辨率为 0.0196V(5/255)。

显示器 LCD1602 的数据线与 AT89C52 的 P0 口相连，RS 与 P1.7 相连，R/$\overline{W}$ 与 P1.6 相连，E 端与 P1.5 相连。按键只设定了一个 K1，与 AT89C52 的 P1.0 相接，用于进行通道选择，当按下一次，通道加 1，显示下一个通道。

8.3.4　多路数字电压表软件程序

多路数字电压表系统软件程序由主程序、A/D 转换子程序和显示驱动程序组成，这里只介绍主程序、A/D 转换子程序。

1. 主程序

主程序流程图如图 8.11 所示。首先是对定时/计数器和 LCD 初始化，在 LCD 上显示提示信息，然后进入循环，在循环中依次为：调用 A/D 转换子程序对 8 个通道转换一次，判断通道键是否按下，按下则当前通道地址加 1，当前通道值转换成电压值，显示当前通道。

2. A/D 转换子程序

A/D 转换子程序用于对 ADC0808 的 8 路输入模拟电压进行一次 A/D 转换，并将转换的数值存入 8 个相应的存储单元中，流程图如图 8.12 所示。A/D 转换子程序每隔一定时间调用一次，即隔一段时间对输入电压采样一次。

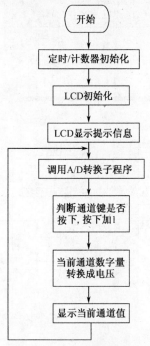

图 8.11　主程序流程图

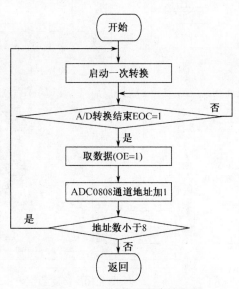

图 8.12　A/D 转换子程序流程图

3．汇编语言源程序清单

```
;30H～37H 存放转换的数字量
;38H～3BH 分别存放电压当前通道电压的个位、小数点后 1 位、小数点后 2 位
;3CH 单片为通道计数器
RS  BIT P1.7          ;定义 LCD1602 端口线
RW  BIT  P1.6
E  BIT  P1.5
ST  BIT P3.7          ;定义 ADC0808 控制线
OE  BIT P3.6
EOC BIT P1.3
CLK BIT P1.4
KEY1  BIT  P1.0        ;通道选择按键
ORG 0000H
LJMP  MAIN
ORG 000BH
CPL CLK              ; 定时/计数器 0 中断,产生转换时钟
RETI
ORG  50H
;主程序
MAIN:MOV  SP,#50H
    MOV  39H,#'.'
    MOV  TMOD,#02H
    MOV  TH0,#246
    MOV  TL0,#246
    SETB  ET0
    SETB  EA
    SETB  TR0
    LCALL  DL10MS
```

```
        ACALL  INIT
        MOV  A,#81H              ;写入显示缓冲区起始地址为第 1 行第 1 列
        ACALL  WC51R
        MOV  A,#'A'              ;第 1 行第 2 列显示字母'A'
        ACALL  WC51DDR
        MOV  A,#'D'              ;第 1 行第 3 列显示字母"D"
        ACALL  WC51DDR
        MOV  A,#'D'              ;第 1 行第 4 列显示字母'D'
        ACALL  WC51DDR
        MOV  A,#'R'              ;第 1 行第 5 列显示字母'R'
        ACALL  WC51DDR
        MOV  A,#':'             ;第 1 行第 6 列显示字母':'
        ACALL  WC51DDR
        MOV  A,#0C0H            ;写入显示缓冲区起始地址为第 2 行第 5 列
        ACALL  WC51R
        MOV  A,#'V'              ;第 2 行第 5 列显示字母'V'
        ACALL  WC51DDR
        MOV  A,#'A'              ;第 2 行第 6 列显示字母'A'
        ACALL  WC51DDR
        MOV  A,#'L'              ;第 2 行第 7 列显示字母'L'
        ACALL  WC51DDR
        MOV  A,#'U'              ;第 2 行第 8 列显示字母'U'
        ACALL  WC51DDR
        MOV  A,#'E'              ;第 2 行第 9 列显示字母'E'
        ACALL  WC51DDR
        MOV  A,#':'             ;第 2 行第 10 列显示字母':'
        ACALL  WC51DDR
   LOOP:LCALL  TEST             ;调用 ADC0808 转换程序 8 个通道转换一次
        JB  KEY1,NEXT           ;有键按下，当前通道地址加 1
 WAIT2:JNB  KEY1,WAIT2
        INC  3CH
        MOV  A,3CH
        CJNE  A,#08,NEXT
        MOV  3CH,#00
  NEXT:MOV  A,#30H              ;取出当前通道值，转换成电压值所对应的字符
        ADD  A,3CH
        MOV  R0,A
        MOV  A,@R0
        MOV  B,#51
        DIV  AB
        ADD  A,#30H
        MOV  38H,A
        MOV  A,B
        CLR  F0
        SUBB  A,#1AH
        MOV  F0,C
        MOV  A,#10
        MUL  AB
        MOV  B,#51
        DIV  AB
        JB  F0,LOOP2
        ADD  A,#5
 LOOP2: ADD  A,#30H
```

```
        MOV   3AH,A
        MOV   A,B
        CLR   F0
        SUBB  A,#1AH
        MOV   F0,C
        MOV   A,#10
        MUL   AB
        MOV   B,#51
        DIV   AB
        JB    F0,LOOP3
        ADD   A,#5
  LOOP3:ADD   A,#30H
        MOV   3BH,A
        MOV   A,#88H          ;写入显示缓冲区起始地址为第1行第9列
        ACALL WC51R
        MOV   A,3CH
        ADD   A,#30H          ;第1行第9列显示通道号
        ACALL WC51DDR
        MOV   A,#0C8H         ;写入显示缓冲区起始地址为第2行第9列
        ACALL WC51R
        MOV   A,38H           ;第2行第9列显示整数部分
        ACALL WC51DDR
        MOV   A,39H           ;第2行第10列显示小数点
        ACALL WC51DDR
        MOV   A,3AH           ;第2行第11列显示小数点后1位
        ACALL WC51DDR
        MOV   A,3BH           ;第2行第12列显示小数点后2位
        ACALL WC51DDR
        AJMP  LOOP
        ;初始化子程序
   INIT:MOV   A,#00000001H    ;清屏
        ACALL WC51R
        MOV   A,#00111000B    ;使用8位数据,显示两行,使用5×7的字型
        LCALL WC51R
        MOV   A,#00001100B    ;显示器开,光标关,字符不闪烁
        LCALL WC51R
        MOV   A,#00000110B    ;字符不动,光标自动右移一格
        LCALL WC51R
        RET
        ;检查忙子程序
 F_BUSY:PUSH  ACC             ;保护现场
        MOV   P0,#0FFH
        CLR   RS
        SETB  RW
   WAIT:CLR   E
        SETB  E
        JB    P0.7,WAIT       ;忙,等待
        POP   ACC             ;不忙,恢复现场
        RET
        ;写入命令子程序
 WC51R:ACALL  F_BUSY
        CLR   E
        LR    RS
```

```
            CLR  RW
            SETB E
            MOV  P0,ACC
            CLR  E
            RET
            ;写入数据子程序
WC51DDR: ACALL  F_BUSY
            LR   E
            SETB RS
            CLR  RW
            SETB E
            MOV  P0,ACC
            CLR  E
            RET
            ;**********************************************************
            ;A/D 转换子程序，8 个通道转换一次转换结果依次存入 30H~37H
            ;**********************************************************
TEST:    MOV  R0,#30H
            MOV  R2,#00H
TESTART: MOV  P2,#0FFH
            MOV  A,R2
            MOV  P3,A
            CLR  ST
            NOP
            NOP
            SETB ST
            NOP
            NOP
            CLR  ST
            NOP
            NOP
  WAIT1: JNB EOC,WAIT1
   MOVD: SETB  OE
            NOP
            NOP
            MOV  A,P2
            MOV  @R0,A
            CLR  OE
            NOP
            NOP
            INC  R0
            INC  R2
            CJNE  R2,#8,TESTART
            RET
;************************************
;延时子程序
;************************************
 DL10MS: MOV R6,#0D0H        ;延时 10ms 子程序
    DL1: MOV  R7,#10H
    DL2: DJNZ  R7,DL2
            DJNZ  R6,DL1
            RET
            END
```

4. C 语言源程序清单

```c
#include  <reg51.h>
#include  <absacc.h>          //定义绝对地址访问
#include  <intrins.h>
#define  uchar  unsigned  char
#define  uint  unsigned  int
sbit  RS=P1^7;               //定义 LCD1602 端口线
sbit  RW=P1^6;
sbit  EN=P1^5;
sbit  ST=P3^7;               //定义 0808 控制线
sbit  OE=P3^6;
sbit  EOC=P1^3;
sbit  CLK=P1^4;
sbit  key1=P1^0;             //通道选择按键
uchar  data chnumber;                      //存放当前通道号
uchar  disbuffer[4]={0,'.',0,0};        //定义显示缓冲区
uchar  data  ad_data[8]={0,0,0,0,0,0,0,0};   //0808 的 8 个通道转换数据缓冲区
uint  temp;
//检查忙函数
void  fbusy()
{
    P0 = 0xff;
    RS = 0;
    RW = 1;
    EN = 1;
    EN = 0;
    while((P0 & 0x80))
    {
    EN = 0;
    EN = 1;
    }
}
//写命令函数
void  wc51r(uchar  j)
{
    fbusy();
    EN = 0;
    RS = 0;
    RW = 0;
    EN = 1;
    P0 = j;
    EN = 0;
}
//写数据函数
void  wc51ddr(uchar  j)
{
    fbusy();         //读状态
    EN = 0;
    RS = 1;
    RW = 0;
    EN = 1;
    P0 = j;
    EN = 0;
```

```c
}
void  init()
{
wc51r(0x01);          //清屏
wc51r(0x38);          //使用 8 位数据，显示两行，使用 5×7 的字型
wc51r(0x0c);          //显示器开，光标开，字符不闪烁
wc51r(0x06);          //字符不动，光标自动右移一格
}
/********0808 转换子函数********/
test()
{
uchar  m;
for (m=0;m<8;m++)
    {
    P3=m;               //送通道地址
    ST=0;_nop_();_nop_();ST=1;_nop_();_nop_();ST=0;//锁存通道地址启动转换
    _nop_();_nop_();_nop_();_nop_();
    while (EOC==0);                      //等待转换结束
    OE=1;ad_data[m]=P2;OE=0;             //读取当前通道转换数据
    }
}
//***********延时函数***********
void  delay(uint  i)          //延时函数
{uint  y,j;
for  (j=0;j<i;j++){
for (y=0;y<0xff;y++){;}}
}
//定时/计数器 T0 产生 0808 的时钟
void T0X(void)interrupt 1 using 0
{ CLK=~CLK;  }

void  main(void)
{
uchar  i;
SP=0X50;TMOD=0x02;TH0=246;TL0=246;
ET0=1;EA=1;TR0=1;

delay(10);
init();
wc51r(0x81);              //写入显示缓冲区起始地址为第 1 行第 1 列
wc51ddr('A');            //第 1 行第 1 列显示字母   A
wc51ddr('D');            //第 1 行第 2 列显示字母   D
wc51ddr('D');            //第 1 行第 3 列显示字母   D
wc51ddr('R');            //第 1 行第 4 列显示字母   R
wc51ddr(':');            //第 1 行第 4 列显示字母   :
wc51r(0xC0);              //写入显示缓冲区起始地址为第 2 行第 1 列
wc51ddr('V');            //第 2 行第 1 列显示字母   V
wc51ddr('A');            //第 2 行第 2 列显示字母   A
wc51ddr('L');            //第 2 行第 3 列显示字母   L
wc51ddr('U');            //第 2 行第 4 列显示字母   U
wc51ddr('E');            //第 2 行第 5 列显示字母   E
wc51ddr(':');            //第 2 行第 6 列显示字母   :
while(1)
```

```
    {
    test();                     //调用ADC0808转换程序8个通道转换一次
    if (key1==0) {while(key1==0); chnumber++;if (chnumber==8)chnumber=0;}
    //有键按下，当前通道地址加1
    temp=ad_data[chnumber];      //取出当前通道值，转换成电压值所对应的字符
    temp=(temp*100)/51;
    disbuffer[0]=temp/100+0x30;temp=temp%100;
    disbuffer[2]=temp/10+0x30;
    disbuffer[3]=temp%10+0x30;
    wc51r(0x88);
    wc51ddr(chnumber+0x30);
    wc51r(0xc8);                 //显示当前通道
    for (i=0;i<4;i++) wc51ddr(disbuffer[i]);
    }
}
```

习　　题

1. 说明单片机应用系统设计需要具备的知识和能力，以及开发的步骤。
2. 简要介绍硬件系统设计在设计时通常要考虑哪些方面的问题。
3. 简要介绍软件设计时如何合理地分配系统资源。
4. 对8.2节介绍的单片机电子时钟进行改进，如添加温度显示、增加定闹功能等。
5. 根据自己在生活中的经验，可以提出有一定意义的项目，改善原来非自动化的测试和控制方法。先调查其应用价值，然后提出设计思路并开发、调试。

第9章 Keil μVision IDE 集成环境的使用

Keil μVision IDE 是单片机应用系统开发中使用较多的一种开发工具，它功能强大、简单易用，特别适合于初学者。

9.1 Keil μVision IDE 简介

Keil μVision IDE 是美国 Keil Software 公司出品的 51 系列单片机 C 语言集成开发系统，与汇编语言相比，C 语言在功能上，结构性、可读性、可维护性上有明显的优势，因而易学易用。用过汇编语言后再使用 C 语言来开发，这种体会将会更加深刻。Keil μVision IDE 开发系统提供丰富的库函数和功能强大的集成开发调试工具，全 Windows 界面。另外重要的一点是，只要看一下编译后生成的汇编代码，就能体会到 Keil μVision IDE 生成的目标代码效率非常高，多数语句生成的汇编代码很紧凑，容易理解。在开发大型软件时更能体现高级语言的优势。另外，Keil μVision IDE 也能识别汇编程序。下面将详细介绍 Keil μVision IDE 开发系统各部分的功能和使用。

9.1.1 Keil μVision IDE 的安装

Keil μVision IDE 的安装与其他软件的安装方法相同，安装过程比较简单，运行 Keil μVision IDE 的安装程序 SETUP.EXE，然后按默认的安装目录或设置新的安装目录，确定后就将 Keil μVision IDE 软件安装到计算机上了，同时在桌面上建立了一个快捷方式。

9.1.2 Keil μVision IDE 界面

单击 Keil μVision IDE 图标，启动 Keil μVision IDE 程序，就可以看到如图 9.1 所示的 Keil μVision IDE 的主界面。以下对 μVision IDE 的界面作简要说明。

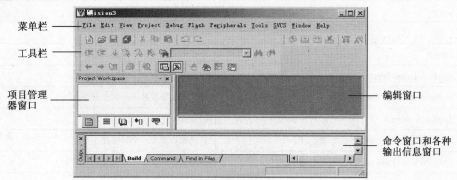

图 9.1 Keil μVision IDE 的主界面

窗口标题栏下紧接着是菜单栏，菜单栏下面是工具栏，工具栏下面的左边是项目管理器窗口，右边是编辑窗口，它们的下面是命令窗口和各种输出信息窗口，对于这些窗口可以通过视图菜单(View)下面的命令打开或关闭。

菜单栏提供各种操作菜单，如文件操作、编辑操作、项目维护、开发工具选项设置、调试程序、窗口选择和处理、在线帮助等。工具栏按钮提供键盘快捷键(用户可自行设置)，允许快速执行 Keil μVision IDE 命令。

下面列出了 Keil μVision IDE 命令、默认的快捷键以及它们的描述。

1. 文件菜单的命令（File）

文件菜单的各项命令如表 9.1 所示。

表 9.1　文件菜单的说明

命令	快捷键	描述
New	Ctrl+N	创建新文件
Open	Ctrl+O	打开已经存在的文件
Close		关闭当前文件
Save	Ctrl+S	保存当前文件
Save as		另取名保存文件
Save all		保存所有文件
Device Database		管理器件库
License Management		许可证管理器
Print Setup		打印机设置
Print	Ctrl+P	打印当前文件
Print Preview		打印预览
1-9		打开最近用过的文件
Exit		退出 μVision2 提示是否保存文件

2. 编辑菜单的命令（Edit）

编辑菜单的各项命令如表 9.2 所示。

表 9.2　编辑菜单的说明

命令	快捷键	描述
Undo	Ctrl+Z	取消上次操作
Redo	Ctrl+Shift+Z	重复上次操作
Cut	Ctrl+X	剪切选取文本
Copy	Ctrl+C	复制选取文本
Paste	Ctrl+V	粘贴
Ctrl+A		选择当前文件的所有文本内容
Indent Selected Text		将选取文本右移一个制表符距离
Unindent Selected Text		将选取文本左移一个制表符距离
Toggle Bookmark	Ctrl+F2	设置/取消当前行的标签
Goto Next Bookmark	F2	移动光标到下一个标签处
Goto Previous Bookmark	Shift+F2	移动光标到上一个标签处
Clear All Bookmarks		清除当前文件的所有标签
Find	Ctrl+F	在当前文件中查找文本
Replace	Ctrl+H	替换特定的字符
Find in Files		在多个文件中查找
Configuration		设置颜色、字体、快捷键和编辑器的选项

3．选择文本命令

在 Keil μVision IDE 中，可以通过按住 Shift 键和相应的光标操作键来选择文本。如 Ctrl+→是移动光标到下一个词，那么，Ctrl+Shift+→ 就是选择当前光标位置到下一个词的开始位置间的文本。

当然，也可以用鼠标来选择文本，操作如表 9.3 所示。

表9.3　选择文本命令操作说明

要选择内容	鼠标操作
任意数量的文本	在要选择的文本上拖动鼠标
一个词	双击此词
一行文本	移动鼠标到此行左边，直到鼠标变成右指向的箭头，然后单击
多行文本	移动鼠标到此行最左边，直到鼠标变成右指向的箭头，然后相应拖动
一个矩形框中的文本	按住 Alt 键，然后相应拖动鼠标

4．视图菜单命令(View)

视图菜单的各项命令如表 9.4 所示。

表9.4　视图菜单说明

命令	描述
Status Bar	显示/隐藏状态条
File Toolbar	显示/隐藏文件菜单条
Build Toolbar	显示/隐藏编译菜单条
Debug Toolbar	显示/隐藏调试菜单条
Project Window	显示/隐藏项目窗口
Output Window	显示/隐藏输出窗口
Source Browser	打开资源浏览器
Disassembly Window	显示/隐藏反汇编窗口
Watch & Call Stack Win	显示/隐藏观察和堆栈窗口
Memory Window	显示/隐藏存储器窗口
Code Coverage Window	显示/隐藏代码报告窗口
Performance Analyzer Window	显示/隐藏性能分析窗口
Logic Analyzer Window	显示/隐藏逻辑分析窗口
Symbol Window	显示/隐藏字符变量窗口
Serial Window #1	显示/隐藏串口1的观察窗口
Serial Window #2	显示/隐藏串口2的观察窗口
Serial Window #3	显示/隐藏串口3的观察窗口
Toolbox	显示/隐藏自定义工具条
Periodic Window Update	程序运行时刷新调试窗口

5．项目菜单的命令（Project）

项目菜单的各项命令如表 9.5 所示。

表 9.5　项目菜单说明

命令	快捷键	描述
New Project		创建新项目
Import μVision1 Project		转化 μVision1 的项目
Open Project		打开一个已经存在的项目
Close Project		关闭当前的项目
Components,Environment Books…		定义项目内容，件和库的路径等
Select Device for Target		选择对象的 CPU
Options for Targets		修改目标选项
Build Target	F7	编译修改过的文件并生成应用
Rebuild Target		重新编译所有的文件并生成应用
Translate	Ctrl+F7	编译当前文件
Stop Build		停止生成应用的过程
1～10		打开最近打开过的项目

6. 调试菜单的命令（Debug）

调试菜单的各项命令如表 9.6 所示。

表 9.6　调试菜单说明

命令	快捷键	描述
Start/Stop Debugging	Ctrl+F5	开始/停止调试模式
Run	F5	运行程序直到遇到一个中断
Step	F11	单步执行程序遇到子程序则进入
Step over	F10	单步执行程序跳过子程序
Step out of Current function	Ctrl+F11	执行到当前函数的结束
Run to Cursor line		运行到光标行
Stop Running	ESC	停止程序运行
Breakpoints		打开断点对话框
Insert/Remove Breakpoint		设置/取消当前行的断点
Enable/Disable Breakpoint		使能/禁止当前行的断点
Disable All Breakpoints		禁止所有的断点
Kill All Breakpoints		取消所有的断点
Show Next Statement		显示下一条指令
Enable/Disable Trace Recording		使能/禁止程序运行轨迹的标识
View Trace Records		显示程序运行过的指令
Memory Map		打开存储器空间配置对话框
Performance Analyzer		打开设置性能分析的窗口
Inline Assembly		对某一个行重新汇编可以修改汇编代码
Function Editor		编辑调试函数和调试配置文件

7. 外围设备菜单命令（Peripherals）

外围设备菜单的各项命令如表 9.7 所示。

表 9.7　外围设备菜单说明

命令	描述
Reset CPU	复位 CPU
Interrupt	打开片上外围器件的设置对话框
I/O-Ports	对话框的种类及内容依赖于用户选择的 CPU
Serial	串口观察
Timer	定时器观察

8. 工具菜单命令（Tools）

利用工具菜单，可以进行系统配置，运行 Gimpel　PC-Lint、Siemens Easy-Case 和用户程序。通过 Customize Tools Menu 菜单，可以添加想要添加的程序。具体菜单描述如表 9.8 所示。

表 9.8　工具菜单说明

命令	描述
Setup PC-Lint	配置 Gimpel Software 的 PC-Lint 程序
Lint	用 PC-Lint 处理当前编辑的文件
Lint all C Source Files	用 PC-Lint 处理项目中所有的 C 源代码文件
Customize Tools Menu	添加用户程序到工具菜单中

9. 软件版本控制系统菜单（SVCS）

用此菜单来配置和添加软件版本控制系统的命令。具体菜单描述如表 9.9 所示。

表 9.9　软件版本控制系统菜单说明

命令	描述
Configure Version Control	配置软件版本控制系统的命令

10. 视窗菜单(Window)

视窗菜单的各项命令如表 9.10 所示。

表 9.10　视窗菜单说明

命令	描述
Cascade	以互相重叠的形式排列文件窗口
Tile Horizontally	以不互相重叠的形式水平排列文件窗口
Tile Vertically	以不互相重叠的形式垂直排列文件窗口
Arrange Icons	排列主框架底部的图标
Split	把当前的文件窗口分割为几个
Close All	关闭所有窗口

11. 帮助菜单(Help)

帮助菜单的各项命令如表 9.11 所示。

表 9.11　帮助菜单说明

命令	描述
Vision Help	打开在线帮助
About Vision	显示版本信息和许可证信息

9.2　Keil μVision IDE 的使用方法

在 Keil μVision IDE 中，管理文件使用的是项目方式而不是以前的单一文件的模式，C51
源程序、汇编源程序、头文件等都放在项目文件里统一管理。

9.2.1　项目文件的建立

通过用 Project→New Project 命令建立项目文件，过程如下。

（1）选择 Project→New Project 命令，弹出如图 9.2 所示的 Create New Project 对话框。

图 9.2　Create New Project 对话框

（2）在 Create New Project 对话框中选择新建项目文件的位置，输入新建项目文件的名称，
例如，项目文件名为 IO，单击【保存】按钮将弹出如图 9.3 所示的 Select Device for Target 'Target
1'对话框，用户可以根据使用情况选择单片机型号。Keil μVision IDE 几乎支持所有的 51 核心的
单片机，并以列表的形式给出。选中芯片后，在右边的描述框中将同时显示选中的芯片的相关
信息以供用户参考。

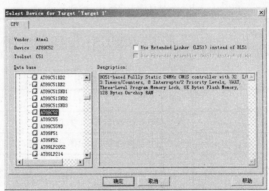

图 9.3　Select Device for Target 'Target 1'对话框

（3）选择 Atmel 公司的 AT89C52。单击【确定】按钮，这时弹出如图 9.4 所示的 Copy Standard
8051 Startup Code to Project Folder and Add File to Project 确认框，C 语言开发单击【是】按钮，
汇编语言开发单击【否】按钮。单击后，项目文件就创建好了。项目文件创建后，这时只有一
个框架，紧接着需向项目文件中添加程序文件内容。

图 9.4　Copy Standard 8051 Startup Code to Project Folder and Add File to Project 确认框

9.2.2 给项目添加程序文件

当项目文件建立好后，就可以给项目文件加入程序文件了，Keil µVision 支持 C 语言程序，也支持汇编语言程序。这些程序文件可以是已经建立好了的程序文件，也可以是新建的程序文件。如果是建立好了的程序文件，则直接用后面的方法添加；如果是新建立的程序文件，最好是先将程序文件用.asm 或.C 存盘后再添加，这样程序文件中的关键字才能够被认识。

程序文件的添加过程如下。

（1）在项目管理器窗口中，展开 Target1 项，可以看到 Source Group1 子项。

（2）右击 Source Group1，在出现如图 9.5 所示的菜单中选择 Add Files to Group 'Source Group 1'命令。

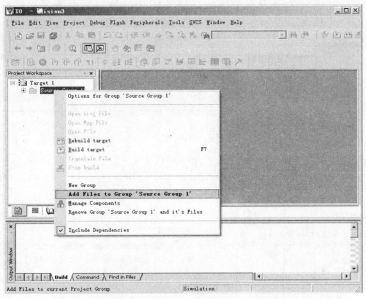

图 9.5 选择 Add Files to Group 'Source Group 1'命令

（3）弹出如图 9.6 所示的 Add Files to Group 'Source Group 1'对话框。在对话框中选择需要添加的程序文件，单击【Add】按钮，把所选文件添加到项目文件中。注意文件类型默认为 C，如果是汇编程序则应选择文件类型为*.a*。一次可连续添加多个文件，添加的文件在项目管理器的 Source Group 1 下面可以看见。当不再添加时，单击【Close】按钮，结束添加程序文件。如果文件添加得不对，则先选中对应的文件，用右键菜单中的 Remove File 命令把它移出去。

图 9.6 Add Files to Group 'Source Group 1'对话框

（4）如果是已有的程序文件，则添加结束后，就可以做下一步的编译、连接工作；如果是新文件，则应先用 File→New 命令建立程序文件，输入文件内容，存盘（注意汇编程序扩展名为.asm，C 语言程序扩展名为.C），然后再添加到项目中。

9.2.3　编译、连接项目，形成目标文件

当把程序文件添加到项目文件中，并且程序文件已经建立好存盘后，就可以进行编译、连接，形成目标文件。编译、连接用 Project→Built Target 命令（或快捷键 F7），如图 9.7所示。

编译、连接时，如果程序有错，则编译不成功，并在下面的信息窗口给出相应的出错提示信息，以便用户进行修改，修改后再编译、连接，这个过程可能会重复多次。如果没有错误，则编译、连接成功，并且在信息窗口给出提示信息。

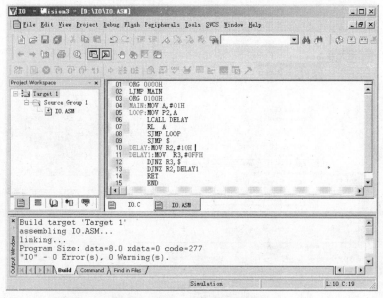

图 9.7　编译、连接后的显示图

9.2.4　运行调试观察结果

当项目编译、连接成功后，就可以运行它来观察结果，运行调试过程如下。

（1）先用 Debug→Start/Stop Debug Session 命令（快捷键 Ctrl+F5）启动调试过程，结果如图 9.8 所示。

（2）用 Debug→Go 命令连续运行。

（3）用 Debug→Step 命令单步运行。子函数中也要一步一步地运行。

（4）用 Debug→Step Over 命令单步运行。子函数体一步直接完成。

（5）用 Debug→Stop running 命令停止运行。

（6）用 View 菜单调出各种输出窗口观察结果，用 Peripherals 菜单观察 51 单片机内部资源。图 9.9 为调出 Peripherals 菜单下的 P2 口调试的结果。

（7）运行调试完毕，先用 Stop running 命令停止运行，再用 Debug→Start/Stop Debug Session 命令结束运行调试过程。

图 9.8　启动调试过程结果图

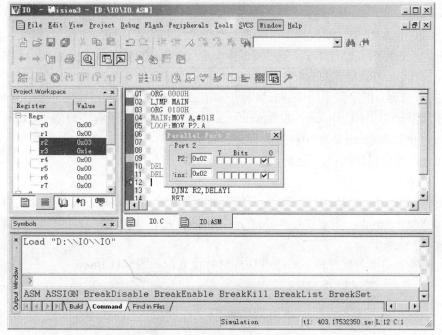

图 9.9　Serial Windows #1 窗口

9.2.5　仿真环境的设置

当 Keil μVision IDE 用于软件仿真和硬件仿真时，如果不是工作在默认情况下，就需要在编译、连接之前对它进行设置，设置用 Project→Options for Target 'Target 1'命令。当选择 Project→Options for Target 'Target 1'命令后，出现如图 9.10 所示的 Options for Target 'Target 1'对话框。

Options for Target 'Target 1'对话框有 10 个选项卡，默认为 Target 选项卡。常用的有以下几个。

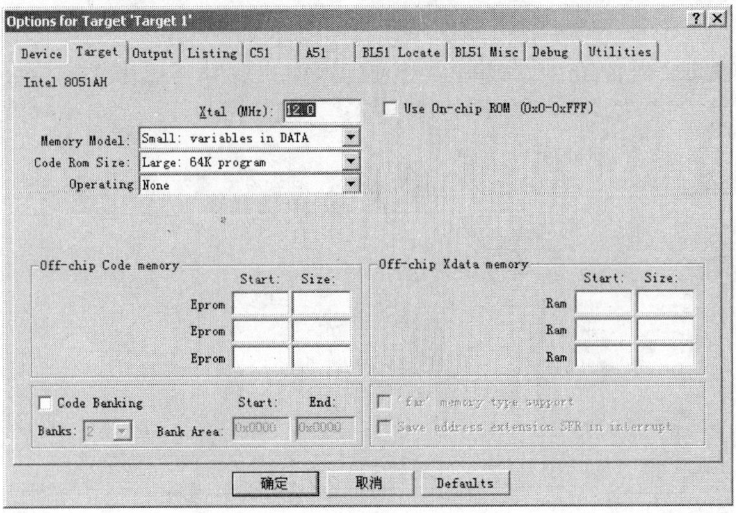

图 9.10　Options for Target 'Target 1' 对话框

1．Target 选项卡

Target 选项卡用于设置芯片的相关信息。

Xtal（MHz）：设置单片机的工作频率。已经有一个已选芯片的默认值。

Use On-chip ROM（0x0-0xFFF）：选中该项表示使用芯片内部的 Flash ROM，Intel 8051AH 内部有 4KB 的 Flash ROM。要根据单片机芯片的 EA 引脚的连接情况来选取该项。

Memory Model：变量存储方式，有 3 个选项，Small 表示变量存储在内部 RAM 中；Compact 表示变量存储在外部 RAM 的低 256B 中；Large 表示变量存储在外部 RAM 的 64KB 中。

Code Rom Size：程序和子程序的长度范围。有 3 个选项，Small:program 2K or less 表示子程序和程序只限于 2KB；Compact: 2K functions,64K program 表示子程序只限于 2KB，程序可为 64KB；Large: 64K program 表示子程序和程序都可为 64KB。

Operating：操作系统选项，有 3 个选项可供选择。

None：没有。

Off-chip Code memory：表示片外 ROM 的开始地址和大小，可以输入三段。如果没有则不输入。

Off-chip Xdata memory：表示片外 RAM 的开始地址和大小，可以输入三段。如果没有则不输入。

2．Debug 选项卡

Debug 选项卡用于对软件仿真和硬件仿真进行设置，如图 9.11 所示。

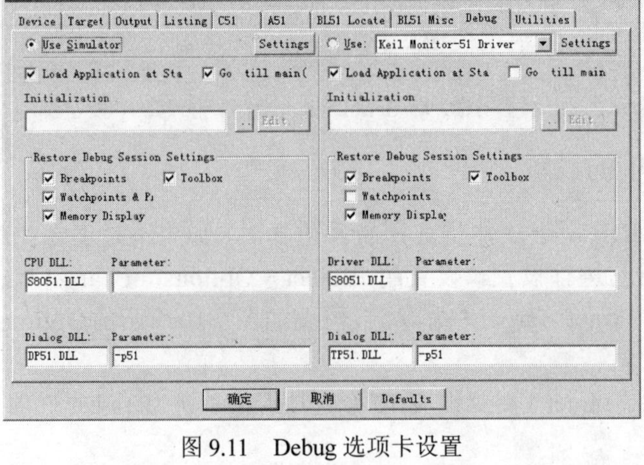

图 9.11　Debug 选项卡设置

Use Simulator：纯软件仿真选项，默认为纯软件仿真。

Use: Keil Monitor-51 Driver：带硬件仿真器的仿真。

Load Application at Start：Keil C51 自动装载程序代码选项。

Go till main：调试 C 语言程序，自动运行 main 函数。

如果选中 Use: Keil Monitor-51 Driver 硬件仿真单选按钮，还可单击右边的 Setting 按钮，对硬件仿真器连接情况进行设置，单击 Settings 按钮后，弹出如图 9.12 所示的对话框。相关选项说明如下。

Port：串行口号。仿真器与计算机连接的串行口号。

Baudrate：波特率设置，与仿真器串行通信的波特率，仿真器上的设置必须与它一致。一般仿真使用的波特率为 9600。

Serial Interrupt：选中它允许单片机串行中断。

Cache Options：缓存选项，可选可不选，选择可加快程序的运行速度。

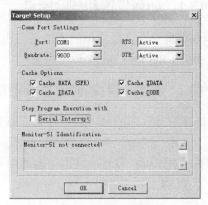

图 9.12　仿真器连接设置

3. Output 选项卡

Output 选项卡用于对编译后形成的目标文件输出进行设置，如图 9.13 所示。

Select Folder for Objects：单击该按钮用于设置编译后生成的目标文件的存储目录，如果不设置，默认为项目文件所在的目录。

Name of Executable：设置生成的目标文件的名字，默认情况下和项目文件名相同。可以生成库或 obj、HEX 格式的目标文件。

Create Executable：选择它，则生成 obj、HEX 格式的目标文件。

Create HEX File：选择生成 HEX 文件。

Create Library：选择生成库。

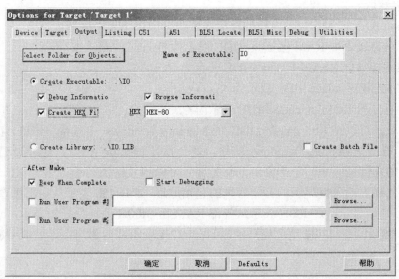

图 9.13　Output 选项卡设置

9.3　Keil μVision IDE 的调试技巧

在 Keil μVision IDE 中提供了多种调试方法对程序进行调试。

9.3.1　如何设置和删除断点

设置/删除断点最简单的方法是双击待设置断点的源程序行或反汇编程序行，或用断点设置命令 Insert/Remove Breakpoint。

9.3.2　如何查看和修改寄存器的内容

仿真的寄存器的内容显示在寄存器窗口，用户除了可以观察以外还可以自行修改，单击选中一个单元，例如，单元 DPTR，然后再单击 DPTR 的数值位置，出现文本框后输入相应的数值按回车键即可；另外可使用下面的命令行窗口进行修改，例如，输入 A=0X34 将把 A 的数值修改为 0X34。

9.3.3　如何观察和修改变量

变量的观察和修改过程如下：单击 View→Watch & Call stack Window 出现相应的窗口，选择 Watch 1-3 中的任一窗口，按下 F2 键，在 Name 栏中输入用户变量名，如 Temp1、Counter 等，但必须是存在的变量。如果想修改数值，可单击 Value 栏，出现文本框后输入相应的数值。用户可以连续修改多个不同的变量。

另外，Keil μVision IDE 提供了观察变量更简单的方法。在用户程序停止运行时，移动光标到要观察的变量上停约 1s，就弹出一个变量提示对话框。

9.3.4　如何观察存储器区域

在 Keil μVision IDE 中可以区域性地观察和修改所有的存储器数据，这些数据从 Keil μVision IDE 中获取。

Keil μVision IDE 把 MCS-51 内核的存储器资源分成以下 4 个区域。

（1）内部可直接寻址 RAM 区 data，IDE 表示为 D:xx。

（2）内部间接寻址 RAM 区 idata，IDE 表示为 I:xx。

（3）外部 RAM 区 xdata，IDE 表示为 X:xxxx。

（4）程序存储器 ROM 区 code，IDE 表示为 C:xxxx。

这 4 个区域都可以在 Keil μVision IDE 的 Memory Windows 中观察和修改。在 IDE 集成环境中单击菜单 View→Memory Windows 按钮，便会打开 Memory 窗口，Memory 窗口可以同时显示 4 个不同的存储器区域，单击窗口下部的编号可以相互切换显示。

在地址输入栏内输入待显示的存储器区的起始地址。如 D:45h 表示从内部可直接寻址 RAM 区 45H 地址处开始显示；x:3f00H 表示从外部 RAM 区 3f00H 地址处开始显示；c:0X1234 表示从程序存储器 ROM 区 1234H 地址处开始显示；I:32H 表示从内部间接寻址 RAM 区 32H 地址处开始显示。

在区域显示中，默认的显示形式为十六进制字节（B），但是可以选择其他显示方式，在 Memory 显示区域内右击，在弹出的快捷菜单中可以选择的显示方式如下。

Decimal：按照十进制方式显示。

Unsigned：按照有符号的数字显示，又分 char（单字节），int（整型），long（长整型）。

Singed：按照无符号的数字显示，又分 char（单字节），int（整型），long（长整型）。

ASCII：按照 ASCII 码格式显示。

Float：按照浮点格式进行显示。

Double：按照双精度浮点格式显示。

在 Memory 窗口中显示的数据可以修改，修改方法如下：用鼠标对准要修改的存储器单元并右击，在弹出的快捷菜单中选择 Modify Memory at 0x…，在接着弹出对话框的文本输入栏内输入相应数值后按回车键，修改完成。注意代码区数据不能更改。

习　　题

1. 简述在 Keil μVision IDE 环境下开发 51 单片机软件程序的过程。

2. 在 Keil μVision IDE 如何形成 HEX 文件？

3. 在 Keil μVision IDE 环境下如何观察 51 单片机内部接口资源？

4. 在 Keil μVision IDE 环境下如何观察和修改变量，如何观察和修改存储单元？

5. 模仿本章实例，在 Keil μVision IDE 环境下练习并行口、定时/计数器、串行口等单片机的资源和外中断的使用。

第 10 章　Proteus 软件的使用

Proteus 是一套可以仿真单片机硬件的软件系统，它简单易用，使用方便，对单片机应用系统的开发非常有用，目前已在国内很多大专院校及企业获得广泛的使用。

10.1　Proteus 概述

Proteus ISIS 是英国 Labcenter 公司开发的电路分析与实物仿真软件。它运行于 Windows 操作系统上，可以仿真、分析(SPICE)各种模拟器件和集成电路，该软件的特点是：①实现了单片机仿真和 SPICE 电路仿真相结合。具有模拟电路仿真、数字电路仿真、单片机及其外围电路组成的系统的仿真、RS-232 动态仿真、I^2C 调试器、SPI 调试器、键盘和 LCD 系统仿真的功能；有各种虚拟仪器，如示波器、逻辑分析仪、信号发生器等。②支持主流单片机系统的仿真。目前支持的单片机类型有：68000 系列、8051 系列、AVR 系列、PIC12 系列、PIC16 系列、PIC18 系列、Z80 系列、HC11 系列以及各种外围芯片。③提供软件调试功能。在硬件仿真系统中具有全速、单步、设置断点等调试功能，同时可以观察各个变量、寄存器等的当前状态；同时支持第三方的软件编译和调试环境，如 Keil C51 μVision2 等软件。④具有强大的原理图绘制功能。总之，该软件是一款集单片机和 SPICE 分析于一身的仿真软件，功能极其强大。Proteus 发展很快，现在已有多个版本，本章以 7.6 Professional 版介绍 Proteus ISIS 软件的工作环境和一些基本操作。

10.1.1　Proteus 的进入

双击桌面上的 ISIS 7.6 Professional 图标或者单击屏幕左下方的"开始"→"程序"→"Proteus 7 Professional"→"ISIS 7 Professional"命令，出现如图 10.1 所示屏幕，表明进入 Proteus ISIS 集成环境。

图 10.1　启动时的屏幕

10.1.2　Proteus 的界面

Proteus ISIS 的工作界面是一种标准的 Windows 界面，如图 10.2 所示。包括：标题栏、主菜单栏、标准工具栏、绘图工具栏、状态栏、对象选择按钮、方向控制按钮、仿真进程控制按钮、预览窗口、对象选择器窗口、图形编辑窗口等。

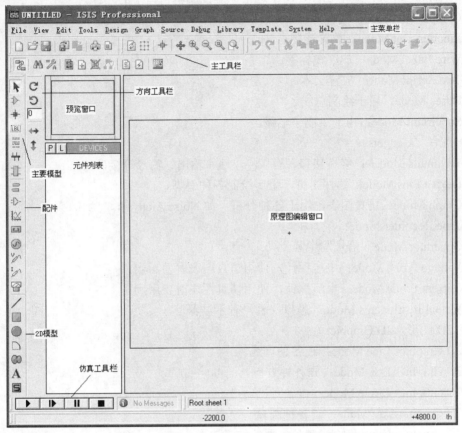

图 10.2　Proteus ISIS 的工作界面

1．主菜单栏

主菜单栏包括 File（文件）、View（查看）、Edit（编辑）、Tools（工具）、Design（设计）、Graph（图形）、Source（源）、Debug（调试）、Library（库）、Template（模板）、System（系统）和 Help（帮助）。

2．主工具栏

主工具栏包括 File 工具栏、View 工具栏、Edit 工具栏和 Design 工具栏等。每个工具栏都可以打开和关闭，可通过 View→Toolbars…命令进行设置。

3．原理图编辑窗口

顾名思义，它是用来绘制原理图的。蓝色方框内为可编辑区，元件要放到其中。注意，这个窗口是没有滚动条的，用户可用预览窗口来改变原理图的可视范围。

4．预览窗口

它可显示两个内容，一个是当用户在元件列表中选择一个元件时，它会显示该元件的预览图；另一个是，当用户的鼠标焦点落在原理图编辑窗口时（即放置元件到原理图编辑窗口后或在原理图编辑窗口中单击鼠标后），它会显示整张原理图的缩略图，并会显示一个绿色的方框，绿色方框里面的内容就是当前原理图窗口中显示的内容，因此，用户可用鼠标在它上面单击来改变绿色方框的位置，从而改变原理图的可视范围。

5. 模型选择工具栏

（1）主要模型（Main Modes）：

① Selection Mode：选中元件，用于选中原理图编辑窗口中的元件。

② Component Mode：选择元件，用于从元器件库中选择元件。

③ Junction Dot Mode：放置连接点。

④ Wire Label Mode：放置线标签。

⑤ Text Script Mode：放置文本。

⑥ Buses Mode：用于绘制总线。

⑦ Subcircuit Mode：用于绘制子电路。

（2）配件（Gadgets）：

① Terminals Moder：终端接口，有 V_{CC}、地、输出、输入等接口。

② Device Pins Mode：器件引脚，用于绘制各种引脚。

③ Graph Mode：仿真图表，用于各种分析，如 Noise Analysis。

④ Tape Recorder Mode：录音机。

⑤ Generator Mode：信号发生器。

⑥ Voltage Probe Mode：电压探针，使用仿真图表时要用到。

⑦ Current Probe Mode：电流探针，使用仿真图表时要用到。

⑧ Virtual Instruments Mode：虚拟仪表，有示波器等。

（3）2D 图形（2D Graphics）：

① 2D Graphics Line Mode：画各种直线。

② 2D Graphics Box Mode：画各种方框。

③ 2D Graphics Circle Mode：画各种圆。

④ 2D Graphics Are Mode：画各种圆弧。

⑤ 2D Graphics Closed Path Mode：画各种多边形。

⑥ 2D Graphics Text Mode：画各种文本。

⑦ 2D Graphics Symbols Mode：画符号。

⑧ 2D Graphics Markers Mode：画原点等。

6. 元件列表（The Object Selector）

用于挑选元件（component）、终端接口（terminals）、信号发生器（generators）、仿真图表（graph）、虚拟仪表（Virtual Instruments）等。举例，当用户选择"元件（components）"工具，单击"P"按钮会打开挑选元件对话框，选择了一个元件后（单击【OK】按钮后），该元件会在元件列表中显示，以后要用到该元件时，只需在元件列表中选择即可。

7. 方向工具栏（Orientation Toolbar）：

依次为向右旋转 90 度，向左旋转 90 度，水平翻转和垂直翻转。使用方法：先右击元件，再单击相应的旋转图标。

8. 仿真工具栏

仿真控制按钮

① 运行；

② 单步运行；

③ 暂停；

④ 停止。

10.2 Proteus 的基本操作

下面以一个简单的实例来完整地介绍 Proteus ISIS 的处理过程和基本操作。

在 80C51 单片机系统的 P2 口连接 8 个发光二极管指示灯，编程实现流水灯的控制，从低位到高位轮流点亮指示灯，一直重复。在 Keil 51 中编程，形成.HEX 文件，在 Proteus 中设计硬件，下载程序，运行看结果。Proteus ISIS 处理过程一般如下：

10.2.1 新建电路，选择元件

（1）Proteus ISIS 软件打开后，系统默认新建一个名为 UNTITLED(没有存盘的文件)的原理图文件，如图 10.3 所示。用户要存盘，则可用 File→ Save 或 Save as 命令，这里设文件保存到 D:\IO 文件夹下面(最好与 Keil 51 编写的程序放在同一文件夹，这样使用方便)，文件基本名为 io，扩展名默认。

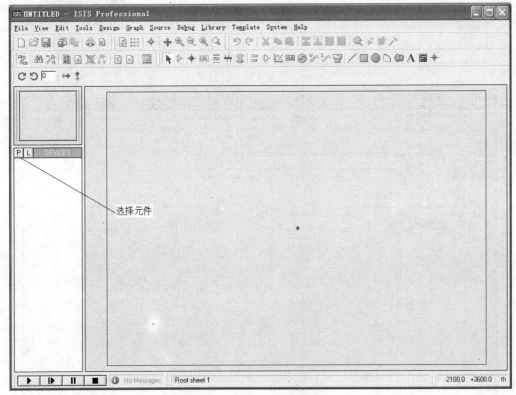

图 10.3　Proteus ISIS 窗口

（2）在主要模型下选择 Component mode 选择元件工具，然后再单击图 10.3 中的按钮 P，打开元件选择对话框，如图 10.4 所示。

（3）在元件选择对话框的 Keywords 窗口中输入元件关键字搜索元件，找到元件后，双击元件则可选中元件，添加元件到 DEVICES 元件列表栏。本实例中，需要的元件依次为：单片机 80C51、电阻 RES、电容 CAP、按键 BUTTON、晶振 CRYSTAL、发光二极管 LED-RED。添加后如图 10.5 所示，选择了的元件列于 DEVICES 元件列表栏。

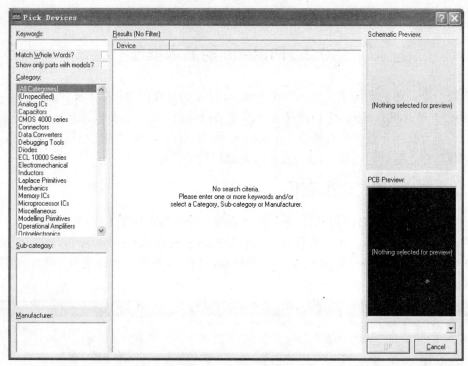

图 10.4　元件选择对话框

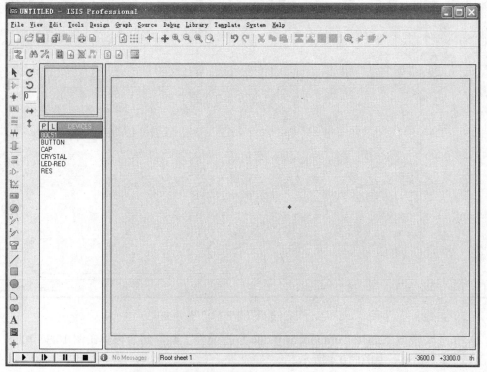

图 10.5　添加元件到 DEVICES 元件列表栏

注意：在选择元件时，一定要知道元件的名字或名字的一部分，这样才能找到元件。表 10.1 给出 Proteus 中部分常见的元件及相关名称。

表 10.1　Proteus 中部分常见元件表

元件名称	中文名说明	元件名称	中文名说明
7407	驱动门	BATTERY	电池/电池组
1N914	二极管	CAP	电容
74Ls00	与非门	CAPACITOR	电容器
74LS04	非门	CLOCK	时钟信号源
74LS08	与门	CRYSTAL	晶振
74LS390	TTL 双十进制计数器	FUSE	保险丝
7SEG	7 段式数码管开始字符	LAMP	灯
LED	发光二极管	POT-LIN	三引线可变电阻器
LM016L	2 行 16 列液晶	RES	电阻
MOTOR	马达	RESISTOR	电阻器
SWITCH	开关	8051	51 系列单片机
BUTTON	按钮	ARM	ARM 系列
Inductor	电感	PIC	PIC 系列单片机
Speakers & Sounders	扬声器	AVR	AVR 系列单片机
ALTERNATOR	交流发电机		

10.2.2　放置元件，调整元件

放置元件过程如下：

（1）选择 component mode 工具，这时 DEVICES 元件列表栏将出现元件列表单，如图 10.5 所示。

（2）单击 DEVICES 元件列表栏中的元件名称选中元件，这时在预览窗口将出现该元件的形状，移动鼠标到编辑窗口并单击，在鼠标指针处会出现元件形状，再移动鼠标，把元件移动到合适的位置再单击，元件就被放在相应的位置上。通过相同的方法把所有元件放置到编辑窗口相应位置，电源和地是在配件的终端接口 ⊟ 中。本实例放置情况如图 10.6 所示。

元件放置后，如果元件位置不合适或不对，可通过移动、旋转、删除、属性修改等操作对元件编辑。

对元件编辑时首先要选中元件，元件的选择分以下几种：①鼠标左键单击选择；②对于活动元件，如开关 BUTTON 等，通过用鼠标左键拖动选择；③对于一组元件的选择，可以通过鼠标左键拖动选择框内的所有元件，也可按住 Ctrl 键再依次单击要选择的元件。

选中元件后，如果要移动元件，则用鼠标左键拖动所选元件即可；如果要删除元件，按键盘的 Delete 删除键，或者在选中的元件上右击，在弹出的菜单中选择 Delete Object 选项；如果要旋转，则在右键菜单中选择相应的旋转选项；如果修改属性，则在右键菜单下选择 Edit Properties 选项，不同的元件，元件的属性不同，出现的元件属性对话框也不一样。图 10.7 是电阻属性对话框。

在该对话框中包含如下信息：

Component Reference：元件参考号。

Resistance：电阻阻值。

Model Type：模型方式。

PCB Package：PCB 封装。

Other Properties：其他属性。

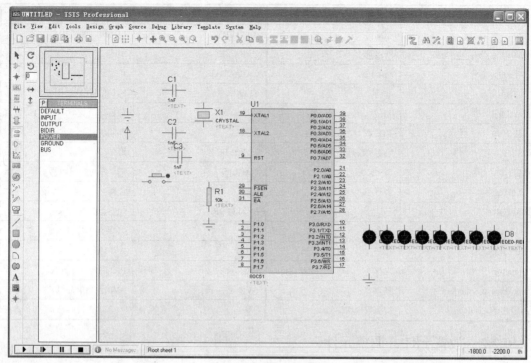

图 10.6　放置元件图

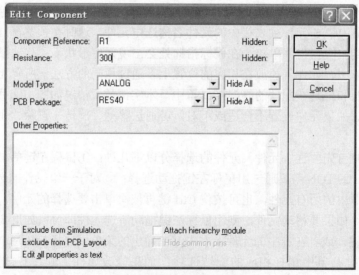

图 10.7　电阻属性对话框

10.2.3　连接导线

通过导线把电路图中放置的元件连接起来，形成电路图。在 Proteus 中元件引脚间的连接一般有两种方式：导线方式和总线方式。导线连接简单，但电路复杂时连接不方便；总线方式连接较复杂，但连接的电路美观，特别适合连线较多的时候。

1. 导线连接方式

导线连接方式过程如下：

（1）把鼠标指针移动到第一个元件的连接点，鼠标指针前会出现"□"形状并单击，这时会从连接点引出一条导线。

（2）移动鼠标指针到第二个元件的连接点，在第二个元件的连接点时，鼠标指针前也会出现"□"形状并单击，则在两个元件连接上导线，这时导线的走线方式是系统自动的而且是走直线。如果用户要控制走线路径，只需在相应的拐点处单击，如图 10.8 所示。

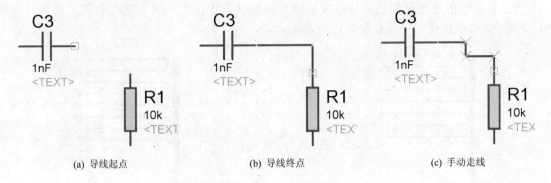

(a) 导线起点　　　　　　　(b) 导线终点　　　　　　　(c) 手动走线

图 10.8　导线的连接

用户也可用工具（Tools）菜单下面的自动走线命令（Wire Auto Router）取消自动走线，这时连接形成的就是直接从起点到终点的导线。另外，如果没有到第二个元件的连接点就双击，则从第一个元件的连接点引出一段导线。

对于导线的连接，也可以通过加标签的方法，给导线加标签用主要模型中的放置线标签 █▓▓ 工具。处理过程如下：单击放置线标签 █▓▓ 按钮，移动鼠标到需要加标签的导线上，这时鼠标指针前会出现"×"形状，单击，弹出编辑线标签窗口，如图 10.9 所示。在 String 窗口中输入线标签名称。

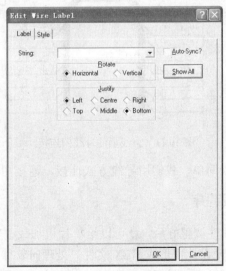

图 10.9　编辑线标签窗口

在一个电路图中，标签名称相同的导线在逻辑上是连接在一起的。

2. 总线方式

总线用于元件中间段的连接，便于减少电路导线的连接，而元件引脚端的连接必须用一般的导线。因此，使用总线时主要涉及绘制总线和导线与总线的连接。

（1）绘制总线

绘制总线通过用主要模型中的绘制总线（Buses Mode）╫╫工具。选中该工具后，移动鼠标到编辑窗口，在需要绘制总线的开始位置单击，移动鼠标，在结束位置再单击，便可绘制出一条总线。

（2）导线与总线的连接

导线与总线的连接一般是从导线向总线方向连线，连接时一般有直线和斜线两种，如图10.10 所示。斜线连接时一般要取消自动走线。

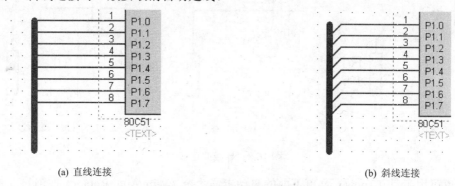

(a) 直线连接　　　　　　　　　　　　　(b) 斜线连接

图 10.10　导线与总线的连接

总线绘制好后，也可用放置线标签▦▦工具给总线加标签。给总线加标签时，可同时给总线中的一组信号线加标签，处理过程与导线一样，只是标签用 A[0..7]的形式，这时就给总线中的8 根信号线加了标签，8 根信号线的标签名分别为 A0，A1，…，A7。连接在总线上的导线，标签名相同，则它们在逻辑关系上是连接在一起的，如图 10.11 所示。

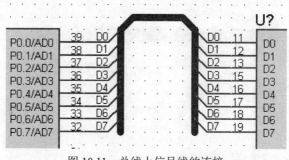

图 10.11　总线上信号线的连接

在这个实例中，线路比较简单，我们用导线方式连接，连接图如图 10.12 所示。

10.2.4　给单片机加载程序

当硬件线路连接、元件属性调整好后，就可以给单片机加载程序。加载的程序只能是 HEX 文件，可以在 Keil 51 软件中来设计，形成 HEX 文件。处理时软件程序文件最好与硬件电路文件保存在一个文件夹下，在实例中，我们都保存在 e：\IO 文件夹下。软件源程序如下，软件程序的设计过程参考第 9 章。

```
        ORG  0000H
        LJMP  MAIN
        ORG  0100H
MAIN:MOV  A,#01H
LOOP: MOV  P2,A
```

```
      LCALL  DELAY
      RL  A
      SJMP  LOOP
      SJMP  $
 DELAY:MOV  R2,#10H
DELAY1:MOV  R3,#0FFH
      DJNZ  R3,$
      DJNZ  R2,DELAY1
      RET
      END
```

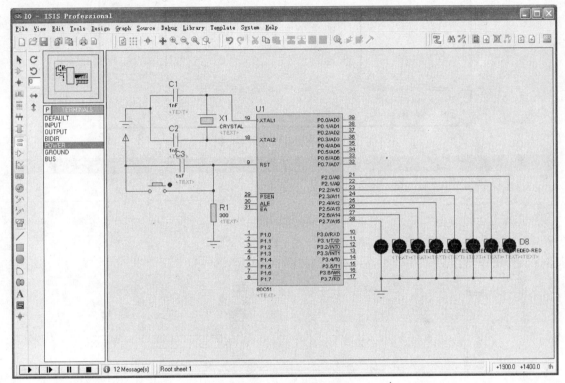

图 10.12　实例导线连接图

　　假定在 Keil 51 中我们已经编译形成了名为 IO.hex 的十六进制文件，则加载过程如下：在 Proteus 电路图中，单击单片机 80C51 芯片，选中，再次单击（或选择 Edit Properties 命令），打开单片机 80C51 的属性对话框，在属性对话框中的 Program File 框中选择加载到 80C51 芯片中的程序。这里是同一个文件夹下的 IO.hex 文件。如图 10.13 所示。

10.2.5　运行仿真看结果

　　程序加载以后，就可以通过仿真工具中的运行按钮 ▶ 在 MCS-51 单片机中运行程序，运行后可以在 Proteus ISIS 中看到运行的结果。本实例结果如图 10.14 所示。如果要看 MCS-51 单片机的特殊功能寄存器、存储器中的内容，则可用暂停按钮 ‖ 使程序暂停下来，然后通过 Debug(调试)菜单下面的相应命令打开特殊功能寄存器窗口或存储器窗口查看。

　　最后说明一下，在仿真调试时，如果因为程序有错，仿真不能得到相应的结果，则要在 Keil μVision IDE 中修改程序，程序修改后再对程序进行重新编译连接形成 HEX 文件，但在 Proteus 中不用再重新加载，因为前面以经加载了，直接运行即可，非常方便。因而现在使用 Keil μVision IDE 和 Proteus 仿真单片机应用系统非常广泛。

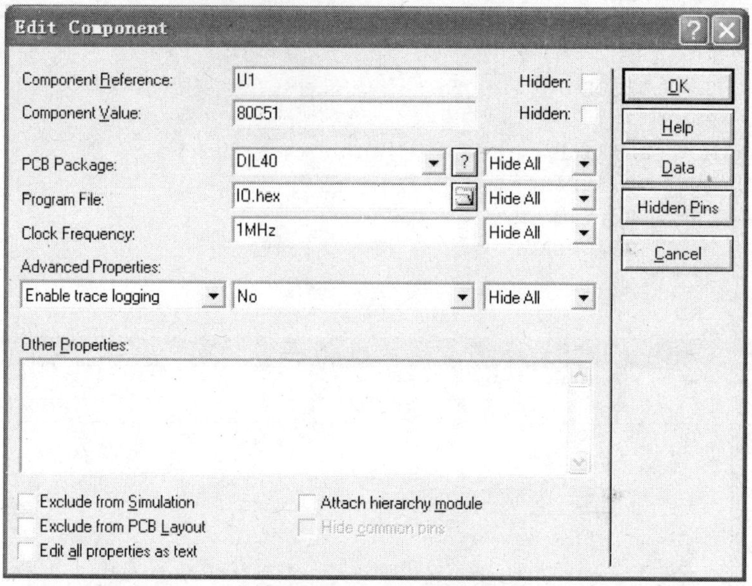

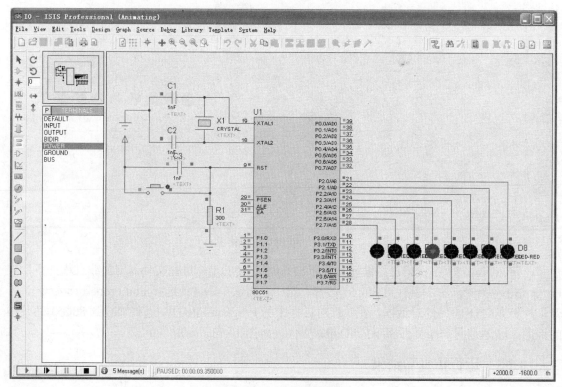

图 10.13　加载程序到单片机

图 10.14　仿真结果图

习　　题

1．简要介绍在 Proteus 中单片机应用系统的仿真过程。

2．在 Proteus 中，导线的连接方式有几种？

3．在 Proteus 中，如何把程序加载到 51 单片机中？

第11章　单片机应用系统设计实训

单片机应用系统设计实训是单片机课程后续学习阶段的一个重要的实践学习环节，它既能增强学生对所学课程内容的理解和综合，也能培养学生的综合应用及设计能力，同时，还可以拓宽课程内容和培养创新意识。单片机应用系统设计题目及内容要求既与课程紧密结合，也要对课程内容进行一定的扩展，单片机应用系统设计题目及内容要求尽可能与实际相结合。单片机应用系统设计一般安排3人一组，分工合作，时间为3~4周，其中，前1~2周为理论设计，后两周为实际制作调试。

单片机应用系统设计可以采用提供参考母板电路的方式，不提供参考母板PCB电路板，学生根据自己掌握基础知识的程度，增删其中的部分电路，完成自己的设计；也可以提供参考母板PCB电路板，学生选择其中需要的电路焊接，传感信号采集与预处理部分及控制电路由学生用万用板焊接，与母板连接完成设计。特别是学生在1~2周完成理论设计后，各组需要提出所需元器件详细的清单，可以由老师组织学生组团自行购买，在电子器件市场学生可以亲身感受和学习相关的器件知识。

在单片机应用系统设计实训结束后，结合后续课程的学习，可以在学院或学校组织电子设计竞赛，进一步激发学生的创造能力，题目可以由学生自拟，内容要求尽可能与生产、生活实际相结合，也可以从参考题目中选取。

11.1　单片机应用系统设计评分标准

xx大学电气信息学院
单片机应用系统设计的评分标准

对单片机应用系统设计务必加强管理、加强指导、加强考核，让学生通过设计的确要有收获，让单片机应用系统设计起到应有的作用。单片机应用系统设计的成绩必须按照评分标准进行评分，评分标准（按百分制计）具体如下：

1. **设计报告内容：50分**

设计报告内容包括：难易程度、工作量、设计方案优良程度、创新意识、设计报告是否按照标准进行撰写与装订等。

2. **制作调试情况：30分**

学生实际动手能力及分析问题解决问题的能力情况，完成实际制作调试的整体情况。

3. **设计期间学生表现：10分**

设计期间学生表现包括：认真程度、出勤情况、学生独立设计能力、查阅资料的情况等。

4. **设计答辩：10分**

单片机应用系统设计结束前指导教师应对参加设计的每位学生进行答辩，答辩内容包括：学生进行设计情况介绍、教师针对设计进行提问等。

将以上四部分成绩相加即为学生单片机应用系统设计的最终成绩。单片机应用系统设计指导教师务必按照以上评分标准进行评分，不能随意给出单片机应用系统设计成绩，否则，将按照教学违规进行处理。

11.2 单片机应用系统设计任务书

xx 大学电气信息学院
课 程 设 计 任 务 书

课程设计名称	单片机应用系统设计		课程设计题目		基于 DS18B20 测温的送风转页步进电机控制器设计		
学 生 姓 名	name1 name 2 name 3	年级	2008 级	专业	测控技术与仪器	学号	no1 no2 no3
指 导 教 师	xxx	职称	xxx	单位	电气信息学院测控技术与仪器系		
课程设计起止日期		2011 年 06 月 20 日至 2011 年 07 月 15 日					

设计内容:

实现根据通过对温度的测量控制转页步进电机,要求 LED 或 LCD 显示实时温度数值,温度升高转页步进电机朝打开风叶方向转动适当角度,温度降低转页步进电机朝关闭风叶方向转动适当角度。要求可以通过键盘设置基准温度值。

任务与要求:

(1)拟定设计方案;

(2)选择相应的芯片并设计相关电路做仿真实验,用 Protel 绘出总电路图;

(3)要求设计、制作、调试成功;

(4)要求撰写设计报告。包括总体设计电路、模块设计和相应模块的原理图、所用器件引脚功能的定义、验证设计功能等的所有文档与调试的结果。

主要参考资料:

[1] 谭浩强.C 程序设计(第三版)[M]. 北京: 清华大学出版社,2005

[2] 郭惠、吴讯.单片机 C 语言程序设计完全自学手册[M]. 北京: 电子工业出版社,2008

[3] 张毅刚.单片机原理及应用[M]. 北京: 高等教育出版社,2009

[4] 谢自美.电子线路设计·实验·测试(第三版)[M]. 武汉: 华中科技大学出版社,2006

[5] 古天祥.电子测量原理[M]. 北京: 机械工业出版社,2004

[6] 谢维成,杨加国.单片机原理与应用及 C51 程序设计(第 2 版). 北京: 清华大学出版社,2009

11.3　单片机应用系统设计报告格式及要求

xx 大学电气信息学院
单片机应用系统设计报告格式及要求

一份完整的单片机应用系统设计报告应包括：封面、摘要、目录、正文（前言、总体方案设计、……、总结与体会等）、参考文献、附录等。

一、封面：单独 1 页

二、摘要、关键词：中文（200～300 字），单独 1 页

摘要应高度概括题目的内容、方法和观点，以及取得的成果和结论，应反映出整个内容的精华。中文摘要在 300 字以内为宜。

① 用精炼、概括的语言表达，每项内容不宜展开论证和说明；

② 要客观陈述，不宜加主观评价；

③ 成果和结论性字句是摘要的重点，论述上要多些，以加深读者的印象；

④ 要独立成文，选词用语要避免与全文尤其是前言和结论部分雷同；

⑤ 既要简短扼要，又要表达清晰，结构合理。

摘要用中、英文对照编写；"摘要"两字加粗，缩进两格，字体用楷体四号字，"摘要"后面的内容不换行，行尾缩进两格，选用小四号宋体字，整体对齐，行距为固定值 20 磅。

关键词一般为 3～8 个，在摘要后另起一行排，各关键词之间用"，"号分隔。关键词的字体和排版与"摘要"的相同；关键词与摘要之间不空行。

三、目录：内容必要对应页码号

"目录"的字体采用三号宋体加粗，居中；目录中的标题不宜超过三级。一级标题用小四号宋体加粗；二级及其以后的标题用小四号字，不加粗。

四、设计报告正文：

正文的标题可分为章(一级)、节(二级)、小节(三级)等。一级标题用小三号字，编号用 1 级阿拉伯数字（如：2 总体方案设计），字体选用宋体加粗；二级标题用四号字，编号用 2 级阿拉伯数字（如：2.1），字体选用宋体加粗；三级标题及其以后的标题用小四号字，三级标题编号用 3 级阿拉伯数字（如：2.1.3），字体选用宋体加粗。

标题的排列按：

① 一～三级标题文字均居左顶排，标题与标题间不空行，正文与标题之间不空行；

② 各一级标题之间要换页，空一行，小四；

③ 在有副标题的情况下，应注意主标题与副标题的关系与比例。

1 前言（绪论）

① 设计说明书的前言应说明设计的目的、意义、范围及应达到的技术要求；简述本题目在国内外发展概况及存在的问题；本设计的指导思想；阐述本设计应解决的主要问题或要达到的目的。

② 课程论文的前言应说明选题的缘由，国内外对本题目已有的研究情况的评述，本文所要解决的问题和采用的手段及方法、成果和意义的概述。

摘要和前言，虽然所写的内容大体相同，但仍有很大区别，其主要在于：摘要写得高度概括、简略，某些内容可作笼统的表述，不写选题的缘由；而前言则要写得稍微具体些，内容必

须明确表达，应写明选题的缘由，在文字量上要比摘要多一些。

2 总体方案设计

包括方案比较、方案论证、方案选择

（以方框图的形式给出各方案）

3 单元模块设计

3.1 各单元模块功能介绍及电路设计；

3.2 电路参数的计算及元器件的选择；

3.3 特殊器件的介绍；

3.4 各单元模块的连接。

4 软件设计

4.1 说明软件设计原理及设计所用工具；

4.2 画出软件设计结构图、说明其功能；

4.3 画出主要软件设计流程框图。

5 系统调试

包括系统硬件及软件仿真及调试，说明调试方法与调试内容。

6 系统功能、指标参数

6.1 说明系统能实现的功能；

6.2 系统指标参数测试，说明测试方法，要求有测试参数记录表；

6.3 系统功能及指标参数分析（与设计要求对比进行）。

7 结论

单片机应用系统设计报告应概括说明本设计的情况和价值，分析其优点、特色、有何创新，性能达到何水平。其中存在的问题和今后改进的方向，特别是对设计中遇到的重要问题要重点指出并加以说明。

报告的结论应包括：所得结果与已有结果的比较，题目研究中尚存在的问题，对进一步开展研究的见解与建议。它集中反映作者的研究成果，表达作者对所研究题目的见解和主张。

① 结论要简单、明确，措辞应严密，且易被人领会；

② 结论应反映个人的研究工作（设计），属于他人已有的结论要少提；

③ 要实事求是地介绍自己的研究（设计）成果，用词要谨慎、准确，切忌言过其实，在无充分把握时应留有余地。

8 总结与体会

学生要对单片机应用系统设计工作进行全面的总结。通过综合设计工作对自己在知识的综合运用、新知识的学习、解决工程问题和进行科学研究所受到的基本训练和能力培养的感受；对自己在精神和品质方面的锻炼与提高；对工程与社会、经济、文化、环境等方面关系的认识与提高。

包括：①对设计的小结；②设计收获体会；③对设计的进一步完善提出意见或建议。

9 参考文献

参考文献是单片机应用系统设计不可少的组成部分，它反映综合设计的取材来源、材料的广博程度和材料的可靠程度，也是向读者提供的一份有价值的信息资料。学生查阅的文献至少应有 5 篇。参考文献内容为宋体五号字。

如：

[1] 胡汉才.单片机原理及其接口技术[M]. 北京：清华大学出版社，2004.

[2] 李群林.基于多路传感器的温湿度检测系统[J]. 中国仪器仪表，2006（11）

**说明：以上正文内容可根据具体设计题目适当调整，但必须包含 1、2、7、8、9 项内容，各部分内容的编号根据具体情况顺序编制，各章（即各一级标题）之间要换页。报告正文内容用小四号宋体，行间距为 1.25 倍行距。正文中的图、表、公式按章顺序编号，如：图 3.15 USB 接口电路。图、表的文字均为宋体五号字不加粗，表的文字在表之上居中，图的文字在表之下居中。

五、附录 1：相关设计图（包括原理图、PCB 板图、实物图等）

附录 2：相关设计软件

**设计报告格式：

设计报告统一用 A4 纸打印，设计报告正文大标题（一级）用小三号宋体加粗、小标题（二级）用四号宋体加粗，三级标题及其以后的标题用小四号字。报告正文内容用小四号宋体，行间距为 1.25 倍行距。摘要、目录不编页码。报告从正文开始统一编页码、左侧装订。设计报告要求 20 页左右。

11.4　单片机应用系统设计考核表

xx 大学电气信息学院
单片机应用系统设计考核表

单片机应用系统设计题目：							
学 生 姓 名		年级		专业		学号	
指 导 教 师		职称		单位			
设计起止日期							
指导教师评语							
包括：简介本设计的主要内容；对设计方案、理论分析与计算及完成设计任务情况（工作量、难易程度等）的评价； 对学生设计期间表现的评价； 对学生设计、制作能力的评价； 对本设计报告内容（格式、文字、图表）规范情况的评价 （评语要求 200 字左右） 　　　　　　　　　　　　　　　　　　　　　指导教师： 　　　　　　　　　　　　　　　　　　　日　　期：　　年　　月　　日							
考 核 成 绩							
设计报告成绩 （50%）	制作能力成绩 （30%）	平时成绩 （10%）	设计答辩成绩 （10%）		总　分	等　级	

11.5　单片机应用系统设计参考母板电路

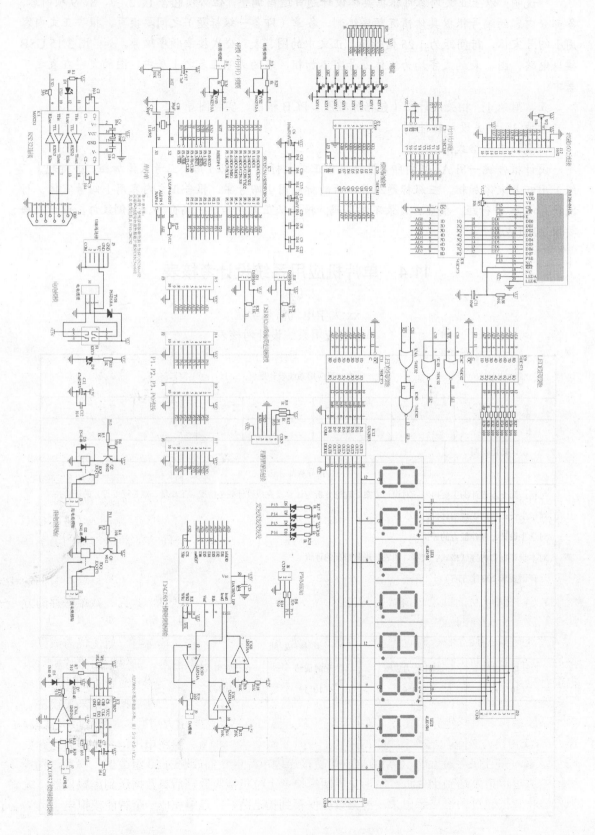

11.6　单片机应用系统设计实训参考题目

1．基于 XXX 传感器测温的送风转页步进电机控制器设计（二相四拍）（例如：基于 DS18B20 测温的送风转页步进电机控制器设计）

目的和任务：实现根据对温度的测量控制转页步进电机，要求 LED 显示温度数值，温度升高转页步进电机朝打开风叶方向转动适当步数（适当的角度），温度降低转页步进电机朝关闭风叶方向转动适当步数（适当的角度），具体控制参数自定。

报告要求完成全部设计，制作要求实现步进电机的控制或测温并显示，同题目的可以分开实现。

2．基于 XXX 传感器测温的直流风机调速控制器设计（例如：如基于 K 型热电偶测温的直流风机调速控制器设计）

主要目的：实现根据对温度的测量控制直流风机的转速，要求 LED 显示温度数值，温度升高风机转速提高，温度降低风机转速降低，采用 PWM 控制，具体控制参数自定。

设计任务：报告要求完成全部设计，制作要求实现电机的 PWM 调速或测温并显示，同题目的可以分开实现。

3．基于水浊度测量的全自动洗衣机控制板设计

主要目的：采用浊度传感器测量水的污浊程度，是一个比较可行的方法，通过判断污浊程度，确定最佳的洗涤时间和漂洗次数，可以用较少的能耗和耗水量获得满足要求的洗净比，使衣物在洗净的前提下更加节能。

设计任务：以 STC 系列单片机的应用开发为主，利用浊度传感器对信号的检测，输送到单片机后，单片机对信号的处理，并根据信号控制系统的电机、显示等模块。系统大致分为电源模块、检测模块、控制模块、洗涤模块、语音模块、显示模块。电源模块作用为给系统供电；检测模块主要由各传感器和 A/D 转换功能实现，其分别为：布量检测、衣物污度检测等，对各部分检测结果通过 A/D 转换口进入单片机 CPU 中进行处理分析；控制模块是整个智能洗衣机的关键部分，由单片机承担处理工作。传感器将检测的数据信息传入控制器中，在控制器中经过分析处理，CPU 将得到的数据与标准数据进行比较，得出控制结果，如：加水量、洗涤时间、电机转速等，并将处理的结果输出至执行器动作；洗涤模块主要由电机以及各种开关构成，通过 CPU 控制的电机正反转、速度以及开关的闭合完成各种洗涤动作；语音模块：语音部分由扬声器完成，通过 CPU 的控制，报告洗涤的进程；显示模块由一组 LED 数码显示，用来显示洗涤的时间及洗涤的工序。

4．电子批量称重装置及虚拟仪器软件设计

主要目的：研究压力的测试方法，掌握压力传感器原理及其运用；分析单片机模拟数据量采集、单片机与上位机之间数据传输的技术；学习虚拟仪器图形实时显示数据、数据保存的方法。完成一个完整的智能电子批量称重装置。

设计任务：独立完成理论设计，做出相应实物；自行查找相关资料，学习借鉴优秀成果；掌握压力传感器的工作原理及工作过程，对数据采集有一个全面的理解；熟练运用单片机对数据进行采集分析，运用 C 语言编程采集数据和发送数据；完成虚拟仪器对实时数据的图形化显示并保存数据到相应位置。压力采集装置及虚拟仪器设计可以分为三大模块：数据采集模块、最小系统模块、图形化界面模块。数据采集模块：压力传感器采集压力信号，对信号放大滤波，再经 A/D 转换送到单片机；最小系统模块：单片机接收电压信号，再将电压信号处理后送到数码管显示，并且保存最近的 10 组数据。可直接通过单片机查询最近的 10 组数据。再者，将数字信号通过串口发送到上位机；图形化界面模块：上位机接收数据后将数据送到虚拟仪器，虚拟仪器将数据通过图形显示出来，再将数据保存到指定路径。最终完成一个智能模拟电子批量称重装置，该装置的称重范围为 0～9.999kg，重量误差不大于±0.005kg。

5. 车载 CO、CO2 气体检测及报警器设计

针对小轿车、汽车由于车窗密闭而存在的空气质量低下的问题，CO2 及 CO 的浓度是检测的重要指标，设计一种以气敏传感器和单片机为核心的车载 CO、CO2 浓度监测报警装置。设计具体要求有：

（1）设计以单片机和气敏传感器为核心的 CO、CO2 气体浓度过高车载报警装置；

（2）能实现气体浓度信号的检测、传输和处理功能；

（3）当车内 CO、CO2 浓度超过标准值（2000ppm）时报警；

（4）具有实时显示浓度值或波形值和浓度超高报警功能；

（5）编写相关源程序代码或信号处理代码；

（6）用 Protel 99SE 绘制系统电路原理图及 PCB；

（7）制作电路板并调试。

6. 基于单片机的分时计费智能电表设计

针对普通电能表不能分时计费的特点，设计一种能分时段计费的智能电能表。
设计具体要求有：

（1）设计基于单片机的智能电表；

（2）能实现用户在 220V 电压下所用功率的计算；

（3）显示用户各时段所耗功率；

（4）具有应用 LED 实时显示各时段费用及总费用功能；

（5）运用 C 语言编写相关源程序代码；

（6）用 Protel 99SE 绘制系统电路原理图及 PCB；

（7）制作电路板并调试。

7. 电子设计竞赛参考题目

（1）基于 GSM 模块的智能家居防盗系统

（2）心电测试仪

（3）智能温室管理系统

（4）音频信号分析仪

（5）多通道函数发生器

（6）智能仓库运输小车

（7）基于单片机的超声波测距

（8）可燃气体报警器

（9）LED 摇摆时钟

（10）数字电子秤

（11）基于 MCU 的半导体智能冰箱

（12）蓄电池充放电控制器

（13）基于 GSM 的住宅智能报警系统

（14）基于单片机的 3D 悬浮字幕

（15）电动智能小车

（16）数字存储示波器

（17）磁场测量仪

（18）自动测重系统

（19）电子琴音频系统

（20）智能可控电源

（21）程控 OCL 功率放大器

（22）基于 DDS 的信号发生器

（23）基于单片机的多功能智能小车

（24）简易无线电控制系统

（25）教室智能节电照明系统

（26）基于 M3 的数字化 UPS 电源

（27）红外遥控六角爬虫

（28）数字频率计

（29）远程红外可控报警器

（30）智能循迹小车

（31）红外解码器

（32）基于 FPGA 的数字频率计数发生器

（33）基于 FPGA 的图像数据采集系统

（34）基于 AVR 的航拍系统

（35）智能八路抢答器

（36）红外遥控数字钟

（37）电子猫

（38）智力竞赛抢答器

（39）电子锁

（40）防盗灯

（41）万年历

（42）智能台灯

（43）家用燃气报警器

（44）单片机数字钟

（45）基于电子管的耳机功率放大器

（46）电子仿真生日蜡烛

（47）遥控调光灯

（48）家用智能控制系统

（49）红外线式能说会动的挂画

（50）用直流电源驱动温控系统

（51）温度检测及报警装置

（52）基于单片机的温控风扇

（53）自行车未上锁报警器

（54）自动浇花仪

（55）发热电器智能监测控制器

习　　题

1．参考本章提供的单片机应用系统设计实训方案，制定自己的实训方案。

2．选择适合自己的单片机应用系统设计实训题目，按照本书相关章节的知识，进行实训设计、制作及调试。

3．在现实生产或生活中，有没有发现需要做测试及控制改进的地方，尝试做一些创新设计。

附录 A MCS-51 系列单片机指令表

A.1 数据传送类指令

助记符		功能说明	机器码	字节数	机器周期
MOV A,	Rn	寄存器内容送入累加器	E8~EF	1	1
	direct	direct 送入累加器	E5（direct）	2	1
	@Ri	@Ri 送入累加器	E6~E7	1	1
	#data8	8 位立即数送入累加器	74 direct	2	1
MOV Rn,	A	累加器内容送入寄存器	F8~FF	1	1
	direct	direct 送入寄存器	A8（direct）	2	2
	#data8	8 位立即数送入寄存器	78（data8）	2	1
MOV direct,	A	累加器内容送入 direct	F5（direct）	2	1
	Rn	寄存器内容送入 direct	88~8F（direct）	2	2
	direct	direct 送入 direct	85（direct）（direct）	3	2
	@Ri	@Ri 送入直接地址单元	86 87（direct）	2	2
	#data8	8 位立即数送入直接地址单元	75（direct）（data8）	3	2
MOV @Ri,	A	累加器内容送入间接 RAM 单元	F6 F7	1	1
	direct	direct 送入间接 RAM 单元	A6 A7（direct）	2	2
	#data8	#data8 送入间接 RAM 单元	76 77（data8）	2	1
MOV DPTR,#data16		#data16 送入 DPTR	90（directH）（directL）	3	2
MOVX A,	@Ri	外部 RAM(8 位地址)送入 A	E2 E3	1	2
	@DPTR	外部 RAM(16 位地址)送入 A	E0	1	2
MOVX @Ri,	A	A 送入外部 RAM(8 位地址)	F2 F3	1	2
MOVX DPTR,	A	A 送入外部 RAM(16 位地址)	F0	1	2
SWAP A		累加器高 4 位与低 4 位互换	C4	1	1
XCHD A,@Ri		@Ri 与 A 进行低半字节交换	D6 D7	1	1
XCH A,	Rn	Rn 与累加器交换	C8~CF	1	1
	direct	direct 与累加器交换	C5（direct）	2	1
	@Ri	@Ri 与累加器交换	C6 C7	1	1
MOVC A, @A+DPTR		以 DPTR 为基址查表	93	1	2
MOVC A, @A+PC		以 PC 为基址查表	83	1	2
PUSH direct		入栈	D0（direct）	2	2
POP direct		出栈	C0（direct）	2	2

A.2　算术操作类指令

助记符		功能说明	机器码	字节数	机器周期
ADD　A,	Rn	寄存器内容加	28～2F	1	1
	direct	直接地址单元加	25（direct）	2	1
	@Ri	间接 RAM 内容加	26 27	1	1
	#data8	8 位立即数加	24（data8）	2	1
ADDC　A,	Rn	寄存器内容带进位加	38～3F	1	1
	dirct	直接地址单元带进位加	35（direct）	2	1
	@Ri	间接 RAM 内容带进位加	36 37	1	1
	#data8	8 位立即数带进位加	34（data8）	2	1
INC	A	累加器加 1	04	1	1
	Rn	寄存器加 1	08～0F	1	1
	direct	直接地址单元内容加 1	05（direct）	2	1
	@Ri	间接 RAM 内容加 1	06 07	1	1
	DPTR	DPTR 加 1	A3	1	1
DA　A		累加器进行十进制转换	D4	1	1
SUBB　A,	Rn	带借位减寄存器内容	98～9F	1	1
	dirct	带借位减直接地址单元	95（direct）	2	1
	@Ri	带借位减间接 RAM 内容	96 97	1	1
	#data8	带借位减 8 位立即数	94（data8）	2	1
DEC	A	累加器减 1	14	1	1
	Rn	寄存器减 1	18～1F	1	1
	direct	直接地址单元内容减 1	15（direct）	2	1
	@Ri	间接 RAM 内容减 1	16 17	1	1
MUL　A,B		A 乘以 B	A4	1	4
DIV　A,B		A 除以 B	84	1	4

A.3　逻辑操作类指令

助记符		功能说明	机器码	字节数	机器周期
CLR　A		累加器清零	E4	1	1
CPL　A		累加器求反	F4	1	1
ANL　A,	Rn	累加器与寄存器相与	58～5F	1	1
	direct	累加器与 direct 相与	55（direct）	2	1
	@Ri	累加器与间接 RAM 内容相与	56 57	1	1
	#data8	累加器与 8 位立即数相与	54（data8）	2	1
ANL　direct,	A	direct 与累加器相与	52（direct）	2	1
	#data8	direct 与#data8 相与	53（direct）（data8）	3	2
ORL　A,	Rn	累加器与寄存器相或	48～4F	1	1
	direct	累加器与直接地址单元相或	45（direct）	2	1
	@Ri	累加器与间接 RAM 内容相或	46 47	1	1
	#data8	累加器与 8 位立即数相或	44（data8）	2	1
ORL　direct,	A	direct 与累加器相或	42（direct）	2	1
	#data8	direct 与#data8 相或	43（direct）（data8）	3	2
XRL　A,	Rn	累加器与寄存器相异或	68～6F	1	1
	direct	累加器与 direct 相异或	65（direct）	2	1
	@Ri	累加器与@Ri 相异或	66 67	1	1
	#data8	累加器与#data8 相异或	64（data8）	2	1
XRL　direct,	A	direct 与累加器相异或	62（direct）	2	1
	#data8	direct 与#data8 相异或	63（direct）（data8）	3	2
循环/移位类指令:					
RL　A		累加器循环左移	23	1	1
RLC　A		累加器带进位循环左移	33	1	1
RR　A		累加器循环右移	03	1	1
RRC　A		累加器带进位循环右移	13	1	1

A.4　控制转移类指令

助记符	功能说明	机器码	字节数	机器周期
LJMP　addr16	长转移	02（addrH）（addrL）	3	2
AJMP　addr11	绝对短转移	（addrH*20+1）（addrL）	2	2
SJMP　rel	相对转移	80（rel）	2	2
JMP　@A+DPTR	相对于 DPTR 的间接转移	73	1	2

（续表）

助记符	功能说明	机器码	字节数	机器周期
JZ rel	累加器为零转移	60（rel）	2	2
JNZ rel	累加器非零转移	70（rel）	2	2
CJNE A,direct,rel	A 与 direct 比较不等则转移	B5（direct）（rel）	3	2
CJNE A,#data8,rel	A 与#data8 比较不等则转移	B4（data8）（rel）	3	2
CJNE Rn,#data8,rel	Rn 与#data8 比较不等则转移	B8～BF（data8）（rel）	3	2
CJNE @Ri,#data8,rel	@Ri 与#data8 比较不等则转移	B6 B7（data8）（rel）	3	2
DJNZ Rn,rel	寄存器减 1 非零转移	D8～DF（rel）	3	2
DJNZ direct,rel	direct 减 1 非零转移	D5（direct）（rel）	3	2
ACALL addr11	绝对短调用子程序	（addrH*20+11）（addrL）	2	2
LACLL addr16	长调用子程序	12（addrH）（addrL）	3	2
RET	子程序返回	22	1	2
RETI	中断返回	32	1	2
NOP	空操作	00	1	1

A.5　位操作类指令

助记符	功能说明	机器码	字节数	机器周期
CLR C	清进位位	C3	1	1
CLR bit	清直接地址位	C2（bit）	2	1
SETB C	置进位位	D3	1	1
SETB bit	置直接地址位	D2（bit）	2	1
CPL C	进位位求反	B3	1	1
CPL bit	直接地址位求反	B2（bit）	2	1
ANL C,bit	进位位和 bit 相与	82（bit）	2	2
ANL C,/bit	进位位和 bit 的反码相与	B0（bit）	2	2
ORL C,bit	进位位和 bit 相或	72（bit）	2	2
ORL C,/bit	进位位和 bit 的反码相或	A0（bit）	2	2
MOV C,bit	直接地址位送入进位位	A2（bit）	2	1
MOV bit,C	进位位送入直接地址位	92（bit）	2	2
JC rel	进位位为 1 则转移	40（rel）	2	2
JNC rel	进位位为 0 则转移	50（rel）	2	2
JB bit,rel	直接地址位为 1 则转移	20（bit）（rel）	3	2
JNB bit,rel	直接地址位为 0 则转移	10（bit）（rel）	3	2
JBC bit,rel	bit 为 1 则转移该位清零	30（bit）（rel）	3	2

附录 B   C51 的库函数

C51 编译器提供了丰富的库函数，使用库函数可以大大简化用户的程序设计工作，从而提高编程效率。基于 MCS-51 系列单片机本身的特点，某些库函数的参数和调用格式与 ANSIC 标准有所不同。

每个库函数都在相应的头文件中给出了函数原型声明，用户如果需要使用库函数，必须在源程序的开始处采用预处理命令#include，将有关的头文件包含进来。下面是 C51 中常见的库函数。

B.1   寄存器库函数 REG×××.H

在 REG×××.H 的头文件中定义了 MCS-51 的所有特殊功能寄存器和相应的位，定义时都用大写字母。当在程序的头部把寄存器库函数 REG×××.H 包含后，在程序中就可以直接使用 MCS-51 中的特殊功能寄存器和相应的位。

B.2   字符函数 CTYPE.H

函数原型：extern   bit   isalpha (char   c);
再入属性：reentrant
功能：检查参数字符是否为英文字母，是则返回 1，否则返回 0。

函数原型：extern   bit   isalnum(char   c);
再入属性：reentrant
功能：检查参数字符是否为英文字母或数字字符，是则返回 1，否则返回 0。

函数原型：extern   bit   iscntrl (char   c);
再入属性：reentrant
功能：检查参数字符是否在 0x00～0x1f 之间或等于 0x7f，是则返回 1，否则返回 0。

函数原型：extern   bit   isdigit(char   c);
再入属性：reentrant
功能：检查参数字符是否为数字字符，是则返回 1，否则返回 0。

函数原型：extern   bit   isgraph (char   c);
再入属性：reentrant
功能：检查参数字符是否为可打印字符，可打印字符的 ASCII 值为 0x21～0x7e，是则返回 1，否则返回 0。

函数原型：extern　bit　isprint (char　c);

再入属性：reentrant

功能：除了与 isgraph 相同之外，还接收空格符(0x20)。

函数原型：extern　bit　ispunct (char　c);

再入属性：reentrant

功能：检查参数字符是否为标点、空格和格式字符，是则返回 1，否则返回 0。

函数原型：extern　bit　islower (char　c);

再入属性：reentrant

功能：检查参数字符是否为小写英文字母，是则返回 1，否则返回 0。

函数原型：extern　bit　isupper (char　c);

再入属性：reentrant

功能：检查参数字符是否为大写英文字母，是则返回 1，否则返回 0。

函数原型：extern　bit　isspace (char　c);

再入属性：reentrant

功能：检查参数字符是否为空格、制表符、回车、换行、垂直制表符和送纸之一，是则返回 1，否则返回 0。

函数原型：extern　bit　isxdigit (char　c);

再入属性：reentrant

功能：检查参数字符是否为十六进制数字字符，是则返回 1，否则返回 0。

函数原型：extern　char　toint (char　c);

再入属性：reentrant

功能：将 ASCII 字符的 0～9、A～F 转换为十六进制数，返回值为 0～F。

函数原型：extern　char　tolower (char　c);

再入属性：reentrant

功能：将大写字母转换成小写字母，如果不是大写字母，则不作转换直接返回相应的内容。

函数原型：extern　char　toupper (char　c);

再入属性：reentrant

功能：将小写字母转换成大写字母，如果不是小写字母，则不作转换直接返回相应的内容。

B.3　一般输入/输出函数 STDIO.H

C51 库中包含的输入/输出函数 STDIO.H 是通过 MCS-51 的串行口工作的。在使用输入/输出函数 STDIO.H 库中的函数之前，应先对串行口进行初始化。例如，以 2400 波特率(时钟频率为 12MHz)，初始化程序为：

```
SCON=0x52;
TMOD=0x20;
TH1=0xf3;
TR1=1;
```

当然也可以用其他的波特率。

在输入/输出函数 STDIO.H 中，库中所有其他的函数都依赖 getkey()和 putchar()函数，如果希望支持其他 I/O 接口，只需修改这两个函数。

函数原型：extern   char   _getkey(void);

再入属性：reentrant

功能：从串口读入一个字符，不显示。

函数原型：extern   char   getkey(void);

再入属性：reentrant

功能：从串口读入一个字符，并通过串口输出对应的字符。

函数原型：extern   char   putchar(char   c);

再入属性：reentrant

功能：从串口输出一个字符。

函数原型：extern   char   *gets(char * string,int len);

再入属性：non-reentrant

功能：从串口读入一个长度为 len 的字符串存入 string 指定的位置。输入以换行符结束。输入成功则返回传入的参数指针，失败则返回 NULL。

函数原型：extern   char   ungetchar(char   c);

再入属性：reentrant

功能：将输入的字符送到输入缓冲区并将其值返回给调用者，下次使用 gets 或 getchar 时可得到该字符，但不能返回多个字符。

函数原型：extern   char   ungetkey(char   c);

再入属性：reentrant

功能：将输入的字符送到输入缓冲区并将其值返回给调用者，下次使用_getkey 时可得到该字符，但不能返回多个字符。

函数原型：extern   int   printf(const char * fmtstr[,argument]…);

再入属性：non-reentrant

功能：以一定的格式通过 MCS-51 的串口输出数值或字符串，返回实际输出的字符数。

函数原型：extern   int   sprintf(char * buffer,const char*fmtstr[,argument]);

再入属性：non-reentrant

功能：sprintf 与 printf 的功能相似，但数据不是输出到串口，而是通过一个指针 buffer，送入可寻址的内存缓冲区，并以 ASCII 码形式存放。

函数原型：extern　int　puts (const char * string);
再入属性：reentrant
功能：将字符串和换行符写入串行口，错误时返回 EOF，否则返回一个非负数。

函数原型：extern　int　scanf(const char * fmtstr[,argument]…);
再入属性：non-reentrant
功能：以一定的格式通过 MCS-51 的串口读入数据或字符串，存入指定的存储单元。注意，每个参数都必须是指针类型。scanf 返回输入的项数，错误时返回 EOF。

函数原型：extern　int　sscanf(char *buffer,const char * fmtstr[,argument]);
再入属性：non-reentrant
功能：sscanf 与 scanf 功能相似，但字符串的输入不是通过串口，而是通过另一个以空结束的指针。

B.4　内部函数 INTRINS.H

函数原型：unsigned　char　_crol_(unsigned char var,unsigned char n);
　　　　　unsigned　int　_irol_(unsigned int var,unsigned char n);
　　　　　unsigned　long　_irol_(unsigned long var,unsigned char n);
再入属性：reentrant/intrinse
功能：将变量 var 循环左移 n 位，它们与 MCS-51 单片机的 RL　A 指令相关。这 3 个函数的不同之处在于变量的类型与返回值的类型不一样。

函数原型：unsigned　char　_cror_(unsigned char var,unsigned char n);
　　　　　unsigned　int　_iror_(unsigned int var,unsigned char n);
　　　　　unsigned　long　_iror_(unsigned long var,unsigned char n);
再入属性：reentrant/intrinse
功能：将变量 var 循环右移 n 位，它们与 MCS-51 单片机的 RR　A 指令相关。这 3 个函数不同之处在于变量的类型与返回值的类型不一样。

函数原型：void _nop_(void);
再入属性：reentrant/intrinse
功能：产生一个 MCS-51 单片机的 NOP 指令。

函数原型：bit　_testbit_(bit　b);
再入属性：reentrant/intrinse
功能：产生一个 MCS-51 单片机的 JBC 指令。该函数对字节中的一位进行测试。如为 1 返回 1，如为 0 返回 0。该函数只能对可寻址位进行测试。

B.5　标准函数 STDLIB.H

函数原型：float　atof(void　*string);
再入属性：non-reentrant
功能：将字符串 string 转换成浮点数值并返回。

函数原型：long　atol(void　*string);
再入属性：non-reentrant
功能：将字符串 string 转换成长整型数值并返回。

函数原型：int　atoi(void　*string);
再入属性：non-reentrant
功能：将字符串 string 转换成整型数值并返回。

函数原型：void　*calloc(unsigned int num,unsigned int len);
再入属性：non-reentrant
功能：返回 n 个具有 len 长度的内存指针，如果无内存空间可用，则返回 NULL。所分配的内存区域用 0 进行初始化。

函数原型：void　*malloc(unsigned int size);
再入属性：non-reentrant
功能：返回一个具有 size 长度的内存指针，如果无内存空间可用，则返回 NULL。所分配的内存区域不进行初始化。

函数原型：void　*realloc (void xdata *p,unsigned int size);
再入属性：non-reentrant
功能：改变指针 p 所指向的内存单元的大小，原内存单元的内容被复制到新的存储单元中，如果该内存单元的区域较大，多出的部分不作初始化。
realloc 函数返回指向新存储区的指针，如果无足够大的内存可用，则返回 NULL。

函数原型：void　free(void xdata *p);
再入属性：non-reentrant
功能：释放指针 p 所指向的存储器区域，如果返回值为 NULL，则该函数无效，p 必须为以前用 callon、malloc 或 realloc 函数分配的存储器区域。

函数原型：void　init_mempool(void *data *p,unsigned int size);
再入属性：non-reentrant
功能：对被 callon、malloc 或 realloc 函数分配的存储器区域进行初始化。指针 p 指向存储器区域的首地址，size 表示存储区域的大小。

B.6　字符串函数 STRING.H

函数原型：void　*memccpy(void *dest,void *src,char val,int len);

再入属性：non-reentrant

功能：复制字符串 src 中 len 个元素到字符串 dest 中。如果实际复制了 len 个字符，则返回 NULL。复制过程在复制完字符 val 后停止，此时返回指向 dest 中下一个元素的指针。

函数原型：void　*memmove (void *dest,void *src,int len);

再入属性：reentrant/intrinse

功能：memmove 的工作方式与 memcpy 相同，只是复制的区域可以交叠。

函数原型：void　*memchr (void *buf,char c,int len);

再入属性：reentrant/intrinse

功能：顺序搜索字符串 buf 的头 len 个字符以找出字符 val，成功后返回 buf 中指向 val 的指针，失败时返回 NULL。

函数原型：char　memcmp(void *buf1,void *buf2,int len);

再入属性：reentrant/intrinse

功能：逐个字符比较串 buf1 和 buf 2 的前 len 个字符，相等时返回 0；如 buf1 大于 buf2，则返回一个正数；如 buf1 小于 buf 2，则返回一个负数。

函数原型：void　*memcopy (void *dest,void *src,int len);

再入属性：reentrant/intrinse

功能：从 src 所指向的存储器单元复制 len 个字符到 dest 中，返回指向 dest 中最后一个字符的指针。

函数原型：void　*memset (void *buf,char c,int len);

再入属性：reentrant/intrinse

功能：用 val 来填充指针 buf 中 len 个字符。

函数原型：char　*strcat (char *dest,char *src);

再入属性：non-reentrant

功能：将串 dest 复制到串 src 的尾部。

函数原型：char　*strncat (char *dest,char *src,int len);

再入属性：non-reentrant

功能：将串 dest 的 len 个字符复制到串 src 的尾部。

函数原型：char　strcmp (char *string1,char *string2);

再入属性：reentrant/intrinse

功能：比较串 string1 和串 string2，相等则返回 0；string1>string2，则返回一个正数；string1<string2，则返回一个负数。

函数原型：char strncmp(char *string1,char *string2,int len);

再入属性：non-reentrant

功能：比较串 string1 与串 string2 的前 len 个字符，返回值与 strcmp 相同。

函数原型：char　*strcpy (char *dest,char *src);

再入属性：reentrant/intrinse

功能：将串 src，包括结束符，复制到串 dest 中，返回指向 dest 中第一个字符的指针。

函数原型：char　strncpy (char *dest,char *src,int len);

再入属性：reentrant/intrinse

功能：strncpy 与 strcpy 相似，但它只复制 len 个字符。如果 src 的长度小于 len，则 dest 串以 0 补齐到长度 len。

函数原型：int　strlen (char *src);

再入属性：reentrant

功能：返回串 src 中的字符个数，包括结束符。

函数原型：char　*strchr (const char *string,char c);

　　　　　　int　strpos (const char *string,char c);

再入属性：reentrant

功能：strchr 搜索 string 串中第一个出现的字符 c，如果找到则返回指向该字符的指针，否则返回 NULL。被搜索的字符可以是串结束符，此时返回值是指向串结束符的指针。strpos 的功能与 strchr 类似，但返回的是字符 c 在串中出现的位置值或–1，string 中首字符的位置值是 0。

函数原型：int　strlen (char *src);

再入属性：reentrant

功能：返回串 src 中的字符个数，包括结束符。

函数原型：char　*strrchr (const char *string,char c);

　　　　　　int　strrpos (const char *string,char c);

再入属性：reentrant

功能：strrchr 搜索 string 串中最后一个出现的字符 c，如果找到则返回指向该字符的指针，否则返回 NULL。被搜索的字符可以是串结束符，此时返回值是指向串结束符的指针。strrpos 的功能与 strrchr 类似，但返回的是字符 c 在串中最后一次出现的位置值或–1。

函数原型：int　strspn(char *string,char *set);

　　　　　　int　strcspn(char *string,char * set);

　　　　　　char　*strpbrk (char *string,char *set);

　　　　　　char　*strrpbrk (char *string,char *set);
　　再入属性：non-reentrant

　　功能：strspn 搜索 string 串中第一个不包括在 set 串中的字符，返回值是 string 中包括在 set 里的字符个数。如果 string 中所有的字符都包括在 set 里面，则返回 string 的长度（不包括结束符），如果 set 是空串则返回 0。

　　strcspn 与 strspn 相似，但它搜索的是 string 串中第一个包含在 set 里的字符。strpbrk 与 strspn 相似，但返回指向搜索到的字符的指针，而不是个数，如果未搜索到，则返回 NULL。strrpbrk 与 strpbrk 相似，但它返回指向搜索到的字符的最后一个字符的指针。

B.7　数学函数 MATH.H

　　函数原型：extern　int　abs(int　i)
　　　　　　　extern　char　cabs(char　i)
　　　　　　　extern　float　fabs(float　i)
　　　　　　　extern　long　labs(long　i)
　　再入属性：reentrant

　　功能：计算并返回 i 的绝对值。这 4 个函数除了变量和返回值类型不同之外，其他功能完全相同。

　　函数原型：extern　float　exp(float　i)
　　　　　　　extern　float　log(float　i)
　　　　　　　extern　float　log10(float　i)
　　再入属性：non-reentrant

　　功能：exp 返回以 e 为底的 i 的幂，log 返回 i 的自然对数(e = 2.718282)，log10 返回以 10 为底的 i 的对数。

　　函数原型：extern　float　sqrt(float　i)
　　再入属性：non-reentrant
　　功能：返回 i 的正平方根。

　　函数原型：extern　int　rand( )
　　　　　　　extern　void　srand(int　i)
　　再入属性：reentrant/non-reentrant
　　功能：rand 返回一个 0～32767 之间的伪随机数，srand 用来将随机数发生器初始化成一个已知的值，对 rand 的相继调用将产生相同序列的随机数。

　　函数原型：extern　float　cos(float　i)
　　　　　　　extern　float　sin(float　i)
　　　　　　　extern　float　tan(float　i)
　　再入属性：non-reentrant
　　功能：cos 返回 i 的余弦值，sin 返回 i 的正弦值，tan 返回 i 的正切值，所有函数的变量范围都是–π/2～+π/2，变量的值必须在±65535 之间，否则产生一个 NaN 错误。

函数原型：extern　float　acos(float　i)

　　　　　extern　float　asin(float　i)

　　　　　extern　float　atan(float　i)

　　　　　extern　float　atan2(float　i,float　j)

再入属性：non-reentrant

功能：acos 返回 i 的反余弦值，asin 返回 i 的反正弦值，atan 返回 i 的反正切值，所有函数的值域都是–π/2～+π/2，atan2 返回 x/y 的反正切值，其值域为–π～+π。

函数原型：extern　float　cosh(float　i)

　　　　　extern　float　sinh(float　i)

　　　　　extern　float　tanh(float　i)

再入属性：non-reentrant

功能：cosh 返回 i 的双曲余弦值，sinh 返回 i 的双曲正弦值，tanh 返回 i 的双曲正切值。

B.8　绝对地址访问函数 ABSACC.H

函数原型：#define　CBYTE((unsigned char *)0x50000L)

　　　　　#define　DBYTE((unsigned char *)0x40000L)

　　　　　#define　PBYTE((unsigned char *)0x30000L)

　　　　　#define　XBYTE((unsigned char *)0x20000L)

　　　　　#define　CWORD((unsigned int *)0x50000L)

　　　　　#define　DWORD((unsigned int *)0x50000L)

　　　　　#define　PWORD((unsigned int *)0x50000L)

　　　　　#define　XWORD((unsigned int *)0x50000L)

再入属性：reentrant

功能：CBYTE 以字节形式对 CODE 区寻址，DBYTE 以字节形式对 DATA 区寻址，PBYTE 以字节形式对 PDATA 区寻址，XBYTE 以字节形式对 XDATA 区寻址，CWORD 以字形式对 CODE 区寻址，DWORD 以字形式对 DATA 区寻址，PWORD 以字形式对 PDATA 区寻址，XWORD 以字形式对 XDATA 区寻址。例如，XBYTE[0x0001]是以字节形式对片外 RAM 的 0001H 单元访问。

附录 C　单片机技术及嵌入式
系统的网络资源

C.1　单片机技术及嵌入式系统的常见网站

中国单片机公共实验室 http://www.bol-system.com/
周立功单片机 http://www.zlgmcu.com/home.asp
单片机学习网 http://www.mcustudy.com/
单片机爱好者 http://www.mcufan.com/
中山单片机学习网 http://www.zsmcu.com/system/index.asp
大虾电子网 http://www.daxia.com/
平凡单片机工作室 http://www.mcustudio.com/
电子电路网 http://www.cndzz.com
单片机之家 http://www.dpj100.com/
单片机教程网 http://www.51hei.com/
东哥单片机学习网 http://www.picavr.com/

C.2　单片机技术及嵌入式系统的官方网站

Intel 开发中心 http://developer.intel.com/
ARM 官方网站 http://www.arm.com/
凌阳大学计划—凌阳单片机 http://www.unsp.com.cn/

参 考 文 献

[1] 张培仁. 基于 C 语言编程 MCS-51 单片机原理与应用. 北京：清华大学出版社，2003.

[2] 张毅刚等. 新编 MCS-51 单片机应用设计. 哈尔滨：哈尔滨工业大学出版社，2003.

[3] 张齐等. 单片机应用系统设计技术——基于 C 语言编程.. 北京：电子工业出版社，2004.

[4] 李建忠. 单片机原理及应用. 西安：西安电子科技大学出版社，2002.

[5] 丁元杰. 单片微机原理及应用. 北京：机械工业出版社，2000.

[6] 赵亮，侯国锐. 单片机 C 语言编程与实例. 北京：人民邮电出版社，2003.

[7] 王建校，杨建国. 51 系列单片机及 C51 程序设计. 北京：科学出版社，2002.

[8] 吴延海. 微型计算机接口技术. 重庆：重庆大学出版社，1997.

[9] 严天峰. 单片机应用系统设计与仿真调试. 北京：北京航空航天大学出版社，2005.

[10] 李光飞等. 单片机课程设计实例指导. 北京：北京航空航天大学出版社，2005.

[11] 谭浩强. C 程序设计（第 2 版）. 北京：清华大学出版社，1999.

[12] 蔡菲娜. 单片微型计算机原理和应用. 杭州：杭州大学出版社，1995.

[13] 蒋辉平，周国雄. 基于 Proteus 的单片机系统设计与仿真实例. 北京：机械工业出版社，2009.

[14] 周润景等. 基于 Proteus 的电路及单片机系统设计与仿真. 北京：北京航空航天大学出版社，2006.

[15] 马淑华等. 单片机原理与接口技术（第 2 版）. 北京：北京邮电大学出版社，2005.

[16] 谢维成，杨加国. 单片机原理与应用及 C51 程序设计（第 2 版）. 北京：清华大学出版社，2009.

[17] 谢维成，牛勇. 微机原理与接口技术. 武汉：华中科技大学出版社，2009.

[18] 谢维成，杨加国. 单片机原理与应用及 C51 程序设计. 北京：清华大学出版社，2006.